Springer-Lehrbuch

Annika Eickhoff-Schachtebeck · Anita Schöbel

Mathematik in der Biologie

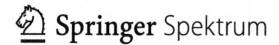

Annika Eickhoff-Schachtebeck
Humboldt-Gymnasium Gifhorn
Gifhorn, Deutschland

Anita Schöbel
Institut für Numerische
und Angewandte Mathematik
Universität Göttingen
Göttingen, Deutschland

Mathematics Subject Classification (2010): 97-01

ISSN 0937-7433
ISBN 978-3-642-41843-3   ISBN 978-3-642-41844-0 (eBook)
DOI 10.1007/978-3-642-41844-0
Die Deutsche Nationalbibliothek verzeichnet diese Publikation in der Deutschen Nationalbibliografie; detaillierte bibliografische Daten sind im Internet über http://dnb.d-nb.de abrufbar.

Springer Spektrum
© Springer-Verlag Berlin Heidelberg 2014

Springer Spektrum ist eine Marke von Springer DE. Springer DE ist Teil der Fachverlagsgruppe Springer Science+Business Media
www.springer-spektrum.de

Vorwort

Die Schulmathematik unterscheidet sich von der Mathematik, die Biologinnen und Biologen benötigen, in einem ganz entscheidenden Punkt. In der Schule haben Sie Mathematik manchmal losgelöst von realen Problemen kennen gelernt. Zum Beispiel können Sie die Funktion $f(x) = x^2$ ableiten und ihre Null- und Extremstellen bestimmen. Ihnen wurden sicher auch Anwendungsaufgaben gestellt, die Sie mit den im Unterricht erlernten Methoden direkt lösen konnten. In der Biologie werden Ihnen nur selten konkrete mathematische Aufgaben begegnen. Im „wirklichen Leben" und auch in Ihrem Studienfach sind mathematische Aufgaben nicht immer sofort als solche zu erkennen. Niemand wird Sie dazu auffordern, ein bestimmtes Gleichungssystem zu lösen. Trotzdem werden Sie in der Biochemie genau das wollen!

Sie sollen mit diesem Text nicht zur Mathematikerin oder zum Mathematiker werden. Aber um biologische Prozesse zu verstehen und mathematisch modellieren zu können, ist es von Vorteil, wenn Sie neben der Biologie auch etwas Mathematik lernen. Das Lösen von komplizierten mathematischen Problemen können Sie Mathematikern überlassen. Aber um zu erkennen, wo man die Mathematik in der Biologie sinnvoll anwenden kann und um die Antworten aus der Mathematik verwenden zu können, müssen Sie die Grundbegriffe der Mathematik verstehen.

Der vorliegende Text führt daher wie ein normales Lehrbuch die Grundbegriffe der Mathematik ein. Um Ihnen die Anwendung in der Biologie zu erleichtern versuchen wir dabei aber von Anfang an, Zusammenhänge zur Biologie darzustellen und die mathematischen Begriffe und Resultate an Beispielen mit biologischem, chemischem oder medizinischem Bezug zu illustrieren. Dabei haben viele der von uns angeführten Anwendungen Übungscharakter. Sie sollen die Mathematik in den biologischen Alltag rücken; um wirklich relevante Anwendungen zu beschreiben müssten wir vertiefte Kenntnisse in der Biologie voraussetzen. Auf die verwendeten biologischen Begriffe können wir meistens nur kurz eingehen, in den angegebenen Referenzen können Sie Details selber nachlesen.

Vielleicht fällt Ihnen im Laufe der Erarbeitung dieses Textes das Lösen der rein mathematischen Aufgaben leichter als das Lösen der Anwendungsaufgaben. Das ist ganz normal und der erste Schritt zum Anwenden der Mathematik. Nur wenn Sie routiniert mit der Mathematik umgehen, können Sie Ihre ganze Aufmerksamkeit dem biologischen Problem widmen und müssen nicht mehr über die Korrektheit der Formeln oder Verfahren nachdenken. In dem Sinne ist das Erlernen von Mathematik vergleichbar mit einer Sprache, die man lernt, indem man sie spricht. Und nach einiger Übung kann man sich dann sogar in ihr unterhalten.

Das vorliegende Buch besteht aus acht Kapiteln. Die Kap. 1 bis 7 beschreiben die mathematischen Inhalte einer typischen Vorlesung *Mathematik für Biologinnen und Biologen*. Kapitel 8 beschäftigt sich mit Netzwerken und gehört nicht zum Standardstoff für Biologinnen und Biologen. Der Inhalt dieses Kapitels eignet sich aber durchaus zur Darstellung und Untersuchung biologischer Zusammenhänge. Wir möchten damit Lehrende und Lernende der Mathematik und Biologie ermutigen, über den „Tellerrand" zu schauen und die klassischen Inhalte einer Mathematikvorlesung für Biologinnen und Biologen zu überdenken.

Die acht Kapitel des Buches können der Reihe nach im Rahmen einer Vorlesung mit vier Semesterwochenstunden behandelt werden. In Kap. 1 werden Grundbegriffe der Mathematik wie zum Beispiel das Rechnen mit Brüchen, die binomischen Formeln oder der Begriff der mathematischen Abbildung wiederholt. Wenn Sie damit bereits vertraut sind, können Sie dieses Kapitel überspringen. Kapitel 2 ist für das Verständnis der Kap. 3, 4, 5 und 6 nicht unbedingt nötig. Kapitel 8 über Netzwerke ist unabhängig von den anderen Kapiteln und kann direkt nach dem ersten Kapitel behandelt oder auch ganz weggelassen werden. Der Aufbau des Buches ist im folgenden dargestellt.

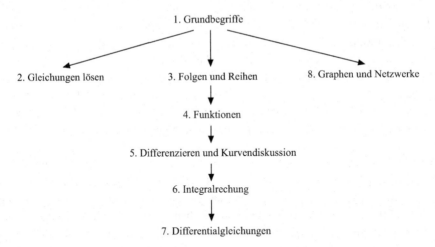

Die einzelnen Kapitel sind wie folgt aufgebaut: Wir beginnen jeweils mit einigen einleitenden Beispielen, die (im weitesten Sinne) aus biologischen Anwendungen entstanden sind. Diese einleitenden Beispiele beinhalten immer eine Fragestellung, die dann im Laufe des Kapitels mit den dort eingeführten mathematischen Werkzeugen bearbeitet und gelöst wird. Bevor wir mit der Präsentation des eigentlichen Stoffes des Kapitels beginnen, geben wir kurz die mathematischen Lernziele des Abschnitts an. Die meisten Kapitel enthalten neben „normalen" Beispielen auch weitere biologisch motivierte Beispiele und Anwendungen. Wo es sich anbietet, führen wir mathematische Exkurse ein, die für die

Leserinnen und Leser gedacht sind, die sich stärker für die zugrunde liegende Mathematik und mögliche Beweistechniken interessieren. Die Exkurse sind für das Verständnis des Stoffes aber nicht nötig und können daher auch weggelassen werden.

Am Ende jedes Kapitels folgt eine Zusammenfassung und wir bieten drei Typen von Aufgaben zur Wiederholung und Vertiefung der gelernten Inhalte an: Der erste Aufgabentyp ist ein Kurztest, der aus einfachen Ankreuzfragen besteht. Wenn Sie den Stoff des Kapitels gelesen und verstanden haben, sollten Ihnen diese Fragen leicht fallen. Es schließen sich Rechenaufgaben zum Üben des erlernten Stoffes an. Neu an diesem Lehrbuch ist, dass wir zu jedem Kapitel Anwendungsaufgaben für Sie zusammengestellt haben. Diese verdeutlichen nochmals, wo der erarbeitete mathematische Stoff in Ihrem Studienfach zum Einsatz kommen kann.

Das dem Lehrbuch zugrunde liegende Konzept entstand im Rahmen des Projektes *Verbesserung der Mathematik für Nicht-Mathematiker*, das an der Universität Göttingen zur Verbesserung der Lehre aus Studienbeiträgen finanziert wurde. Im Rahmen dieses Projektes beschäftigten wir uns mit biologischen Anwendungen in der Mathematik, erstellten kleine Projekte und anwendungsorientierte Übungsaufgaben. Das Lehrbuch soll dazu beitragen, diese Zusammenhänge zwischen Biologie und Mathematik auch anderen interessierten Lehrenden und Studierenden nahe zu bringen.

Schließlich wollen wir uns bei allen bedanken, die zur Erstellung des Buches beigetragen haben. Ein besonderes Dankeschön geht an Barbara Brandfass und Marie Schmidt, die mit großem Engagement Aufgaben und Graphiken erstellt haben. Als wissenschaftliche Hilfskräfte haben uns weiterhin Till Baumann, Sabine Fritsch, Stefanie Mühlhausen und Kirstin Strokorb tatkräftig unterstützt. Frau Antje Scholz danken wir für das Korrekturlesen von Teilen des Manuskriptes. Und ganz herzlich möchten wir uns bei unseren Familien bedanken, die uns jederzeit mit Rat und Tat zur Seite standen!

Göttingen, im August 2013   Annika Eickhoff-Schachtebeck
                                                                          Anita Schöbel

Inhaltsverzeichnis

Verzeichnis der biologischen Beispiele

Grundbegriffe

Zahlen begegnen uns überall – auch in der Biologie. In diesem ersten Kapitel beschäftigen wir uns mit verschiedenen Typen von Zahlen und den dafür benötigten Rechenregeln. Auch wenn das auf den ersten Blick etwas formal erscheint, sind die hier eingeführten Grundbegriffe wichtig für das Verständnis der anderen Kapitel. Unsere in diesem ersten Kapitel angeführten Beispiele können natürlich noch keine spannenden Anwendungen beschreiben. Sie verdeutlichen aber, dass man in verschiedenen Anwendungen unterschiedliche Typen von Zahlen (und entsprechende Rechenregeln) braucht.

Einleitendes Beispiel 1.1

Die Herzschlagfrequenz ist die Anzahl der Herzschläge pro Minute. Welche Werte für die Herzschlagfrequenz können auftreten? Um Zeit zu sparen, zählt man oft nur die Anzahl der Herzschläge in 15 Sekunden. Wie berechnet man daraus die Herzschlagfrequenz?

Einleitendes Beispiel 1.2

Berechnen Sie den Blutalkoholgehalt in Promille bei einem 80 kg schweren jungen Mann, wenn er 50 g reinen Alkohol getrunken hat und sich dieser gleichmäßig im Blut und in der übrigen Körperflüssigkeit verteilt hat. Was für Zahlen braucht man, um den Blutalkoholgehalt anzugeben?

Einleitendes Beispiel 1.3

Die Phyllotaxis beschäftigt sich mit der Untersuchung von Blattstellungen. Bei vielen Pflanzen wachsen Blätter regelmäßig, d. h. der Winkel zwischen aufeinander folgenden Blättern ist gleich. Welche Winkel zwischen Blättern sind besonders günstig, so dass jedes einzelne Blatt möglichst viel Sonnenlicht bekommt?

A. Eickhoff-Schachtebeck, A. Schöbel, *Mathematik in der Biologie*,
DOI 10.1007/978-3-642-41844-0_1, © Springer-Verlag Berlin Heidelberg 2014

Die Lösungen solcher Probleme sind Zahlen, wobei für die verschiedenen Fragestellungen verschiedene Zahlenmengen erlaubt sind. Diese wollen wir in diesem Kapitel genauer definieren.

▶ **Ziele:** Einführung der natürlichen Zahlen $\mathbb{N}$, der ganzen Zahlen $\mathbb{Z}$, der rationalen Zahlen $\mathbb{Q}$ und der reellen Zahlen $\mathbb{R}$. Formulierung von Rechenregeln für Zahlen. Definition des mehrdimensionalen reellen Raums $\mathbb{R}^n$. Definition von Abbildungen.

1.1   Erste mathematische Symbole

Bevor wir loslegen, definieren wir einige mathematische Symbole.

Zu den Grundlagen der Mathematik gehört die Mengenlehre. Eine Menge ist eine Zusammenfassung von Objekten. Mengen werden durch geschweifte Klammern begrenzt und können entweder durch das explizite Aufzählen ihrer Elemente, z. B.

$$M_1 := \{\text{Buche, Eiche, Birke, Nussbaum}\}$$

angegeben oder durch eine Eigenschaft beschrieben werden wie z. B. die Menge aller Laubbäume durch

$$M_2 := \{x \,|\, x \text{ ist ein Laubbaum}\}.$$

Das Zeichen „$:=$" liest man als „ist definiert durch". Die Beschreibung der Menge M_2 liest man folgendermaßen: „M_2 ist die Menge aller x, für die gilt, dass x ein Laubbaum ist".

Ist $x \in M_2$ so sagt man, dass x zur Menge M_2 gehört, in unserem Fall also ein Laubbaum ist.

Das Symbol „$\subset$" bezeichnet eine Teilmenge einer Menge, also z. B.

$$\{\text{Buche, Eiche}\} \subset M_1, \text{ oder } M_1 \subset M_2.$$

Allerdings gilt nicht, dass auch $\{\text{Buche, Erle}\} \subset M_1$ ist, denn $x = \text{Erle} \notin M_1$. Es ist aber $\{\text{Buche, Erle}\} \subset M_2$.

Neben der Mengenlehre ist die Prädikatenlogik ein weiteres wichtiges Gebiet, das sich mit mathematischen Grundlagen beschäftigt. Davon verwenden wir im folgenden Text häufig das Symbol „$\Longrightarrow$", das ausdrückt, dass aus einer Aussage eine andere folgt. Betrachten wir zum Beispiel die Aussagen:

$$A := \text{Das Tier ist ein Huhn}$$

$$B := \text{Das Tier ist ein Vogel}$$

$$C := \text{Das Tier legt Eier}$$

Dann können wir schreiben: $A \Longrightarrow B$ und $A \Longrightarrow C$ (zumindest wenn das Tier gesund ist). Ist das Tier weiblich, dann gilt außerdem $B \Longrightarrow C$. Die Rückwärtsaussagen gelten aber nicht, z. B. ist $C \Longrightarrow B$ falsch, weil unter anderem auch Schildkröten Eier legen.

Wenn $A \Longrightarrow B$ gilt, dann sagen wir, aus A folgt B. Man nennt A dann auch *hinreichend* für B, oder B *notwendig* für A. Der Ausdruck $A \Longleftrightarrow B$ bedeutet, dass A und B gleichbedeutend sind. Das heißt, es gilt sowohl

- $A \Longrightarrow B$, d. h. aus A folgt also B (oder A ist hinreichend für B)

als auch

- $B \Longrightarrow A$, d. h. aus B folgt A (oder A ist notwendig für B).

Die hier behandelten Symbole sind in der nachfolgenden Tabelle nochmals zusammengestellt. Ein größeres Symbolverzeichnis zum Nachlesen befindet sich im Anhang:

$\{\ \}$	geschweifte Klammern begrenzen eine Menge
$\in$	„ist Element von"
$\subset$	„ist eine Teilmenge von"
$:=$	„ist definiert durch"
$\Longrightarrow$	„daraus folgt"
$\Longleftrightarrow$	„genau dann, wenn"
$\mid$	„so dass gilt"

1.2 Zahlen

1.2.1 Die natürlichen Zahlen $\mathbb{N}$

Beginnen wir mit dem einleitenden Beispiel 1.1. Wir suchen die Herzschlagfrequenz, d. h. die Anzahl der Herzschläge pro Minute. Wir verwenden das Symbol x für die Herzschlagfrequenz. Angenommen, wir haben in 15 Sekunden 16 Herzschläge gezählt. Dann kann man von $2 \cdot 16$ Herzschlägen in $2 \cdot 15 = 30$ Sekunden ausgehen. Man erwartet also, dass das Herz in einer Minute $4 \cdot 16 = 64$ mal schlägt, d. h. $x = 4 \cdot 16 = 64$. Natürlich sind keine „halben" Herzschläge zulässig, oder gar negative Herzschläge. Alle möglichen Werte von x sind aus der folgenden Menge:

Definition
Die Menge der *natürlichen Zahlen* ist definiert durch

$$\mathbb{N} := \{1, 2, 3, 4, 5, 6, \ldots\}.$$

Wir können auch eine allgemeine Formel für die Berechnung der Herzfrequenz aus der Anzahl der Herzschläge in 15 Sekunden angeben. Bezeichnen wir die gesuchte Herzfrequenz mit x und die Anzahl der in 15 Sekunden gezählten Herzschläge mit q, dann gilt $x = 4 \cdot q$. Hierbei ist $q \in \mathbb{N}$ und $x \in \mathbb{N}$.

1.2.2 Die ganzen Zahlen $\mathbb{Z}$

Für natürliche Zahlen haben wir die bekannten Rechenoperationen der Addition und Multiplikation, d. h. sind $n, m \in \mathbb{N}$, so ist auch die Summe $n + m$ der beiden Zahlen beziehungsweise ihr Produkt $n \cdot m$ eine natürliche Zahl. Zum Beispiel ist mit $n := 10 \in \mathbb{N}$ und $m := 5 \in \mathbb{N}$ auch $n + m = 10 + 5 = 15 \in \mathbb{N}$. Für dieses Beispiel ist sogar $n - m = 10 - 5 = 5$ eine natürliche Zahl. Die Differenz zweier natürlicher Zahlen ist jedoch nicht immer eine natürliche Zahl, wie wir schon am Beispiel $1 - 2 = -1$ sehen. Wir vergrößern nun die Menge $\mathbb{N}$ wie folgt:

Definition
Die Menge der *ganzen Zahlen* ist definiert durch

$$\mathbb{Z} := \{ \ldots, -3, -2, -1, 0, 1, 2, 3, \ldots \}.$$

Für ganze Zahlen gelten die folgenden Rechenregeln:

1. **Multiplikation:** Das Produkt zweier positiver Zahlen ist positiv. Das Produkt einer negativen und einer positiven Zahl ist negativ. Zum Beispiel ist $7 \cdot (-2) = -14$. Das Produkt zweier negativer Zahlen ist positiv, d. h. es gilt $(-a) \cdot (-b) = a \cdot b$ für ganze Zahlen $a, b \in \mathbb{Z}$. Zum Beispiel ist $(-1) \cdot (-1) = (-1)^2 = 1$.
2. **Addition und Subtraktion:** Eine ganze Zahl $-a \in \mathbb{Z}$ kann man immer schreiben als $-a = (-1) \cdot a$. Dadurch überträgt sich die Rechenregel für die Multiplikation auf die Addition und Subtraktion: es ist $-a + (-b) = -a - b$ und $-a - (-b) = -a + b = b - a$ für ganze Zahlen $a, b \in \mathbb{Z}$.
   Zum Beispiel ist $-1 + (-1) = -2$, aber $-1 - (-1) = -1 + 1 = 0$.

Ungleichungen
Genauso wie natürliche Zahlen lassen sich auch ganze Zahlen *ordnen*. Für zwei gegebene Zahlen kann man immer entscheiden, welche der beiden Zahlen größer oder gleich der anderen ist. Zum Beispiel ist minus siebzehn kleiner als neun, $-17 < 9$, oder es ist $44 \geq 44 > 3 > -1$.

Genauso wie Gleichungen kann man auch Ungleichungen manipulieren:

- Addiert man zu beiden Seiten einer Ungleichung dieselbe Zahl, so bleibt die Ungleichung erhalten: Ist zum Beispiel $a < b$ mit ganzen Zahlen a und $b \in \mathbb{Z}$ und $c \in \mathbb{Z}$ eine weitere ganze Zahl, so gilt $a + c < b + c$.
- Multipliziert man eine Ungleichung mit einer positiven Zahl, so verändert sich das Ungleichheitszeichen nicht. Zum Beispiel ist $-4 \geq -7$ und damit auch $-8 = -4 \cdot 2 \geq -7 \cdot 2 = -14$.
- Multipliziert man eine Ungleichung mit einer negativen Zahl, so wird das Ungleichheitszeichen umgekehrt. Zum Beispiel ist $-3 \leq 5$, aber $(-3) \cdot (-2) = 6 \geq 5 \cdot (-2) = -10$.

Betrag

Manchmal lässt man bei (negativen) ganzen Zahlen das Vorzeichen weg und spricht dann vom *Betrag* einer ganzen Zahl $a \in \mathbb{Z}$, dies schreibt man als $|a|$. Der Betrag ist für positive und negative ganze Zahlen unterschiedlich definiert.

Definition

Ist eine Zahl $a \in \mathbb{Z}$ positiv, so ist ihr Betrag gleich der Zahl selbst, $|a| = a$. Ist eine Zahl $a \in \mathbb{Z}$ negativ, so ist ihr Betrag gleich der Zahl multipliziert mit minus eins, $|a| = (-1) \cdot a = -a$. Wir schreiben

$$|a| := \begin{cases} a & \text{falls } a \geq 0 \\ -a & \text{falls } a < 0. \end{cases}$$

Zum Beispiel ist $|-53| = 53 = |53|$.

1.2.3 Die rationalen Zahlen $\mathbb{Q}$

Wir lösen nun das Problem aus dem einleitenden Beispiel 1.2. Wir wollen den Blutalkoholgehalt in Promille berechnen. Diese Unbekannte nennen wir wieder x. Der Blutalkoholgehalt gibt an, wie viel Alkohol im Blut enthalten ist. Wir suchen also eine Zahl x mit

$$\frac{x}{1000} \cdot (\text{Gesamtmenge Flüssigkeit im Körper in Gramm}) = 50 \, \text{g}.$$

Dass wir die Zahl x hierbei durch 1000 teilen liegt daran, dass wir den Blutalkoholgehalt in Promille, d. h. „pro Tausendstel" angeben. Zur Bestimmung der Gesamtmenge an Flüssigkeit brauchen wir eine weitere Information: Im Durchschnitt besteht die Körpermasse eines Mannes zu 70 Prozent aus Wasser. Für einen 80 kg schweren Mann sind das somit ca. $80 \cdot 0{,}7 = 56\,\text{kg}$ und damit $56.000\,\text{g}$ Wasser. Wir setzen diesen Wert in die Gleichung oben ein und erhalten

$$\frac{x}{1000} \cdot 56.000g = 50\,g.$$

Um diese Gleichung nach x aufzulösen multiplizieren wir sie erst mit 1000 und teilen dann durch 56.000:

$$\frac{x}{1000} \cdot 56.000\,g = 50\,g \qquad\qquad\qquad |\cdot 1000$$

$$x \cdot 56.000\,g = 50.000\,g \qquad\qquad\qquad |:56.000\,g$$

$$x = \frac{50.000}{56.000} = \frac{50}{56} = \frac{25}{28} \approx 0{,}89$$

Die Lösung x gibt den Blutalkoholgehalt in Promille an. Sie ist in diesem Beispiel keine natürliche Zahl, sie lässt sich jedoch als Bruch zweier natürlicher Zahlen schreiben.

Definition

Die Menge der *rationalen Zahlen* ist definiert durch

$$\mathbb{Q} := \left\{ \frac{a}{b} \mid a, b \in \mathbb{Z}, b \neq 0 \right\}.$$

Die Menge $\mathbb{Q}$ ist also die Menge aller Brüche, wobei jede ganze Zahl $z \in \mathbb{Z}$ wegen $z = \frac{z}{1}$ auch als eine rationale Zahl aufgefasst werden kann. Die Menge der ganzen Zahlen $\mathbb{Z}$ ist also eine Teilmenge der rationalen Zahlen $\mathbb{Q}$.

Ist $\frac{a}{b} \in \mathbb{Q}$ eine rationale Zahl, so heißt a der *Zähler* von $\frac{a}{b}$ und b der *Nenner* von $\frac{a}{b}$.

Für rationale Zahlen wiederholen wir die folgenden Regeln:

1. **Erweitern und Kürzen:** Ist $\frac{a}{b} \in \mathbb{Q}$ eine rationale Zahl, so gilt für jede ganze Zahl $d \in \mathbb{Z}$ die ungleich Null ist

$$\frac{a}{b} = \frac{a \cdot d}{b \cdot d},$$

d. h. man kann $\frac{a}{b}$ mit d *erweitern*. Die Darstellung einer rationalen Zahl als Bruch ist also nicht eindeutig. Zum Beispiel ist

$$\frac{1}{2} = \frac{2}{4}, \qquad\qquad \text{hier ist } d \text{ gleich } 2$$

$$\frac{1}{2} = \frac{5}{10}, \qquad\qquad \text{hier ist } d \text{ gleich } 5$$

$$\frac{1}{2} = \frac{-17}{-34}, \qquad\qquad \text{hier ist } d \text{ gleich } -17$$

$$\frac{1}{2} = \frac{-100.000}{-200.000}, \qquad\qquad \text{hier ist } d \text{ gleich } -100.000$$

Im Gegensatz zum Erweitern versucht man oft, Brüche zur Vereinfachung von Rechnungen so weit es geht zu *kürzen*. Hierzu dividiert man sowohl den Zähler a als auch den Nenner b einer rationalen Zahl $\frac{a}{b}$ durch einen gemeinsamen Teiler t, im Idealfall durch den größten gemeinsamen Teiler. Zum Beispiel ist

$$\frac{1155}{6006} = \frac{3 \cdot 385}{3 \cdot 2002} = \frac{385}{2002},$$
hier ist t gleich 3

$$\frac{1155}{6006} = \frac{21 \cdot 55}{21 \cdot 286} = \frac{55}{286},$$
hier ist t gleich 21

$$\frac{1155}{6006} = \frac{231 \cdot 5}{231 \cdot 26} = \frac{5}{26},$$
hier ist t gleich 231 und das ist der größte gemeinsame Teiler von 1155 und 6006.

2. **Addition:** Um die Summe von zwei rationalen Zahlen berechnen zu können, müssen sie den gleichen Nenner besitzen.
Sind $\frac{a}{b}$ und $\frac{c}{b}$ zwei rationale Zahlen mit gleichem Nenner b, so erhält man ihre Summe durch

$$\frac{a}{b} + \frac{c}{b} = \frac{a+c}{b}.$$

Es werden also die Zähler addiert, während der Nenner unverändert bleibt.
Um zwei rationale Zahlen $\frac{a}{b}$ und $\frac{c}{d}$ mit verschiedenen Nennern $b \neq d$ zu addieren, muss man sie zuerst durch Kürzen oder Erweitern auf einen *gemeinsamen Nenner* bringen.
Als gemeinsamen Nenner kann man immer das Produkt der beiden Nenner b und d wählen. Damit ergibt sich

$$\frac{a}{b} + \frac{c}{d} = \frac{a \cdot d}{b \cdot d} + \frac{c \cdot b}{d \cdot b} = \frac{a \cdot d + c \cdot b}{b \cdot d}.$$

Zum Beispiel ist

$$\frac{1}{6} + \frac{2}{9} = \frac{1 \cdot 9}{6 \cdot 9} + \frac{2 \cdot 6}{9 \cdot 6} = \frac{9}{54} + \frac{12}{54} = \frac{21}{54} = \frac{7}{18}.$$

Oft ist es aber besser, das kleinste gemeinsame Vielfache der beiden Nenner b und d zu wählen anstatt b und d einfach miteinander zu multiplizieren:

$$\frac{7}{12} + \frac{1}{6} = \frac{7}{12} + \frac{1 \cdot 2}{6 \cdot 2} = \frac{7}{12} + \frac{2}{12} = \frac{9}{12} = \frac{3}{4}.$$

3. **Subtraktion:** Für die Subtraktion gelten dieselben Regeln wie für die Addition.
Die Differenz zweier rationaler Zahlen $\frac{a}{b}$ und $\frac{c}{b}$ mit gleichem Nenner b kann man durch

$$\frac{a}{b} - \frac{c}{b} = \frac{a-c}{b}$$

berechnen. Um die Differenz zweier rationaler Zahlen $\frac{a}{b}$ und $\frac{c}{d}$ mit verschiedenen Nennern $b \neq d$ zu bilden, müssen diese wie bei der Addition zuerst auf einen gemeinsamen Nenner gebracht werden, etwa durch

$$\frac{a}{b} - \frac{c}{d} = \frac{a \cdot d}{b \cdot d} - \frac{c \cdot b}{d \cdot b} = \frac{a \cdot d - c \cdot b}{b \cdot d}.$$

Zum Beispiel ist

$$\frac{9}{10} - \frac{2}{3} = \frac{9 \cdot 3}{10 \cdot 3} - \frac{2 \cdot 10}{3 \cdot 10} = \frac{27}{30} - \frac{20}{30} = \frac{27 - 20}{30} = \frac{7}{30}.$$

Auch hier führt das kleinste gemeinsame Vielfache von b und c oft zu einem kleineren Nenner als $b \cdot d$.

4. **Multiplikation:** Das Multiplizieren von rationalen Zahlen ist einfacher: Sind $\frac{a}{b}$ und $\frac{c}{d}$ rationale Zahlen, so lässt sich ihr Produkt durch

$$\frac{a}{b} \cdot \frac{c}{d} = \frac{a \cdot c}{b \cdot d}$$

berechnen. Man erhält also das Produkt von rationalen Zahlen, indem man die beiden Zähler sowie die beiden Nenner miteinander multipliziert. Um mit möglichst kleinen Zahlen rechnen zu können, bietet es sich an, vorher zu kürzen. Zum Beispiel ist

$$\frac{5}{6} \cdot \frac{2}{15} = \frac{\cancel{5}^{\,1}}{\cancel{6}^{\,3}} \cdot \frac{\cancel{2}^{\,1}}{\cancel{15}^{\,3}} = \frac{1 \cdot 1}{3 \cdot 3} = \frac{1}{9}$$

oder

$$\frac{-7}{3} \cdot \frac{-333}{49} = \frac{-\cancel{7}^{\,1}}{\cancel{3}^{\,1}} \cdot \frac{-\cancel{333}^{\,111}}{\cancel{49}^{\,7}} = \frac{(-1) \cdot (-111)}{1 \cdot 7} = \frac{111}{7}.$$

5. **Division:** Für den Quotienten zweier rationaler Zahlen $\frac{a}{b}$ und $\frac{c}{d}$ mit $\frac{c}{d}$ ungleich Null gilt die Regel

$$\frac{\frac{a}{b}}{\frac{c}{d}} = \frac{a}{b} : \frac{c}{d} = \frac{a}{b} \cdot \frac{d}{c}.$$

Man dividiert also durch einen Bruch, indem man mit seinem Kehrwert multipliziert. Zum Beispiel ist

$$\frac{2}{3} : \frac{5}{7} = \frac{2}{3} \cdot \frac{7}{5} = \frac{2 \cdot 7}{3 \cdot 5} = \frac{14}{15}$$

oder

$$\frac{7}{12} : \frac{7}{24} = \frac{7}{12} \cdot \frac{24}{7} = \frac{\cancel{7}^{\,1}}{\cancel{12}^{\,1}} \cdot \frac{\cancel{24}^{\,2}}{\cancel{7}^{\,1}} = \frac{1 \cdot 2}{1 \cdot 1} = 2.$$

6. **Vergleich:** Um zu überprüfen, ob zwei Brüche $\frac{a}{b}$ und $\frac{c}{d}$ gleich sind bzw. welcher Bruch kleiner ist, bringt man sie zunächst auf einen Hauptnenner und vergleicht anschließend die Zähler:

$$\frac{a}{b} = \frac{ad}{bd} < \frac{cb}{bd} = \frac{c}{d}, \text{ falls } ad < cb.$$

Zum Beispiel ist

$$\frac{3}{8} = \frac{9}{24} < \frac{16}{24} = \frac{2}{3}.$$

Sind die Zähler zweier Brüche gleich, kann man auch so schon sehen, welcher Bruch kleiner ist, nämlich der mit größerem Nenner:

$$\frac{1}{17} < \frac{1}{12}.$$

Beispiel

Auch wenn man die genauen Werte der Zahlen nicht kennt und stattdessen $a, b \in \mathbb{Q}$ schreibt, kann man die Rechenregeln anwenden. Zum Beispiel ist

$$\frac{1}{a} - \frac{7}{ab} + b = \frac{b}{ab} - \frac{7}{ab} + \frac{ab^2}{ab} = \frac{ab^2 - 7 + b}{ab}$$

und

$$\frac{\frac{3a}{7b}}{\frac{9a}{21b^2}} = \frac{3a}{7b} : \frac{9a}{21b^2} = \frac{3a \cdot 21b^2}{7b \cdot 9a} = b.$$

1.2.4 Die reellen Zahlen $\mathbb{R}$

Anwendung: Blattstellungen bei Pflanzen

Wir beschäftigen uns nun mit dem Problem aus dem einleitenden Beispiel 1.3. Dazu betrachten wir eine (fiktive) Pflanze (siehe Abb. 1.1), bestehend aus einem Stiel und daran wachsenden Blättern.

Nehmen wir an, dass der Winkel zwischen zwei aufeinander folgenden Blättern je 90° beträgt. Das Verhältnis zwischen diesem Winkel und dem sogenannten *Vollwinkel* von 360° ist $\frac{90°}{360°} = \frac{1}{4}$. Dann liegen die jeweils vierten Blätter übereinander, d. h. das fünfte Blatt liegt über dem ersten, das sechste über dem zweiten usw. Für die Pflanze ist das nicht gut, weil (bei einem Lichteinfall genau von oben) nur die obersten vier Blätter Licht bekommen während alle anderen Blätter darunter im Schatten liegen.

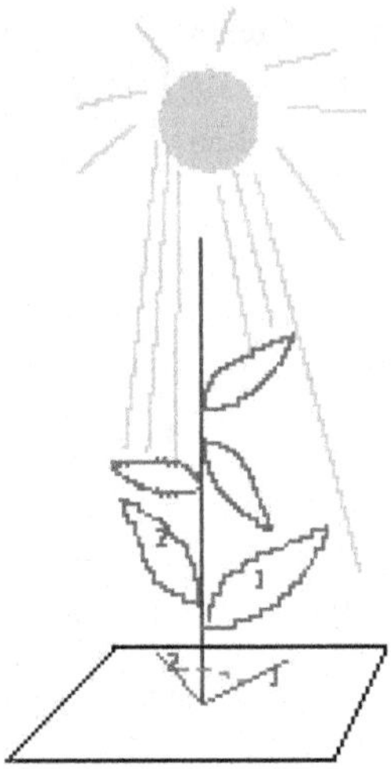

Abb. 1.1 Fiktive Pflanze mit
Sonne: Liegen Blätter übereinander, so wird nicht jedes Blatt
mit Sonnenlicht versorgt

Abb. 1.2 Sicht von oben auf
die Pflanze: Hier beträgt der
Winkel zwischen zwei auf-
einander folgenden Blättern
90°

Versuchen wir es nun mit einem Winkel von 144°. Das erste Blatt liegt also beim
Winkel 144° und das zweite bei 288°. Das dritte Blatt fängt wieder „von vorne" an und
liegt bei 72°, das vierte bei 216°, das fünfte bei 360° und das sechste dann wieder bei
144°, also genau über dem ersten. Ab jetzt wiederholen sich die Winkel. Das siebte Blatt
liegt über dem zweiten, das achte über dem dritten und so weiter.

Der eben untersuchte Winkel von 144° teilt den Vollwinkel von 360° im Verhältnis
$\frac{144°}{360°} = \frac{2}{5}$.

Die Zahl, die wir in beiden Beispielen berechnet haben, nämlich der Winkel zwischen
zwei aufeinander folgenden Blättern dividiert durch 360°, nennt man *Divergenz*. Ist die
Divergenz einer Pflanze gleich einem Bruch $\frac{z}{n}$, der sich nicht weiter kürzen lässt, liegen
immer alle n-ten Blätter übereinander, das heißt das $n + 1$-te Blatt liegt über dem ersten,
das $n + 2$-te über dem zweiten und so weiter. Wie oben schon bemerkt ist es für Pflanzen
günstiger, wenn möglichst wenige, besser noch gar keine, Blätter übereinander liegen, da
nur so jedes Blatt möglichst viel Sonnenlicht abbekommt. Ist die Divergenz einer Pflanze
eine rationale Zahl, ist dies nicht der Fall.

Abb. 1.3 Hier beträgt der
Winkel zwischen zwei aufein-
ander folgenden Blättern 144°.
Ein Beispiel für eine solche
Blattanordnung gibt der Zweig
einer Kirsche

Dies scheint ein Grund dafür zu sein, dass in der Natur der sogenannte „Goldene Schnitt" häufig als Divergenz beobachtet wird[1]. Der genaue Wert des goldenen Schnittes ist

$$\Phi := \frac{1 + \sqrt{5}}{2} \approx 1{,}61803.$$

Zum Beispiel hat man beobachtet, dass die Divergenz von Dikotylen ungefähr gleich $\frac{1}{\Phi}$ mit Divergenzwinkel $360° - 360° \cdot \frac{1}{\Phi} \approx 137{,}5°$ ist.[2]

Diese Zahl kann nicht als Quotient zweier ganzer Zahlen geschrieben werden, ist also keine rationale Zahl. Ein Grund hierfür ist, dass $\sqrt{5}$ kein Element aus $\mathbb{Q}$ ist. Um auch solche Zahlen darstellen zu können, müssen wir also unsere Menge von rationalen Zahlen $\mathbb{Q}$ erneut vergrößern!

Exkurs
$\sqrt{5}$ ist keine rationale Zahl.

Beweis: Wir führen einen sogenannten *Beweis durch Widerspruch*. Das Prinzip hierbei ist das folgende: Wir nehmen zunächst das Gegenteil der Aussage, die wir zeigen wollen, an. Dann nutzen wir Rechenregeln, von denen wir schon wissen, dass sie stimmen, und versuchen durch „Herumspielen" mit unserer Annahme etwas zu folgern, das nicht sein kann, also einen Widerspruch herbeizuführen. Das bedeutet dann, dass die ursprüngliche Annahme falsch sein muss. Damit ist das Gegenteil der Annahme, also genau das, was wir beweisen wollen, richtig.

Hier bedeutet das:

Wir nehmen an, dass $\sqrt{5}$ eine rationale Zahl ist. Dann gibt es ganze Zahlen a und b mit b ungleich Null, so dass $\sqrt{5} = \frac{a}{b}$ gilt. Die Zahlen a und b sind nicht eindeutig, wir können a und b durch jeden gemeinsamen Teiler d von a und b teilen, d. h. $\frac{a}{b}$ kürzen (siehe Rechenregel 1). Wir nehmen also an, dass der Bruch $\frac{a}{b}$ schon soweit wie möglich gekürzt ist und sich nicht weiter kürzen lässt. Weil $\frac{a}{b} = \sqrt{5}$ ist, gilt

$$\frac{a^2}{b^2} = 5$$
$$\Rightarrow a^2 = 5b^2$$

---

[1] Literatur: Beutelspacher, A., Petri, B.: *Der Goldene Schnitt*
[2] Literatur zur Phyllotaxis: Munk, K. (Hrsg.), *Grundstudium Biologie, Botanik*

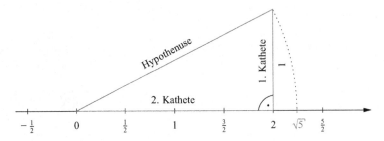

Abb. 1.4 Konstruktion der Länge $\sqrt{5}$ mithilfe des Satzes von Pythagoras

Abb. 1.5 Die reelle Zahlengerade

5 ist also ein Teiler der rechten Seite der Gleichung. Damit ist 5 auch ein Teiler der linken Seite, und somit ein Teiler von a^2. 5 ist eine Primzahl, ist also nicht „zerlegbar". Dann folgt daraus, dass 5 das Produkt $a \cdot a$ teilt, dass 5 die ganze Zahl a teilt. Der Teiler 5 steckt also einmal in der Zahl a, d. h. im Produkt $a \cdot a$ zweimal. Die linke Seite der Gleichung $a^2 = 5b^2$ ist folglich durch 25 teilbar, somit auch die rechte Seite $5b^2$. Da 5 nur durch 5 und nicht durch $25 = 5 \cdot 5$ teilbar ist, muss also b^2 und damit b durch 5 teilbar sein. Also sind sowohl a als auch b durch 5 teilbar. Damit würde sich unser Bruch $\frac{a}{b}$ durch 5 kürzen lassen. Dies ist aber ein Widerspruch, denn wir haben ja angenommen, dass sich $\frac{a}{b}$ nicht weiter kürzen lässt! Unsere Annahme, dass $\sqrt{5}$ eine rationale Zahl ist, muss also falsch sein. Damit gilt das Gegenteil, nämlich dass $\sqrt{5}$ *keine* rationale Zahl ist. □

Jede rationale Zahl kann als Punkt auf einer Zahlengerade aufgefasst werden. Auf der Zahlengerade liegen jedoch deutlich mehr Punkte als nur rationale Zahlen. Zum Beispiel zeigt der Exkurs, dass $\sqrt{5}$ keine rationale Zahl ist. Mithilfe des Satzes von Pythagoras können wir jedoch einen Punkt $\sqrt{5}$ auf der Zahlengerade konstruieren. Dies wird in Abb. 1.4 dargestellt. Zur Erinnerung: der Satz von Pythagoras besagt, dass in einem rechtwinkligen Dreieck die Summe der Quadrate der beiden Kathetenlängen gleich dem Quadrat der Hypotenusenlänge ist. Ist in einem rechtwinkligen Dreieck eine Kathetenlänge 1, die andere Kathetenlänge 2, so ist die Länge der Hypotenuse folglich gleich $\sqrt{5}$.

Die Menge **aller** Punkte der Zahlengerade repräsentiert nun die Menge $\mathbb{R}$ der *reellen Zahlen*. Diese werden in Abb. 1.5 dargestellt. Dort sind auch zwei reelle Zahlen von besonderer Bedeutung markiert: die Kreiszahl $\pi = 3{,}14159\ldots$ und die Eulersche Zahl $e = 2{,}71828\ldots$

Bemerkung. Genauso wie bei den rationalen Zahlen $\mathbb{Q}$ und natürlichen Zahlen $\mathbb{N}$ kann man auch die Menge $\mathbb{R}$ der reellen Zahlen formal definieren. Für unsere Überlegungen reicht die anschauliche Vorstellung als Menge aller Punkte auf der Zahlengeraden aus, so dass wir an dieser Stelle auf eine mathematisch präzise Definition verzichten.

Manchmal interessiert man sich auch nur für zusammenhängende Teilmengen der reellen Zahlen, sogenannte *Intervalle*. Zum Beispiel bezeichnet $[-3, 0]$ die Menge aller reellen Zahlen, die größer oder gleich -3 und kleiner oder gleich 0 sind. Die allgemeine Schreibweise für Intervalle ist die folgende:

Definition

Für zwei reelle Zahlen a und b mit $a \leq b$ definiert man

$$[a,b] := \{x \in \mathbb{R} \mid a \leq x \leq b\}$$
$$[a,b) := \{x \in \mathbb{R} \mid a \leq x < b\}$$
$$(a,b] := \{x \in \mathbb{R} \mid a < x \leq b\}$$
$$(a,b) := \{x \in \mathbb{R} \mid a < x < b\}.$$

1.3 Nützliche Rechenregeln für reelle Zahlen

Für reelle Zahlen gelten die folgenden Rechenregeln:

1. **(Vertauschen)** Sind a und b beliebige reelle Zahlen, so gilt $a + b = b + a$ und $a \cdot b = b \cdot a$. Diese Rechenregeln heißen auch *Kommutativgesetze*.
2. **(Punkt-vor-Strich-Regel)** Multiplikationen und Divisionen haben Vorrang vor Additionen und Subtraktionen. Zum Beispiel ist

$$3 + 2 \cdot 4 = 3 + 8 = 11 \neq 20 = (3 + 2) \cdot 4.$$

3. **(Ausmultiplizieren, Ausklammern)** Sind a, b und c reelle Zahlen, so gilt

$$a(b + c) = ab + ac$$
$$(b + c)a = ba + ca$$
$$a(b - c) = ab - ac$$
$$(b + c)a = ba - ca.$$

Diese Rechenregeln werden auch *Distributivgesetze* genannt. Ohne es zu wissen wendet man diese oft an, wenn man schriftlich oder im Kopf größere Zahlen multipliziert. Zum Beispiel ist

$$7 \cdot 17 = 7 \cdot (10 + 7) = 7 \cdot 10 + 7 \cdot 7 = 70 + 49 = 119.$$

Bemerkung. In einigen der angegebenen Gleichungen scheinen die Mal-Zeichen zu fehlen, zum Beispiel bei

$$a(b + c) = ab + ac.$$

Dies ist nichts anderes als eine vereinfachende Schreibweise für

$$a \cdot (b + c) = a \cdot b + a \cdot c.$$

1.3.1 Die binomischen Formeln

Sind p und q zwei reelle Zahlen, so können wir auf $(p+q)$ ebenfalls die Distributivgesetze und die Kommutativgesetze anwenden. Es gilt

$$
\begin{aligned}
(p + q)^2 &= (p + q) \cdot (p + q) \\
&= p \cdot (p + q) + q \cdot (p + q) \\
&= p \cdot p + p \cdot q + q \cdot p + q \cdot q \\
&= p^2 + pq + pq + q^2 \\
&= p^2 + 2pq + q^2.
\end{aligned}
$$

Genauso gilt

$$
\begin{aligned}
(p - q)^2 &= (p - q) \cdot (p - q) \\
&= p \cdot (p - q) - q \cdot (p - q) \\
&= p \cdot p - p \cdot q - q \cdot p + q \cdot q \\
&= p^2 - 2pq + q^2
\end{aligned}
$$

und

$$
\begin{aligned}
(p - q) \cdot (p + q) &= (p + q) \cdot (p - q) \\
&= p \cdot (p - q) + q \cdot (p - q) \\
&= p \cdot p - p \cdot q + q \cdot p - q \cdot q \\
&= p^2 - q^2.
\end{aligned}
$$

Insgesamt fassen wir zusammen:

> **Satz (Binomische Formeln)**
>
> 1. Sind p und q zwei reelle Zahlen, so gilt für das Quadrat ihrer Summe
>
> $$(p + q)^2 = p^2 + 2pq + q^2$$
>
> die sogenannte *erste binomische Formel.*

Abb. 1.6 Die erste binomische Formel

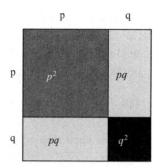

Abb. 1.7 Die zweite binomische Formel

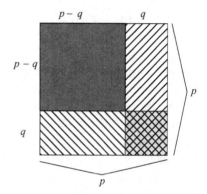

Abb. 1.8 Die dritte binomische Formel

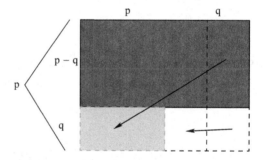

2. Sind p und q zwei reelle Zahlen, so gilt für das Quadrat ihrer Differenz die *zweite binomische Formel*

$$(p-q)^2 = p^2 - 2pq + q^2.$$

3. Außerdem gilt die *dritte binomische Formel*

$$(p-q)(p+q) = p^2 - q^2.$$

Beispiel

Die binomischen Formeln sind zum Kopfrechnen sehr praktisch. Will man zum Beispiel das Quadrat von 499 berechnen, so bietet sich hierzu die zweite binomische Formel an:

$$(499)^2 = (500 - 1)^2 = 500^2 - 2 \cdot 500 \cdot 1 + 1^2 = 250.000 - 1000 + 1 = 249.001$$

Genauso kann man zum Berechnen von $207 \cdot 193$ die dritte binomische Formel verwenden:

$$207 \cdot 193 = (200 + 7) \cdot (200 - 7) = 200^2 - 7^2 = 40.000 - 49 = 39.951$$

Anwendung: Binomische Formeln in der Biologie

Auch in der Biologie finden die binomischen Formeln Anwendung: Treten in einem Genort einer Population zwei verschiedene Allele auf (z. B. im Genort für die Blütenfarbe einer Wildblume die Allele w für weiß und r für rot), so können unter Annahme eines Hardy-Weinberg-Gleichgewichts aus den Allelfrequenzen die Frequenzen (d. h. Häufigkeiten) der Genotypen in der nächsten Generation berechnet werden[3].

	w	r
w	ww	wr
r	wr	rr

Sind in einer Generation zum Beispiel ein Drittel der Allele w und zwei Drittel der Allele r, so treten in der nachfolgenden Generation die Genotypen ww mit der Frequenz $\frac{1}{9} = \left(\frac{1}{3}\right)^2$, wr mit der Frequenz $\frac{4}{9} = 2 \cdot \left(\frac{1}{3} \cdot \frac{2}{3}\right)$ und rr mit der Frequenz $\frac{4}{9} = \left(\frac{2}{3}\right)^2$ auf:

	$\frac{1}{3}$	$\frac{2}{3}$
$\frac{1}{3}$	$\frac{1}{9}$	$\frac{2}{9}$
$\frac{2}{3}$	$\frac{2}{9}$	$\frac{4}{9}$

Kennen wir allgemein den Anteil p eines Allels w für einen Genort, in dem innerhalb der Population nur zwei Allele auftreten, so ist der Anteil q des anderen Allels r dadurch eindeutig bestimmt, da beide Allelanteile zusammen eins ergeben müssen. Es gilt $p + q = 1$ und damit $q = 1 - p$. Für die nächste Generation gilt: Der Anteil des Genotyps ww ist p^2, der Anteil des Genotyps wr ist $2pq$ (da der Genotyp als wr und als

---

[3] Literatur zum Hardy-Weinberg-Gesetz: Kull, U., Bäßler, U., Hopmann, H., Rüdiger, W.: *Linder Biologie*. Schroedel Verlag; oder Campbell, N. A., Reece, J. B.: *Biologie*. Spektrum Akademischer Verlag

rw vorkommen kann) und der Anteil des Genotyps rr ist q^2. Weil sich diese Anteile der nächsten Generation wieder zu Eins aufsummieren, folgt die erste binomische Formel

$$p^2 + 2pq + q^2 = 1$$
$$= 1^2$$
$$= (p + q)^2.$$

Dies liefert also eine biologische Begründung für die erste binomische Formel.

1.3.2 Potenzgesetze

Satz

Sind a und b zwei reelle Zahlen und n, m zwei natürliche Zahlen, so gelten die folgenden *Potenzgesetze*

$$a^0 = 1$$
$$(ab)^n = a^n b^n$$
$$a^n a^m = a^{n+m}$$
$$(a^n)^m = a^{n \cdot m}$$
$$a^{-n} = \left(\frac{1}{a^n}\right)$$

Man kann Potenzen auch mit rationalen Exponenten bilden: Ist a positiv und $\frac{z}{n}$ eine rationale Zahl, dann gilt

$$a^{\frac{z}{n}} = \sqrt[n]{a^z}.$$

Insbesondere ist

$$a^{\frac{1}{n}} = \sqrt[n]{a}.$$

Die Potenzgesetze zeigen also, wie man mit Wurzeln rechnet. Zum Beispiel gilt

$$\sqrt{a \cdot b} = (a \cdot b)^{\frac{1}{2}} = a^{\frac{1}{2}} \cdot b^{\frac{1}{2}} = \sqrt{a} \cdot \sqrt{b}.$$

Vorsicht ist geboten, wenn $a = 0$ potenziert werden soll. Wie für jede andere reelle Zahl gilt auch für $a = 0$, dass $0^0 = 1$ ist. Allerdings gilt für alle Potenzen $n \neq 0$, dass $0^n = 0$.

Beim Potenzgesetz $(a^n)^m = a^{n \cdot m}$ sind die Klammern wichtig. Zum Beispiel ist $2^{(2^3)} = 2^8 = 256$, jedoch ist $(2^2)^3 = 2^{2 \cdot 3} = 2^6 = 64$.

Beispiel

Genauso wie bei rationalen Zahlen kann man auch mit Ausdrücken von reellen Zahlen $a, b \in \mathbb{R}$ rechnen, ohne ihre genauen Werte zu kennen. Zum Beispiel gilt

$$(a-b)^3 \cdot (a^2-b^2)^{-3} = \frac{(a-b)^3}{(a^2-b^2)^3} = \frac{(a-b)^3}{((a-b)(a+b))^3} = \frac{(a-b)^3}{(a-b)^3(a+b)^3} = \frac{1}{(a+b)^3}.$$

Bemerkung. Wir haben Potenzen a^n bisher nur für rationale Zahlen n betrachtet. Ist n nicht rational sondern reell, so kann man, zumindest für positive reelle Zahlen $a \in \mathbb{R}$, die Potenz a^n ebenfalls definieren. Darauf gehen wir in Abschn. 4.7 ein.

1.4 Der *n*-dimensionale Raum

Reelle Zahlen kann man sich als Punkte auf der reellen Zahlengerade vorstellen. Statt einzelner reeller Zahlen können wir auch Paare, Tripel oder sogar noch größere Tupel von reellen Zahlen betrachten. Die Menge aller Paare von reellen Zahlen wird mit $\mathbb{R}^2$ bezeichnet. Ähnlich wie $\mathbb{R}$ können wir $\mathbb{R}^2$ geometrisch als Punkte der „reellen Ebene" darstellen. Die Menge aller Tripel von reellen Zahlen bezeichnen wir analog mit $\mathbb{R}^3$ und allgemein die Menge aller Tupel $(r_1, \ldots, r_n)$ bestehend aus $n \in \mathbb{N}$ reellen Zahlen mit $\mathbb{R}^n$. Hierbei können wir uns jedoch nur noch den $\mathbb{R}^3$ anschaulich vorstellen.

$\mathbb{R}^n$ nennt man den *n-dimensionalen reellen Raum*. Elemente von $\mathbb{R}^n$ können komponentenweise addiert und subtrahiert werden:

$$(x_1, \ldots, x_n) + (y_1, \ldots, y_n) := (x_1 + y_1, \ldots, x_n + y_n)$$
$$(x_1, \ldots, x_n) - (y_1, \ldots, y_n) := (x_1 - y_1, \ldots, x_n - y_n)$$

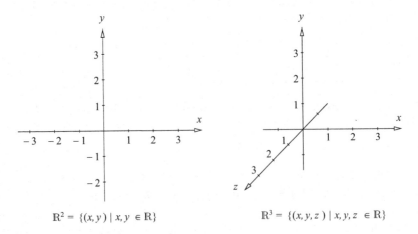

$$\mathbb{R}^2 = \{(x, y) \mid x, y \in \mathbb{R}\} \qquad \mathbb{R}^3 = \{(x, y, z) \mid x, y, z \in \mathbb{R}\}$$

Abb. 1.9 Veranschaulichung des zwei- und dreidimensionalen Raumes

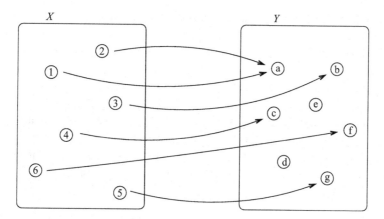

Abb. 1.10 Veranschaulichung von Abbildungen

Zusätzlich kann ein Element aus $\mathbb{R}^n$ mit einer reellen Zahl $r \in \mathbb{R}$ multipliziert werden:

$$r \cdot (x_1, \ldots, x_n) := (rx_1, \ldots, rx_n).$$

Man nennt diese Operation *Skalarmultiplikation*, sie beschreibt für $|r| > 1$ eine Streckung des Vektors $(x_1, \ldots, x_n)$ und für $|r| < 1$ eine Stauchung. Die Addition und die Skalarmultiplikation von Vektoren haben zum Beispiel Anwendungen in der Physik. Kräfte werden dort durch Vektoren dargestellt, die Addition von Kräften wird in einem *Kräfteparallelogramm* veranschaulicht.

1.5 Abbildungen

Im letzten Abschnitt dieses Kapitels geht es um den mathematischen Begriff der *Abbildung*.

Definition
Für zwei Mengen X und Y ist eine *Abbildung* $\varphi : X \to Y$ eine Vorschrift, die jedem Element x aus der Menge X ein Element $\varphi(x)$ aus der Menge Y zuordnet.

Zur Veranschaulichung kann man die Mengen X und Y skizzieren und die Zuordnung $\varphi(x) = y$ von einem Element $x \in X$ auf ein Element $y \in Y$ durch einen Pfeil andeuten. Ist zum Beispiel $X = \{1, 2, 3, 4, 5, 6\}$ und ist $Y = \{a, b, c, d, e, f, g\}$ so wird in Abb. 1.10 eine mathematische Abbildung dargestellt.

Die Abbildung aus dem Bild besteht also aus den Zuordnungen

$$\varphi(1) = a, \ \varphi(2) = a, \ \varphi(3) = b, \ \varphi(4) = c, \ \varphi(5) = g, \ \varphi(6) = f.$$

Definition

Sei $\varphi : X \to Y$ eine Abbildung. Die Menge $\{\varphi(x) \mid x \in X\}$ nennt man das *Bild von X* unter der Abbildung φ. Für ein einzelnes Element $x \in X$ bezeichnet $y = \varphi(x) \in Y$ analog das *Bild von x* unter der Abbildung φ. Ist $y \in Y$, so nennt man die Menge $\{x \in X \mid \varphi(x) = y\}$ das *Urbild von y* unter der Abbildung φ.

In unserem Beispiel ist das Bild von X unter der Abbildung φ also die Menge $\{a, b, c, f, g\}$. Das Urbild des Elementes $a \in X$ ist die Menge $\{1, 2\}$, da $\varphi(1) = a$ und $\varphi(2) = a$ gilt. Das Element b hat nur ein Element aus X als Urbild, nämlich 3. Die Urbildmenge von $e \in Y$ ist leer.

Beispiele

1. Standardbeispiele für Abbildungen sind die aus der Schule bekannten Funktionen. Beispielsweise ist die Funktion $f : \mathbb{R} \to \mathbb{R}$, die jeder reellen Zahl ihr Quadrat zuordnet, d. h. $f(x) = x^2$, eine Abbildung. Das Bild der Abbildung f ist die Menge der positiven reellen Zahlen. Das Urbild der Zahl 4 ist die Menge $\{2, -2\}$, das Urbild einer negativen Zahl, zum Beispiel das Urbild von -1, ist die leere Menge. Funktionen werden in Kap. 4 dieses Buches ausführlich besprochen.

2. Ist X die Menge bestehend aus Paaren (x, y) von positiven reellen Zahlen, so definiert die Zuordnung $f : X \to \mathbb{R}$, mit $f(x, y) = \frac{x}{y^2}$ eine Abbildung. Biologisch spiegelt sie den sogenannten *Body Mass Index* wider: Ist x das Gewicht eines Menschen in Kilogramm und y seine Körpergröße in Metern, so ist $f(x, y)$ sein Body Mass Index. Wir haben allerdings die Menge X größer gewählt als nötig, da wir alle positiven reellen Zahlen als mögliche Gewichte x bzw. Größen y zugelassen haben. In biologischen Anwendungen würde es reichen, die Menge

$$X = \{(x, y) \mid 0 \le x \le 300, 0 \le y \le 3\}$$

zu betrachten. Dies wären dann Menschen mit einem Gewicht von höchstens 300 Kilogramm und einer Größe von höchstens 3 Metern.

3. Wählen wir als Menge X die Menge aller Studierenden der Biologie im ersten Semester und als Menge Y die Menge der Geschlechter, also $Y = \{$weiblich, männlich$\}$, so ist die Zuordnung $\varphi : X \to Y$, die jedem Studierenden sein Geschlecht zuordnet, eine Abbildung.

   Das Bild der Menge X ist gleich der gesamten Menge Y (zumindest wenn das erste Semester nicht ausschließlich aus Studentinnen oder ausschließlich aus Studenten besteht!). Das Urbild des Elementes „männlich" unter der Abbildung φ ist in diesem Beispiel die Menge aller männlichen Studierenden der Biologie im ersten Semester. Sollten sich nur Studentinnen eingeschrieben haben, ist das Urbild des Elementes „männlich" die leere Menge.

4. Ist wieder X die Menge aller Studierenden der Biologie im ersten Semester an einer Universität und Y die Menge aller an dieser Universität vergebenen Matrikelnummern, so ist die Zuordnung $\varphi : X \to Y$, die jedem Studierenden seine Matrikelnummer zuordnet, erneut eine Abbildung.

   Das Bild eines Elementes der Menge X, d.h. in diesem Beispiel eines einzelnen Studierenden, ist seine Matrikelnummer. Das Bild der gesamten Menge X ist also die Menge aller Matrikelnummern aller Studierenden der Biologie im ersten Semester. In diesem Beispiel ist das Bild ungleich der gesamten Menge Y, da die Studierenden an der Universität nicht nur Studierende der Biologie im ersten Semester sind.

   Das Urbild eines Elements der Menge Y, d.h. einer Matrikelnummer, unter der Abbildung φ besteht in diesem Beispiel maximal aus einem Element der Menge X, da die Matrikelnummern eindeutig sind. Ist y die Matrikelnummer eines Studierenden der Biologie im ersten Semester, so ist das Urbild von y genau dieser Studierende. Gehört die Matrikelnummer y dagegen einem Studierenden der Mathematik im zehnten Semester, so ist das Urbild von y unter der Abbildung φ leer.

5. Ein anderes Beispiel erhalten wir, wenn wir für X die Menge aller Kirschbäume wählen und für Y die Menge aller Staaten. Eine mögliche Abbildung wäre, jedem einzelnen Kirschbaum den Staat zuzuordnen, in dem er wächst. Hierbei ist die Menge X sehr groß, zum Beispiel will allein die Schülerinitiative „Plant for the Planet" bis 2020 über 1000 Milliarden neue Bäume (hoffentlich auch viele Kirschbäume) pflanzen[4].

   Das Bild der Menge X ist in diesem Fall die Menge aller Staaten, in denen Kirschbäume wachsen. Das Urbild des Elementes „Deutschland" unter dieser Abbildung ist die Menge aller in Deutschland lebenden Kirschbäume.

Die Beispiele zeigen, dass der Begriff der Abbildung sehr allgemein ist. Gerade deswegen ist er nützlich und kommt in vielen Anwendungen vor.

Definition
Sei $\varphi : X \to Y$ eine Abbildung.

1. Die Abbildung φ heißt *injektiv*, wenn für jedes $y \in Y$ höchstens ein Urbild $x \in X$ mit $\varphi(x) = y$ existiert.

---

[4] http://www.plant-for-the-planet.org/de/ (letzter Zugriff am 06.08.2013)

2. Sie heißt *surjektiv*, wenn für jedes $y \in \mathcal{Y}$ ein $x \in \mathcal{X}$ existiert mit $\varphi(x) = y$.

3. Ist φ sowohl injektiv als auch surjektiv, so nennt man die Abbildung *bijektiv*.

Eine Abbildung $\varphi : \mathcal{X} \to \mathcal{Y}$ ist also injektiv, wenn verschiedene Elemente aus $\mathcal{X}$ immer auf verschiedene Elemente aus $\mathcal{Y}$ abgebildet werden, d. h. wenn aus $x \neq z$ folgt, dass auch $\varphi(x) \neq \varphi(z)$. Ist das Bild von $\mathcal{X}$ unter einer Abbildung φ gleich $\mathcal{Y}$, so ist φ surjektiv.

Beispiele

1. Die in Abb. 1.10 beschriebene Abbildung φ ist nicht injektiv, da die Elemente 1 und 2 das gleiche Bild haben. Sie ist nicht surjektiv, weil $e \in \mathcal{Y}$ kein Urbild in $\mathcal{X}$ hat.

2. Die oben beschriebene Abbildung

$$\varphi : \{\text{Studierende der Biologie im ersten Semester}\} \to \{\text{männlich, weiblich}\}$$

ist also höchstwahrscheinlich surjektiv. Sie ist jedoch, wenn es mehr als zwei Studierende gibt, nicht injektiv.

3. Im Gegensatz dazu ist die Abbildung

$$\varphi : \{\text{Studierende der Biologie im ersten Semester}\} \to \{\text{alle Matrikelnummern der Uni}\}$$

injektiv, aber nicht surjektiv. Die Injektivität folgt wegen der Eindeutigkeit der Matrikelnummern. Die Abbildung ist nicht surjektiv, da nicht jeder Studierende der Universität Biologie im ersten Semester studiert.

4. Die Abbildung

$$\varphi : \{\text{Kirschbäume}\} \to \{\text{Staaten}\}$$

ist nicht injektiv und wahrscheinlich auch nicht surjektiv. Die Injektivität wird von jedem Land verletzt, in dem mehr als ein Kirschbaum wächst. Dagegen gibt es vermutlich auch Länder, in denen keine Kirschbäume gedeihen, die Abbildung ist dann nicht surjektiv.

1.6 Zusammenfassung

- Die *natürlichen Zahlen* $\mathbb{N}$ sind definiert als die Menge $\{1, 2, 3, 4, \ldots\}$.
- Die *ganzen Zahlen* $\mathbb{Z}$ sind definiert als die Menge aller natürlichen Zahlen $\mathbb{N}$ zusammen mit der Null und den negativen Zahlen $-\mathbb{N}$, d. h. als $\{\ldots, -3, -2, -1, 0, 1, 2, 3, 4, \ldots\}$. Mit negativen Zahlen rechnet man wie folgt:

$$a \cdot (-b) = (-a) \cdot b = -ab$$
$$(-a) \cdot (-b) = ab$$
$$a + (-b) = -b + a = a - b$$
$$a - (-b) = a + b$$

- Die rationalen Zahlen sind definiert als die Menge aller Brüche $\{\frac{a}{b} \mid a, b \in \mathbb{Z}, \ b \neq 0\}$. Für ganze Zahlen $a, b, c, d \in \mathbb{Z}$ mit $b, d \neq 0$ gilt

$$\frac{a}{b} = \frac{ad}{bd}$$
$$\frac{a}{b} + \frac{c}{d} = \frac{ad + bc}{bd}$$
$$\frac{a}{b} - \frac{c}{d} = \frac{ad - bc}{bd}$$
$$\frac{a}{b} \cdot \frac{c}{d} = \frac{ac}{bd}$$
$$\frac{a}{b} : \frac{c}{d} = \frac{a}{b} \cdot \frac{d}{c} = \frac{ad}{bc}, \quad \text{falls} \quad c \neq 0.$$
$$\frac{a}{b} = \frac{ad}{bd} < \frac{cb}{bd} = \frac{c}{d}, \quad \text{falls} \quad ad < cb.$$

- Die *reellen Zahlen* $\mathbb{R}$ können durch die Punkte der Zahlengerade dargestellt werden.
- Jede natürliche Zahl ist eine ganze Zahl, jede ganze Zahl ist eine rationale Zahl und jede rationale Zahl ist eine reelle Zahl. Mathematisch schreibt man hierfür: $\mathbb{N} \subset \mathbb{Z} \subset \mathbb{Q} \subset \mathbb{R}$.
- Nützliche Rechenregeln in $\mathbb{R}$ sind zum Beispiel die *binomischen Formeln*: Sind $p, q \in \mathbb{R}$, so gilt

$$(p + q)^2 = p^2 + 2pq + q^2 \quad \text{(Erste binomische Formel)}$$
$$(p - q)^2 = p^2 - 2pq + q^2 \quad \text{(Zweite binomische Formel)}$$
$$(p + q)(p - q) = p^2 - q^2 \quad \text{(Dritte binomische Formel)}$$

- Ist $n \in \mathbb{N}$ eine natürliche Zahl, so ist der *n-dimensionale Raum* $\mathbb{R}^n$ definiert als die Menge aller n-Tupel von reellen Zahlen, $\mathbb{R}^n = \{(x_1, \ldots, x_n) \mid x_1, \ldots, x_n \in \mathbb{R}\}$. Elemente in $\mathbb{R}^n$ werden komponentenweise addiert und subtrahiert.

- Für zwei Mengen X und Y ist eine *Abbildung* $\varphi : X \to Y$ eine Vorschrift, die jedem Element x aus der Menge X genau ein Element $\varphi(x)$ aus der Menge Y zuordnet.
- Eine Abbildung $\varphi : X \to Y$ heißt *injektiv*, wenn für jedes $y \in Y$ höchstens ein Urbild $x \in X$ mit $\varphi(x) = y$ existiert.
- Eine Abbildung $\varphi : X \to Y$ heißt *surjektiv*, wenn für jedes $y \in Y$ (mindestens) ein $x \in X$ existiert mit $\varphi(x) = y$.
- Eine Abbildung $\varphi : X \to Y$ heißt *bijektiv*, wenn sie sowohl injektiv als auch surjektiv ist.

1.7 Aufgaben

1.7.1 Kurztest

Kreuzen Sie die richtigen Antworten an.

1. Sei x eine beliebige ganze Zahl,

    (a) □ dann ist x auch immer eine natürliche Zahl.

    (b) □ dann ist x auch immer eine reelle Zahl.

    (c) □ dann ist x auch immer eine rationale Zahl.

2. Sei $x \in \mathbb{N}$ und sei $y \in \mathbb{Q}$ jedoch nicht in $\mathbb{Z}$. Dann ist die Summe $x + y$

    (a) □ eine natürliche Zahl.

    (b) □ eine ganze Zahl.

    (c) □ eine rationale Zahl.

3. Eine Abbildung $\varphi : X \to Y$ ist surjektiv wenn gilt;

    (a) □ Alle $x \in X$ werden auf ein $y \in Y$ abgebildet.

    (b) □ Für jedes $y \in Y$ gibt es ein $x \in X$ mit $\varphi(x) = y$.

    (c) □ Für jedes $y \in Y$ gibt es höchstens ein $x \in X$ mit $\varphi(x) = y$.

4. Eine Abbildung $\varphi : X \to Y$ ist injektiv wenn gilt;

    (a) □ Für alle $x \in X$ gibt es ein $y \in Y$ mit $\varphi(x) = y$.

    (b) □ Für alle $y \in Y$ gibt es mindestens ein $x \in X$ mit $\varphi(x) = y$.

    (c) □ Für alle $y \in Y$ gibt es höchstens ein $x \in X$ mit $\varphi(x) = y$.

1.7.2 Rechenaufgaben

1. Berechnen Sie ohne Taschenrechner

   (a) $\frac{1}{3} + \frac{1}{6}$

   (b) $\frac{3}{2} + \frac{3}{5}$

   (c) $\frac{1}{2} + \frac{1}{4} + \frac{1}{8}$

   (d) $\frac{1}{3} + \frac{1}{4} + \frac{1}{5}$

   (e) $\frac{3}{2} - \frac{2}{3} + \frac{2}{5} - \frac{5}{2}$

   (f) $\frac{\sqrt{2}}{\sqrt{4}} - \frac{\sqrt{6}}{\sqrt{12}}$

   (g) $\frac{\sqrt{6}}{2} + \frac{\sqrt{12}}{\sqrt{8}}$

   (h) $\frac{1}{2} + \frac{1}{3} + \frac{1}{5} + \frac{1}{7}$

   (i) $\frac{\sqrt{3}}{\sqrt{2}} + \frac{1}{\sqrt{6}}$

2. Vereinfachen Sie so weit wie möglich.

   (a) $\frac{a-5}{5-a}$

   (b) $\frac{4xy-20}{30-6xy}$

   (c) $\frac{3x+3}{2x^2-2}$

   (d) $\frac{9x^2-12xy+3y^2}{12x^2-16xy+4y^2}$

   (e) $\frac{2(a^4-b^4)}{a^2+b^2}$

   (f) $\frac{a^2+8a+2}{a^2x+8ax+2x+a^2+8a+2}$

3. Erweitern oder kürzen Sie die folgenden Brüche.

   (a) $\frac{2a}{3b} = \frac{?}{15ab}$

   (b) $\frac{9x}{7y} = \frac{?}{7ay-7by}$

   (c) $\frac{a-3b}{3x-1} = \frac{?}{2-6x}$

   (d) $\frac{2a}{x+1} = \frac{?}{x^2+2x+1}$

   (e) $\frac{a}{x-2} = \frac{?}{x^2-4}$

   (f) $\frac{8y}{xy} = \frac{?}{x}$

   (g) $\frac{a+1}{y-2} = \frac{?}{y^2-4y+4}$

(h) $\frac{12x}{12x+4} = \frac{?}{3x^2+x}$

(i) $\frac{1}{xy-ab} = \frac{?}{(xy)^2-(ab)^2}$

4. Vereinfachen Sie die Mehrfachbrüche.

(a) $\dfrac{a}{\frac{2(a+1)}{2+1}}$

(b) $\dfrac{\frac{3a}{4x}}{\frac{6a}{8ax}}$

(c) $\dfrac{a+1}{\frac{a^2-1}{a-1}}$

(d) $\dfrac{(x+2)^{-1}}{\frac{x-2}{x+2}\cdot(x-2)^{-1}}$

(e) $\dfrac{\frac{\sqrt{3}}{a}}{\frac{9a}{\sqrt[4]{9}}}$

(f) $\left(\frac{(x+1)^{-1}}{(x-1)^{-1}}\right)^{-1}(x-1)$

5. Kleiner, größer oder gleich? Ersetzen sie das Zeichen ? durch das passende Zeichen $<$, $>$ oder $=$.

(a) $\frac{2}{3}$? $\frac{7}{11}$

(b) $\frac{1000}{10.000}$? $\frac{10}{100}$

(c) $\frac{3}{11}$? $\frac{5}{12}$

(d) $\frac{1}{7}$? $\frac{1}{2}$

(e) $\frac{1}{10}$? $\frac{100}{10.000}$

(f) $-\frac{1}{2}$? $-\frac{3}{8}$

(g) $\frac{2}{2}$? $\frac{2}{3}$

(h) $\frac{100}{250}$? $\frac{2}{5}$

(i) $-\frac{3}{5}$? $-\frac{4}{12}$

(j) $\frac{13}{7}$? $\frac{52}{28}$

(k) $\frac{6}{7}$? $\frac{7}{6}$

(l) $-\frac{1}{6}$? $-\frac{2}{9}$

6. Wenden Sie die Potenzgesetze an und vereinfachen Sie.

   (a) $a^2 \cdot a^3$

   (b) $a^4 : a^3 \cdot a^5$

   (c) $x^{(-1^3)}(x^{-1})^{-2}$

   (d) $(y^{\frac{3}{2}} + y^{\frac{1}{2}})^2 - (\sqrt{y})^6$

   (e) $(a^3 + b^2)(a^3 - b^2)(a^6 + b^4)$

   (f) $\dfrac{\sqrt[5]{x^2}}{x^{(\frac{1}{5})}}$

   (g) $\dfrac{2x^2 + 4xy + 2y}{(x + y)^{-3}}$

   (h) $\left((b + y)^{\frac{1}{2}} \cdot \sqrt{(b - y)} \right)^2$

7. Welche der folgenden Abbildungen sind injektiv, surjektiv oder bijektiv?

   (a) $\varphi : \mathbb{R} \to \mathbb{R}, \; \varphi(x) = x - 1$

   (b) $\varphi : \mathbb{R} \to \mathbb{R}, \; \varphi(x) = 2 \cdot x$

   (c) $\varphi : \mathbb{Z} \to \mathbb{Z}, \; \varphi(x) = 2 \cdot x$

   (d) $\varphi : \mathbb{N} \to \mathbb{R}, \; \varphi(x) = x$

   (e) $\varphi : \mathbb{R} \to \mathbb{R}, \; \varphi(x) = x^2$

8. Zeigen Sie mit Hilfe einer binomischen Formel, dass

$$\frac{1}{\sqrt{5}} \left(\left(\frac{1 + \sqrt{5}}{2} \right)^2 - \left(\frac{1 - \sqrt{5}}{2} \right)^2 \right)$$

eine natürliche Zahl ist.

1.7.3 Anwendungsaufgaben

1. Phenylketonurie ist eine Stoffwechselkrankheit, die durch ein rezessives Allel verursacht wird. Es ist bekannt, dass bei ungefähr 10.000 Geburten eine Erkrankung auftritt. Können Sie mit dieser Information bereits eine Näherung für die Häufigkeit der Träger dieser Krankheit, d. h. der heterozygoten Menschen, die das Allel für die Phenylketonurie vererben können, selbst aber nicht erkrankt sind, berechnen? Hierbei können Sie wie bei der Einführung der binomischen Formel annehmen, dass ein Hardy-Weinberg-Gleichgewicht vorliegt.

2. Albinismus ist eine Erbkrankheit, die durch ein rezessives Allel verursacht wird. Von 20.000 Menschen ist ungefähr eine Person daran erkrankt. Berechnen Sie damit eine Näherung für die Häufigkeit der Träger des Albinismus, d. h. der heterozygoten Menschen, die das Allel für Albinismus vererben können, selbst aber nicht erkrankt sind. Hierbei können Sie wie bei der Einführung der binomischen Formel annehmen, dass ein Hardy-Weinberg-Gleichgewicht vorliegt.

3. Die spezifische Wärmekapazität eines Stoffes ist definiert als die Wärmemenge, die aufgenommen werden muss, um die Temperatur von einem Gramm dieses Stoffes um ein Grad Celsius zu erhöhen. Zum Beispiel ist die spezifische Wärmekapazität von Wasser 4,187 Joule pro Gramm und Grad Celsius. Eine Kalorie entspricht 4,187 Joule. Im Gegensatz zu Wasser ist zum Beispiel die spezifische Wärmekapazität von Eisen nur ca. $0,42 \frac{J}{g \cdot {}^\circ C}$.

   (a) Eine Tafel Vollmilchschokolade hat ungefähr 500 kcal. Dies entspricht ungefähr 2093,5 kJ. Wenn wir eine Tafel Schokolade verbrennen und die gesamte dadurch erzeugte Wärme zum Erhitzen von 50 l kaltem Wasser nutzen, um wie viel steigt dann die Temperatur des Wassers? (Nehmen Sie hierbei an, dass ein Liter Wasser ein Kilogramm schwer ist.)

   (b) Die spezifische Wärmekapazität von Milch beträgt $0,93 \frac{kcal}{kg \cdot K}$. Können Sie diese in Joule pro Gramm und Grad Celsius umrechnen?

   (c) Eine Aufgabe der ersten Runde der Internationalen Biologieolympiade 2009 (Abgabe September 2008) lautete „Erklären Sie, warum Milch im Gegensatz zu Wasser so leicht überkocht". Können Sie mit den beiden ersten Teilaufgaben erklären, ob Milch oder Wasser bei gleicher Energiezufuhr schneller kocht?

4. Zwei Studentinnen trinken gemeinsam eine Flasche Wein, die sie gerecht aufteilen (d. h. jede der beiden trinkt 375 ml Wein). Der Wein hat einen Alkoholgehalt von 12 Prozent, Alkohol eine Dichte von ungefähr $0,8 \frac{g}{ml}$. Eine der beiden Studentinnen wiegt 70 kg, die andere 65 kg. Gehen wir davon aus, dass sich der Alkohol gleichmäßig im Blut verteilt hat und noch nichts abgebaut wurde, wie hoch ist dann jeweils die Blutalkoholkonzentration der beiden Frauen? Im Durchschnitt besteht die Körpermasse einer Frau zu 60 Prozent aus Wasser.

5. In der schriftlichen Abiturprüfung 2006 in Thüringen im Leistungsfach Biologie handelte eine Aufgabe von der Gewinnung von Biogas[5]. Dabei wurden verschiedene Materialien zur Verfügung gestellt, unter anderem folgendes:

   Das Biogas aus 1 t organischer Reststoffe oder 3 t Gülle/Festmist ersetzt ca. 60 l Heizöl oder 120 kWh Strom-Netto und vermindert den Schadstoffausstoß von Kohlenstoffdioxid um 200 kg. Eine Kuh produziert pro Tag etwa 10–20 kg Mist. Daraus können 1–2 Kubikmeter Biogas hergestellt werden. Die Biomasse, welche eine Kuh in einem Jahr erzeugt, entspricht der Energie von 300 Liter Heizöl[6].

---

[5] http://www.thueringen.de/de/tkm/pruefungsaufgaben/pruefung2006/abi/bio_lf_06.pdf?year=2006&sf=Abitur.

[6] Nach: http://www.seilnacht.com/Lexikon/ebiogas.html (letzter Zugriff am 14.08.2013)

Eine Kuh produziert tatsächlich etwa 10–20 kg Mist pro Tag. Können die anderen Daten auch alle zutreffen?

6. In der Medizin verwendet man isotonische Kochsalzlösung zum Beispiel für Infusionen. Sie enthält 0,9 % Kochsalz (Natriumchlorid NaCl). Wie viel Natrium und wie viel Chlor sind in isotonischer Kochsalzlösung ungefähr enthalten? Dabei können Sie davon ausgehen, dass ein Liter Wasser ein Kilogramm schwer ist, und dass die relativen Massezahlen von Natrium 22,990 u und von Chlor 35,453 u betragen.

7. Ethanol hat eine Dichte von 789,4 $\frac{g}{l}$ und die chemische Summenformel C_2H_6O. Die relativen Atommassen betragen für Kohlenstoff 12,011, für Sauerstoff 15,999 und für Wasserstoff 1,008. Können Sie berechnen, wie viel Kohlendioxid und wie viel Wasser bei der Verbrennung von einem Liter Ethanol entsteht? (Der hierfür benötigte Sauerstoff stammt sowohl aus dem Ethanol als auch aus der Luft).

8. (a) Auf einem Quadratzentimeter Haut eines Menschen leben ungefähr vier Millionen Mikroorganismen. Die menschliche Haut umfasst ungefähr 2 Quadratmeter. Wie viele Mikroorganismen leben insgesamt auf der gesamten Haut eines Menschen?

(b) Angenommen, Bakterien auf der Haut haben ungefähr eine Länge von einem Mikrometer und sind ungefähr 0,5 Mikrometer breit. Wie viele Bakterien passen dann maximal auf einen Quadratzentimeter Haut? (Tatsächlich findet man deutlich weniger Bakterien auf der menschlichen Haut.)

Gleichungen lösen

2

Einleitendes Beispiel 2.1

Zu den meisten Lebensmitteln gibt es Nährwertangaben, unter denen man zum Beispiel Daten über Brennwert, Eiweiß-, Kohlenhydrat-, Fett-, aber auch zu Vitamin- und Mineraliengehalt findet. Gibt es ein einfaches Schema, mit dem man die Gesamtaufnahme an Kalorien, Eiweiß usw. eines Menschen berechnen kann, wenn man weiß, wie viel er von welchen Lebensmitteln pro Tag konsumiert hat?

Einleitendes Beispiel 2.2

Bei der Photosynthese wird die Energie des Sonnenlichts genutzt, um aus Kohlendioxid und Wasser Kohlenhydrate zu gewinnen. In der vereinfachten Reaktionsgleichung wird Kohlendioxid (CO_2) und Wasser (H_2O) zu Traubenzucker ($C_6H_{12}O_6$) und Sauerstoff (O_2) umgewandelt. Wie sehen die stöchiometrischen Koeffizienten der Reaktionsgleichung aus, d. h. die Koeffizienten in der Reaktionsgleichung, die gewährleisten, dass bei den Edukten und Produkten der Gleichung die Anzahlen der jeweiligen Atome gleich sind?

Einleitendes Beispiel 2.3

Zweijährige Pflanzen sind Pflanzen, die insgesamt nur zwei Jahre bzw. Lebenszyklen leben. In Abhängigkeit von den äußeren Umständen jeder einzelnen Pflanze blühen manche Exemplare der gleichen Gattung nur im zweiten Jahr, andere jedoch auch schon im ersten Jahr. Wir wählen eine zweijährige Pflanzenart, zum Beispiel das Gartenstiefmütterchen, und schauen sie uns genauer an. Zur Vereinfachung nehmen wir an, dass diese unbegrenzt wachsen kann und auch die Sterberate nicht durch die Gesamtzahl aller Pflanzen beeinflusst wird. Beispielhaft sollen Pflanzen im ersten Lebensjahr im Durchschnitt fünf Nachkommen erzeugen und Pflanzen im zweiten (und damit letzten) Lebensjahr durchschnittlich 10 Nachkommen erzeugen. Das bedeutet, dass pro Pflanze, die maximal ein Jahr alt ist, im nächsten Jahr im Durchschnitt fünf neue Pflanzen entstehen. Zusätzlich nehmen wir an, dass $\frac{39}{40}$, d. h. 97,5 Prozent der Pflanzen im

A. Eickhoff-Schachtebeck, A. Schöbel, *Mathematik in der Biologie*,
DOI 10.1007/978-3-642-41844-0_2, © Springer-Verlag Berlin Heidelberg 2014

ersten Lebensjahr eines Jahrgangs ein Jahr älter werden. Wie sieht dann das Verhältnis der Anzahl von über ein Jahr alten Pflanzen zur Anzahl von weniger als ein Jahr alten Pflanzen aus, wenn wir davon ausgehen, dass dieses konstant ist?

Das erste Problem führt zur Definition von *Matrizen* und Matrixmultiplikation. Im zweiten Problem suchen wir die Lösung eines sogenannten *linearen Gleichungssystems*, im dritten Problem die Lösung einer *quadratischen Gleichung*.

▶ **Ziele:** Rechnen mit Matrizen. Lösen von einfachen Gleichungen und Gleichungssystemen. Lösen von quadratischen Gleichungen. Lösen von Gleichungen höheren Grades.

2.1 Matrizen

2.1.1 Der Begriff der Matrix

Im Alltag begegnen uns täglich Tabellen. Eine Matrix ist eine Tabelle, in der lauter Zahlen stehen:

Definition
Eine *reelle* $m \times n$ - *Matrix* A ist eine Anordnung von $m \cdot n$ reellen Zahlen $a_{11}, a_{12}, \ldots, a_{1n}, a_{21}, a_{22}, \ldots, a_{mn} \in \mathbb{R}$ nach dem Schema

$$
\begin{pmatrix}
a_{11} & a_{12} & \cdots & \cdots & & \cdots & a_{1n} \\
a_{21} & a_{22} & \cdots & & & & \vdots \\
\vdots & & & & & & \vdots \\
a_{i1} & a_{i2} & \cdots & a_{ij} & \cdots & & a_{in} \\
\vdots & & & & & & \vdots \\
a_{m1} & \cdots & & & & & a_{mn}
\end{pmatrix}.
$$

Man schreibt $A = (a_{ij})_{\substack{i=1,\ldots,m \\ j=1,\ldots,n}}$ oder nur $A = (a_{ij})$. Für den Eintrag in der i-ten Zeile und j-ten Spalte schreibt man a_{ij}. Um zu verdeutlichen, dass die Einträge einer Matrix A reelle Zahlen sind und A aus m Zeilen und n Spalten besteht, schreibt man $A \in M_{m \times n}(\mathbb{R})$.

Beispiel

Die Matrix

$$A = \begin{pmatrix} 1 & 2 & 3 & 4 \\ 5 & 6 & 7 & 8 \\ 9 & 10 & 11 & 12 \end{pmatrix}$$

besteht aus drei Zeilen und vier Spalten. Die einzelnen Einträge sind reelle Zahlen, A ist also ein Element aus $M_{3\times 4}(\mathbb{R})$. Für den Eintrag a_{23} gilt zum Beispiel $a_{23} = 7$.

Anwendung: Matrizen in der Phylogenie

Ein Ziel der Evolutionsbiologie ist die Untersuchung der sogenannten *Phylogenie*, d.h. der Stammesgeschichte einer Art oder einer Gruppe von Arten. Die Methoden in diesem Gebiet sind vielfältig und liegen zum Teil an der Schnittstelle von Biologie, Mathematik und Informatik. Zum Beispiel untersucht man Unterschiede in Aminosäuresequenzen von verschiedenen Arten, um Aussagen über ihren Verwandtschaftsgrad machen zu können. Gesucht ist ein geeignetes Schema, mit dem man diese darstellen kann.

In der folgenden Tabelle sind Ausschnitte von Aminosäuresequenzen für die Kodierung von Insulin von Schaf, Rind, Schwein und Pferd dargestellt[1]:

Schaf	Cys	Cys	Ala	Gly	Val	Cys
Rind	Cys	Cys	Ala	Ser	Val	Cys
Schwein	Cys	Cys	Thr	Ser	Ile	Cys
Pferd	Cys	Cys	Thr	Gly	Ile	Cys

In diesem Beispiel unterscheidet sich die Insulinsequenz vom Schaf von der vom Rind in einer Aminosäure, die vom Schaf von der vom Schwein in drei Aminosäuren, die vom Schaf von der vom Pferd in zwei Aminosäuren und so weiter. Diese Unterschiede der Aminosäuresequenzen können mithilfe der folgenden Matrix vereinfacht dargestellt werden:

$$\begin{array}{c} \\ \text{Schaf} \\ \text{Rind} \\ \text{Schwein} \\ \text{Pferd} \end{array} \begin{array}{cccc} \text{Schaf} & \text{Rind} & \text{Schwein} & \text{Pferd} \\ \begin{pmatrix} 0 & 1 & 3 & 2 \\ 1 & 0 & 2 & 3 \\ 3 & 2 & 0 & 1 \\ 2 & 3 & 1 & 0 \end{pmatrix} \end{array}$$

---

[1] D. Dossing, V. Liebscher, H. Wagner, S. Walcher: *Evolution, Bäume und Algorithmen*

Hier bedeutet der Eintrag 2 in der dritten Zeile und zweiten Spalte, dass die Insulinsequenz des Schweins (Zeile drei) sich von der des Rinds (Spalte zwei) an 2 (der entsprechende Eintrag) Stellen unterscheidet. Die Darstellung als Matrix hilft, die Unterschiede in den Aminosäuresequenzen leichter zu erfassen. Die obige Matrix ist sowohl ein Element von $M_{4\times4}(\mathbb{R})$ als auch ein Element von $M_{4\times4}(\mathbb{Q})$, $M_{4\times4}(\mathbb{Z})$ sowie $M_{4\times4}(\mathbb{N})$.

2.1.2   Rechnen mit Matrizen

Mit Matrizen kann ähnlich wie mit Elementen aus dem n-dimensionalen Raum $\mathbb{R}^n$ gerechnet werden.

1. **Matrixaddition:** Matrizen mit der gleichen Anzahl von Zeilen und Spalten können addiert werden:
   Sind $A = (a_{ij})_{\substack{i=1,\ldots,m \\ j=1,\ldots,n}} \in M_{m\times n}(\mathbb{R})$ und $B = (b_{ij})_{\substack{i=1,\ldots,m \\ j=1,\ldots,n}} \in M_{m\times n}(\mathbb{R})$ zwei Matrizen mit jeweils m Zeilen und n Spalten, so ist ihre Summe definiert als Summe der einzelnen Einträge:

$$
\begin{aligned}
A + B &:= (a_{ij})_{\substack{i=1,\ldots,m \\ j=1,\ldots,n}} + (b_{ij})_{\substack{i=1,\ldots,m \\ j=1,\ldots,n}} \\[1mm]
&= (a_{ij} + b_{ij})_{\substack{i=1,\ldots,m \\ j=1,\ldots,n}} \\[1mm]
&= \begin{pmatrix} a_{11} & a_{12} & \cdots & a_{1n} \\ a_{21} & \cdots & & a_{2n} \\ \vdots & & & \vdots \\ a_{m1} & a_{m2} & \cdots & a_{mn} \end{pmatrix} + \begin{pmatrix} b_{11} & b_{12} & \cdots & b_{1n} \\ b_{21} & \cdots & & b_{2n} \\ \vdots & & & \vdots \\ b_{m1} & b_{m2} & \cdots & b_{mn} \end{pmatrix} \\[1mm]
&= \begin{pmatrix} a_{11} + b_{11} & a_{12} + b_{12} & \cdots & a_{1n} + b_{1n} \\ a_{21} + b_{21} & & & a_{2n} + b_{2n} \\ \vdots & & & \vdots \\ a_{m1} + b_{m1} & a_{m2} + b_{m2} & \cdots & a_{mn} + b_{mn} \end{pmatrix}
\end{aligned}
$$

Beispiel

$$
\begin{pmatrix} 1 & 2 & 3 & 4 \\ 5 & 6 & 7 & 8 \\ 9 & 10 & 11 & 12 \end{pmatrix} + \begin{pmatrix} 4 & 3 & 2 & 1 \\ 0 & -1 & -2 & -3 \\ -4 & -5 & -6 & -7 \end{pmatrix} = \begin{pmatrix} 5 & 5 & 5 & 5 \\ 5 & 5 & 5 & 5 \\ 5 & 5 & 5 & 5 \end{pmatrix}
$$

2. **Multiplikation mit einer reellen Zahl:** Ist $A \in M_{m \times n}(\mathbb{R})$ mit $A = (a_{ij})$ und $\lambda \in \mathbb{R}$ eine reelle Zahl, so definieren wir

$$\lambda \cdot A := (\lambda a_{ij})$$

$$= \begin{pmatrix} \lambda a_{11} & \lambda a_{12} & \dots & \lambda a_{1n} \\ \lambda a_{21} & & & \lambda a_{2n} \\ \vdots & & & \vdots \\ \lambda a_{m1} & \lambda a_{m2} & \dots & \lambda a_{mn} \end{pmatrix}$$

Beispiel

$$2 \cdot \begin{pmatrix} 1 & \frac{1}{2} & \frac{3}{4} \\ 2 & \frac{7}{2} & \frac{3}{4} \\ 1 & 0 & -\frac{3}{2} \end{pmatrix} = \begin{pmatrix} 2 & 1 & \frac{3}{2} \\ 4 & 7 & \frac{3}{2} \\ 2 & 0 & -3 \end{pmatrix}$$

3. **Matrixmultiplikation:** Ist die Anzahl der Spalten einer Matrix A gleich der Anzahl der Zeilen einer Matrix B, so können die Matrizen A und B multipliziert werden. Ist $A = (a_{ij}) \in M_{m \times n}(\mathbb{R})$ und $B = (b_{jk}) \in M_{n \times l}(\mathbb{R})$, so besitzt die Produktmatrix $C := A \cdot B$ genau m Zeilen und l Spalten. Der Eintrag c_{ik} der Matrix C in der i-ten Zeile und k-ten Spalte ist dann definiert durch

$$c_{ik} = \begin{pmatrix} a_{i1} & a_{i2} & \dots & a_{in} \end{pmatrix} \cdot \begin{pmatrix} b_{1k} \\ b_{2k} \\ \vdots \\ b_{nk} \end{pmatrix} = a_{i1} \cdot b_{1k} + a_{i2} \cdot b_{2k} + \dots + a_{in} \cdot b_{nk}.$$

Beispiel

$$\begin{pmatrix} 1 & 2 & 3 \\ 5 & 6 & 7 \\ 9 & 10 & 11 \end{pmatrix} \cdot \begin{pmatrix} 3 & 2 \\ 0 & -1 \\ -3 & -4 \end{pmatrix} = \begin{pmatrix} 1 \cdot 3 + 2 \cdot 0 + 3 \cdot (-3) & 1 \cdot 2 + 2 \cdot (-1) + 3 \cdot (-4) \\ 5 \cdot 3 + 6 \cdot 0 + 7 \cdot (-3) & 5 \cdot 2 + 6 \cdot (-1) + 7 \cdot (-4) \\ 9 \cdot 3 + 10 \cdot 0 + 11 \cdot (-3) & 9 \cdot 2 + 10 \cdot (-1) + 11 \cdot (-4) \end{pmatrix}$$

$$= \begin{pmatrix} -6 & -12 \\ -6 & -24 \\ -6 & -36 \end{pmatrix}$$

Das Produkt

$$\begin{pmatrix} 3 & 2 \\ 0 & -1 \\ -3 & -4 \end{pmatrix} \cdot \begin{pmatrix} 1 & 2 & 3 \\ 5 & 6 & 7 \\ 9 & 10 & 11 \end{pmatrix}$$

ist dagegen nicht definiert, da

$$\begin{pmatrix} 3 & 2 \\ 0 & -1 \\ -3 & -4 \end{pmatrix} \in M_{3 \times 2}(\mathbb{R})$$

zwei Spalten hat, die Matrix

$$\begin{pmatrix} 1 & 2 & 3 \\ 5 & 6 & 7 \\ 9 & 10 & 11 \end{pmatrix} \in M_{3 \times 3}(\mathbb{R})$$

jedoch drei Zeilen besitzt.

Anwendung: Nährwertberechnung

Die Rechenregeln für Matrizen können wir auf das Problem aus dem einleitenden Beispiel 2.1 anwenden. Beispielhaft schauen wir uns hierzu die folgende Nährwerttabelle an:

pro 100 g	Müsli	Milch	Spaghetti	Saft	Ketchup
Brennwert	421 kcal	47 kcal	350 kcal	43 kcal	100 kcal
Eiweiß	9,6 g	3,5 g	11,5 g	0,7 g	1,5 g
Kohlenhydrate	62 g	4,9 g	72,5 g	9,0 g	22,5 g
Fett	15 g	1,5 g	1,6 g	0,2 g	0,4 g

Jedes Nahrungsmittel steht für eine Spalte, der Brennwert und die Nährstoffe für je eine Zeile. Damit können wir diese Informationen auch als 4×5-Matrix

$$\begin{pmatrix} 421 & 47 & 350 & 43 & 100 \\ 9,6 & 3,5 & 11,5 & 0,7 & 1,5 \\ 62 & 4,9 & 72,5 & 9 & 22,5 \\ 15 & 1,5 & 1,6 & 0,2 & 0,4 \end{pmatrix}$$

darstellen. Angenommen, jemand konsumiert an einem Tag 50 g Müsli, 300 g Milch, 250 g Spaghetti, 250 g Saft und 100 g Ketchup:

Müsli	$50\,\text{g} = (0,5 \cdot 100)\,\text{g}$
Milch	$300\,\text{g} = (3 \cdot 100)\,\text{g}$
Spaghetti	$250\,\text{g} = (2,5 \cdot 100)\,\text{g}$
Saft	$250\,\text{g} = (2,5 \cdot 100)\,\text{g}$
Ketchup	$100\,\text{g} = (1 \cdot 100)\,\text{g}$

Auch diese Information können wir als Matrix darstellen. Jede Zeile entspricht hier jedoch einem Nahrungsmittel. Hierbei ist es für die spätere Matrixmultiplikation wichtig, die

Reihenfolge der Nahrungsmittel beizubehalten.

$$\begin{pmatrix} 0,5 \\ 3 \\ 2,5 \\ 2,5 \\ 1 \end{pmatrix}$$

Dies ist eine 5×1-Matrix. Wir können also die 4×5-Matrix, die für die einzelnen Nährwerte von Müsli, Milch, Spaghetti, Saft und Ketchup steht, mit der 5×1-Matrix, die für den Konsum der entsprechenden Produkte eines Menschen an einem Tag steht, multiplizieren:

$$\begin{pmatrix} 421 & 47 & 350 & 43 & 100 \\ 9,6 & 3,5 & 11,5 & 0,7 & 1,5 \\ 62 & 4,9 & 72,5 & 9 & 22,5 \\ 15 & 1,5 & 1,6 & 0,2 & 0,4 \end{pmatrix} \cdot \begin{pmatrix} 0,5 \\ 3 \\ 2,5 \\ 2,5 \\ 1 \end{pmatrix} = \begin{pmatrix} 1434 \\ 47,3 \\ 271,95 \\ 16,9 \end{pmatrix}$$

Das Ergebnis können wir wie folgt interpretieren: Insgesamt hat der Konsument

Brennwert	1434 kcal
Eiweiß	47,3 g
Kohlenhydrate	271,95 g
Fett	16,9 g

zu sich genommen.

2.2 Lineare Gleichungssysteme

Im einleitenden Beispiel 1.2 im ersten Kapitel haben wir bereits die Lösung von Gleichungen der Form $ax + b = 0$ gesucht, wobei a und b gegebene reelle Zahlen waren und x die zu bestimmende Unbekannte (oder *Variable*). Eine solche Gleichung heißt *linear*, weil die zu bestimmende Variable linear, das heißt als einfacher Term x (und nicht z. B. als x^3, $\sqrt{x}$, $\sin x$) in der Gleichung vorkommt.

Führt man auf beiden Seiten einer Gleichung dieselbe Rechenoperation durch, so erhält man erneut eine Gleichung mit derselben Lösungsmenge. Dieses Prinzip haben wir genutzt, um Gleichungen zu lösen:

Beispiel

Gesucht sei eine Lösung x von $2x + 4 = 0$:

$$2x + 4 = 0 \quad | -4 \quad \text{(d. h. im nächsten Schritt ziehen wir auf beiden Seiten 4 ab)}$$
$$2x = -4 \quad | : 2 \quad \text{(die neue Gleichung dividieren wir auf beiden Seiten durch 2)}$$
$$x = -2 \quad \quad (x = -2 \text{ ist die gesuchte Lösung)}$$

Anstelle von einer einzigen linearen Gleichung wollen wir nun ein ganzes lineares Gleichungs*system* untersuchen:

Definition

Ein *lineares Gleichungssystem* ist eine Menge von linearen Gleichungen

$$
\begin{array}{llll}
a_{11} \cdot x_1 & + a_{12} \cdot x_2 & + \ldots & + a_{1n} \cdot x_n & = b_1 \\
a_{21} \cdot x_1 & + a_{22} \cdot x_2 & + \ldots & + a_{2n} \cdot x_n & = b_2 \\
\vdots & \vdots & & \vdots & \vdots \\
a_{m1} \cdot x_1 & + a_{m2} \cdot x_2 & + \ldots & + a_{mn} \cdot x_n & = b_m
\end{array}
$$

in n Unbekannten $x_1, \ldots, x_n$ mit reellen Zahlen $a_{ij}, b_i \in \mathbb{R}$.

Lösungen eines solchen linearen Gleichungssystems sind also Zahlentupel $x_1, \ldots, x_n$, die alle im System auftauchenden Gleichungen gleichzeitig erfüllen.

Beispiele

1.
$$x + y = 1$$
$$x - y = 2$$

ist ein lineares Gleichungssystem bestehend aus zwei Gleichungen ($m = 2$) und zwei Unbekannten ($n = 2$). Es gibt viele Möglichkeiten, dieses zu lösen. Beispielsweise kann man die beiden Zeilen addieren und erhält so die Bedingungen

$$x + y = 1$$
$$2x = 3$$

an die Lösungen x und y des linearen Gleichungssystems. Damit muss $x = \frac{3}{2}$ gelten. Dies eingesetzt in die erste Zeile ergibt die Gleichung $\frac{3}{2} + y = 1$ für y und damit $y = -\frac{1}{2}$. Die Lösungsmenge dieses Gleichungssystems ist also $x = \frac{3}{2}$, $y = -\frac{1}{2}$.

2. Ein weiteres Beispiel ist das lineare Gleichungssystem

$$x + y - z = 1$$
$$x - y - z = -1$$
$$2x + 2y - 2z = 1,$$

das aus $m = 3$ Gleichungen und $n = 3$ Unbekannten besteht. Hier widersprechen sich die erste und die dritte Zeile: Gilt nämlich

$$x + y - z = 1,$$

so muss auch

$$2x + 2y - 2z = 2$$

gelten (hier haben wir beide Seiten der Gleichung mit 2 multipliziert). Jedoch ist $2 \neq 1$. Die Lösungsmenge dieses linearen Gleichungssystems ist also leer.

3. Auch

$$x + y + z = 1$$
$$x - y + z = 1$$

ist ein lineares Gleichungssystem, dieses Mal bestehend aus $m = 2$ Gleichungen und $n = 3$ Unbekannten. Addieren wir die beiden Zeilen, so erhalten wir die Gleichung

$$2x + 2z = 2.$$

Für jede Wahl von z ist $x = 1 - z$ eine Lösung dieser Gleichung. Setzen wir diese in die erste Gleichung des Gleichungssystems ein, erhalten wir die Gleichung

$$1 - z + y + z = 1$$

und damit $y = 0$. Die Lösungsmenge dieses Gleichungssystems besteht also aus unendlich vielen Lösungen der Form $(x, y, z) = (1 - z, 0, z)$.

Lineare Gleichungssysteme kann man auch verkürzt mit der Matrixschreibweise darstellen. Ist

$$
\begin{array}{ccccccccc}
a_{11} \cdot x_1 & + & a_{12} \cdot x_2 & + & \ldots & + & a_{1n} \cdot x_n & = & b_1 \\
a_{21} \cdot x_1 & + & a_{22} \cdot x_2 & + & \ldots & + & a_{2n} \cdot x_n & = & b_2 \\
\vdots & & \vdots & & & & \vdots & & \vdots \\
a_{m1} \cdot x_1 & + & a_{m2} \cdot x_2 & + & \ldots & + & a_{mn} \cdot x_n & = & b_m
\end{array}
$$

ein lineares Gleichungssystem bestehend aus m Zeilen mit n Unbekannten $x_1, \dots, x_n$ mit

reellen Zahlen $a_{ij}, b_i \in \mathbb{R}$, so suchen wir Vektoren $\begin{pmatrix} x_1 \\ \vdots \\ x_n \end{pmatrix} \in \mathbb{R}^n$ mit

$$\begin{pmatrix} a_{11} & a_{12} & \dots & a_{1n} \\ a_{21} & a_{22} & \dots & a_{2n} \\ \vdots & \vdots & & \vdots \\ a_{m1} & a_{m2} & \dots & a_{mn} \end{pmatrix} \cdot \begin{pmatrix} x_1 \\ x_2 \\ \vdots \\ x_n \end{pmatrix} = \begin{pmatrix} b_1 \\ b_2 \\ \vdots \\ b_m \end{pmatrix}$$

Die Matrix $A = \begin{pmatrix} a_{11} & a_{12} & \dots & a_{1n} \\ a_{21} & a_{22} & \dots & a_{2n} \\ \vdots & \vdots & & \vdots \\ a_{m1} & a_{m2} & \dots & a_{mn} \end{pmatrix}$ heißt *Koeffizientenmatrix* des Gleichungssys-

tems, den Vektor $b = \begin{pmatrix} b_1 \\ \vdots \\ b_n \end{pmatrix}$ nennt man auch seine *rechte Seite*.

Damit kann man unsere Beispiele auch folgendermaßen notieren:

Beispiele

1.
$$\begin{pmatrix} 1 & 1 \\ 1 & -1 \end{pmatrix} \begin{pmatrix} x \\ y \end{pmatrix} = \begin{pmatrix} 1 \\ 2 \end{pmatrix}$$

2.
$$\begin{pmatrix} 1 & 1 & -1 \\ 1 & -1 & -1 \\ 2 & 2 & -2 \end{pmatrix} \begin{pmatrix} x \\ y \\ z \end{pmatrix} = \begin{pmatrix} 1 \\ -1 \\ 1 \end{pmatrix}$$

3.
$$\begin{pmatrix} 1 & 1 & 1 \\ 1 & -1 & 1 \end{pmatrix} \begin{pmatrix} x \\ y \\ z \end{pmatrix} = \begin{pmatrix} 1 \\ 1 \end{pmatrix}$$

Diese drei Beispiele spiegeln alle Möglichkeiten für Lösungsmengen von linearen Gleichungssystemen wider: Die Lösungsmenge besteht entweder aus genau einem Element, aus gar keinem Element (der leeren Menge), oder aus unendlich vielen Lösungen. Widersprechen sich einzelne Gleichungen eines linearen Gleichungssystems, so gibt es dafür keine Lösung. Gibt es mehr Unbekannte als Gleichungen in einem linearen Gleichungssystem und widersprechen sich diese nicht, so hat ein solches Gleichungssystem unendlich viele Lösungen. Welcher Fall vorliegt, kann man an der Koeffizientenmatrix A und der rechten Seite b ablesen. Wie das genau geht, kann zum Beispiel in [F 05] nachgelesen werden.

2.3 Das Gauß-Verfahren

Durch geschickte Rechenoperationen haben wir im vorigen Abschnitt die Lösungsmengen von linearen Gleichungssystemen bestimmt. Je mehr Gleichungen und Unbekannte in einem Gleichungssystem vorkommen, desto mehr Operationen muss man durchführen, wobei manchmal nicht so klar ersichtlich ist, welche Rechnungen am geschicktesten sind. Hier schafft das *Gauß-Verfahren* Abhilfe. Mithilfe dieses Algorithmus kann die Lösungsmenge eines beliebigen linearen Gleichungssystems bestimmt werden. Ist das Gleichungssystem in Matrixform durch

$$
\begin{pmatrix} a_{11} & a_{12} & \dots & a_{1n} \\ a_{21} & a_{22} & \dots & a_{2n} \\ \vdots & \vdots & & \vdots \\ a_{m1} & a_{m2} & \dots & a_{mn} \end{pmatrix} \cdot \begin{pmatrix} x_1 \\ x_2 \\ \vdots \\ x_n \end{pmatrix} = \begin{pmatrix} b_1 \\ b_2 \\ \vdots \\ b_m \end{pmatrix}
$$

gegeben, so geht man im Gauß-Verfahren so vor, dass man zunächst durch sogenannte *Zeilenoperationen* das Gleichungssystem in ein neues, zu dem alten Gleichungssystem äquivalentes System

$$
\begin{pmatrix} a_{11} & a_{12} & \dots & a_{1n} \\ 0 & a_{22}(\text{neu}) & \dots & a_{2n}(\text{neu}) \\ 0 & \vdots & & \vdots \\ 0 & a_{m2}(\text{neu}) & \dots & a_{mn}(\text{neu}) \end{pmatrix} \begin{pmatrix} x_1 \\ x_2 \\ \vdots \\ x_n \end{pmatrix} = \begin{pmatrix} b_1 \\ b_2(\text{neu}) \\ \vdots \\ b_m(\text{neu}) \end{pmatrix}
$$

und nach und nach das System in die Form

$$
\begin{pmatrix} * & * & \dots & * \\ 0 & * & * & * \\ 0 & 0 & \ddots & * \\ 0 & \dots & 0 & * \end{pmatrix} \begin{pmatrix} x_1 \\ x_2 \\ \vdots \\ x_n \end{pmatrix} = \begin{pmatrix} * \\ * \\ \vdots \\ * \end{pmatrix}
$$

bringt. Diese Form nennt man *Zeilenstufenform*. Die dabei erlaubten Zeilenoperationen sind das Vertauschen ganzer Zeilen sowie das Addieren eines Vielfachen einer Zeile zu einem Vielfachen einer anderen Zeile.

Beispiele

1. Betrachten wir das Gleichungssystem

$$
\begin{aligned}
x + 2y + 3z &= 1 \\
-x + y &= 1 \\
2x + y + z &= 0.
\end{aligned}
$$

In Matrixschreibweise ist es von der Form

$$\begin{pmatrix} 1 & 2 & 3 \\ -1 & 1 & 0 \\ 2 & 1 & 1 \end{pmatrix} \cdot \begin{pmatrix} x \\ y \\ z \end{pmatrix} = \begin{pmatrix} 1 \\ 1 \\ 0 \end{pmatrix} \quad \begin{matrix} \text{Zeile 1} \\ \text{Zeile 2} \\ \text{Zeile 3} \end{matrix}$$

Im ersten Schritt des Gauß-Verfahrens wollen wir das Gleichungssystem so umformen, dass unterhalb des Elements $a_{11} = 1$ nur noch Nullen stehen. Dazu schreiben wir die erste Zeile ab. Dann addieren wir die erste Zeile zu Zeile zwei und ziehen sie zwei Mal von der dritten Zeile ab:

$$\begin{pmatrix} 1 & 2 & 3 \\ 0 & 3 & 3 \\ 0 & -3 & -5 \end{pmatrix} \cdot \begin{pmatrix} x \\ y \\ z \end{pmatrix} = \begin{pmatrix} 1 \\ 2 \\ -2 \end{pmatrix} \quad \begin{matrix} \text{(Zeile 1)} \\ \text{(Zeile 2)' = (Zeile 1) + (Zeile 2)} \\ \text{(Zeile 3)' = (Zeile 3)} - 2 \cdot \text{(Zeile 1)} \end{matrix}$$

Im nächsten Schritt möchten wir unterhalb des Elements a_{22}(neu) $= 3$ Nullen erreichen, ohne dabei die bereits bestehenden Nullen in der ersten Spalte zu verändern. Wir schreiben die ersten beiden Zeilen ab, dann addieren wir die zweite Zeile zur dritten und erhalten:

$$\begin{pmatrix} 1 & 2 & 3 \\ 0 & 3 & 3 \\ 0 & 0 & -2 \end{pmatrix} \cdot \begin{pmatrix} x \\ y \\ z \end{pmatrix} = \begin{pmatrix} 1 \\ 2 \\ 0 \end{pmatrix} \quad \begin{matrix} \text{(Zeile 1)} \\ \text{(Zeile 2)'} \\ \text{(Zeile 3)'' = (Zeile 2)' + (Zeile 3)'} \end{matrix}$$

Damit ist die gesuchte Lösungsmenge gleich der Lösungsmenge des linearen Gleichungssystems

$$x + 2y + 3z = 1$$
$$3y + 3z = 2$$
$$-2z = 0.$$

Dieses können wir „von hinten" auflösen:
Aus $-2z = 0$ folgt $z = 0$. Setzen wir $z = 0$ in die zweite Gleichung ein, erhalten wir $3y + 3z = 3y = 2$ und es folgt $y = \frac{2}{3}$. Schließlich erhalten wir für die erste Gleichung mit $z = 0$ und $y = \frac{2}{3}$, dass $x + 2y + 3z = x + \frac{4}{3} = 1$ und daraus folgt $x = -\frac{1}{3}$. Damit besteht die Lösungsmenge aus dem einzelnen Element $(x, y, z) = (-\frac{1}{3}, \frac{2}{3}, 0)$.
Dieses sukzessive Auflösen eines Gleichungssystems in Zeilenstufenform wird auch als *Rückwärtselimination* bezeichnet.

2. Wir verwenden nun das Gauß-Verfahren, um das folgende lineare Gleichungssystem zu lösen:

$$x_1 + x_2 - 3x_3 - 4x_4 = 7$$
$$x_2 + 3x_3 + 2x_4 = 2$$
$$-x_1 + 2x_2 + x_3 + x_4 = 2$$
$$3x_1 - 2x_2 + 3x_3 + x_4 = 0.$$

Dieses können wir auch schreiben als

$$\begin{pmatrix} 1 & 1 & -3 & -4 \\ 0 & 1 & 3 & 2 \\ -1 & 2 & 1 & 1 \\ 3 & -2 & 3 & 1 \end{pmatrix} \cdot \begin{pmatrix} x_1 \\ x_2 \\ x_3 \\ x_4 \end{pmatrix} = \begin{pmatrix} 7 \\ 2 \\ 2 \\ 0 \end{pmatrix}.$$

Wir haben im vorhergehenden Beispiel gesehen, dass bei den Zeilenoperationen (bis auf Vertauschung) die x, y und z nicht verändert werden. Daher lassen wir x_1, x_2, x_3 und x_4 im Folgenden einfach weg und untersuchen stattdessen eine sogenannte *erweiterte Matrix*. Die erweiterte Matrix ist von der Form

$$\left(\begin{array}{cccc|c} 1 & 1 & -3 & -4 & 7 \\ 0 & 1 & 3 & 2 & 2 \\ -1 & 2 & 1 & 1 & 2 \\ 3 & -2 & 3 & 1 & 0 \end{array} \right).$$

Die Durchführung des Gauß-Verfahrens sieht wie folgt aus:

$$\left(\begin{array}{cccc|c} 1 & 1 & -3 & -4 & 7 \\ 0 & 1 & 3 & 2 & 2 \\ -1 & 2 & 1 & 1 & 2 \\ 3 & -2 & 3 & 1 & 0 \end{array} \right)$$

Zeile 1
Zeile 2
Zeile 3
Zeile 4

$$\left(\begin{array}{cccc|c} 1 & 1 & -3 & -4 & 7 \\ 0 & 1 & 3 & 2 & 2 \\ 0 & 3 & -2 & -3 & 9 \\ 0 & -5 & 12 & 13 & -21 \end{array} \right)$$

(Z1) = Zeile 1
(Z2) = Zeile 2
(Z3)' = (Z1) + (Z3)
(Z4)' = (−3)(Z1) + (Z4)

$$\left(\begin{array}{cccc|c} 1 & 1 & -3 & -4 & 7 \\ 0 & 1 & 3 & 2 & 2 \\ 0 & 0 & -11 & -9 & 3 \\ 0 & 0 & 27 & 23 & -11 \end{array} \right)$$

(Z1)
(Z2)
(Z3)" = (−3)(Z2) + (Z3)'
(Z4)" = 5(Z2) + (Z4)'

$$\left(\begin{array}{cccc|c} 1 & 1 & -3 & -4 & 7 \\ 0 & 1 & 3 & 2 & 2 \\ 0 & 0 & -11 & -9 & 3 \\ 0 & 0 & 0 & 10 & -40 \end{array} \right)$$

(Z1)
(Z2)
(Z3)"
(Z4)''' = 27(Z3)" + 11(Z4)"

Rückwärtselimination liefert

$$10x_4 = -40 \qquad \Longrightarrow \qquad x_4 = -4$$
$$-11x_3 - 9 \cdot (-4) = 3 \qquad \Longrightarrow \qquad x_3 = 3$$
$$x_2 + 3 \cdot 3 + 2 \cdot (-4) = 2 \qquad \Longrightarrow \qquad x_2 = 1$$
$$x_1 + 1 - 3 \cdot 3 - 4 \cdot (-4) = 7 \qquad \Longrightarrow \qquad x_1 = -1$$

Auch hier besteht die Lösungsmenge nur aus einem Element, $(x_1, x_2, x_3, x_4) = (-1, 1, 3, -4)$.

Anwendung: Photosynthese

Betrachten wir nun das einleitende Beispiel 2.2. Wir suchen Zahlen $x_1, x_2, x_3, x_4 \in \mathbb{N}$ mit

$$x_1 \, CO_2 + x_2 \, H_2O \longrightarrow x_3 \, C_6H_{12}O_6 + x_4 \, O_2 \,.$$

Kohlenstoff C kommt auf der linken Seite der Reaktionsgleichung nur in Kohlendioxid vor. Folglich muss die Menge CO_2 ausreichen, um den Kohlenstoff auf der rechten Seite der Reaktionsgleichung, also im Traubenzucker $C_6H_{12}O_6$, zu erzeugen. Kohlenstoff C kommt im Kohlendioxid einmal, und im Traubenzucker sechs mal vor, d. h. es gilt $x_1 = 6x_3$. Analog argumentieren wir für Sauerstoff und Wasserstoff. Ein Sauerstoffatom kommt in Kohlendioxid zweimal, in Wasser einmal, im Traubenzucker sechs mal und im Sauerstoff zweimal vor, d. h. $2x_1 + x_2 = 6x_3 + 2x_4$. Ein Wasserstoffatom kommt in Wasser zweimal und im Traubenzucker zwölf mal vor, d. h. $2x_2 = 12x_3$. Insgesamt erhalten wir das folgende Gleichungssystem

	Kohlendioxid	Wasser	Kohlenhydrat	Sauerstoff	
C	$1x_1$		$- 6x_3$		$= 0$
O	$2x_1$	$+ x_2$	$- 6x_3$	$-2x_4$	$= 0$
H		$2x_2$	$- 12x_3$		$= 0$

Wir führen dafür das Gauß-Verfahren durch:

$$\begin{pmatrix} 1 & 0 & -6 & 0 & | & 0 \\ 2 & 1 & -6 & -2 & | & 0 \\ 0 & 2 & -12 & 0 & | & 0 \end{pmatrix}$$

$$\begin{pmatrix} 1 & 0 & -6 & 0 & | & 0 \\ 0 & 1 & 6 & -2 & | & 0 \\ 0 & 2 & -12 & 0 & | & 0 \end{pmatrix}$$

$$\begin{pmatrix} 1 & 0 & -6 & 0 & | & 0 \\ 0 & 1 & 6 & -2 & | & 0 \\ 0 & 0 & -24 & 4 & | & 0 \end{pmatrix}$$

Die so erhaltene Zeilenstufenform steht für das Gleichungssystem

$$x_1 - 6x_3 = 0$$
$$x_2 + 6x_3 - 2x_4 = 0$$
$$-24x_3 + 4x_4 = 0.$$

Dieses Gleichungssystem besteht aus drei Gleichungen mit vier Unbekannten, wobei sich die einzelnen Gleichungen nicht widersprechen. Damit besitzt es unendlich viele Lösungen. Eine der Variablen $x_1, \ldots, x_4$ ist frei wählbar, die anderen können in Abhängigkeit davon berechnet werden. Wir setzen $x_4 := t \in \mathbb{R}$ um anzudeuten, dass x_4 frei wählbar ist. Dann folgt

$$-24x_3 = -4t \qquad \Longrightarrow \qquad x_3 = \frac{1}{6}t$$

$$x_2 + 6 \cdot \frac{1}{6}t - 2t = 0 \qquad \Longrightarrow \qquad x_2 = t$$

$$x_1 - 6 \cdot \frac{1}{6}t = 0 \qquad \Longrightarrow \qquad x_1 = t.$$

Wir erhalten also unendlich viele Lösungen, da für t unendlich viele reelle Zahlen eingesetzt werden können. Chemisch sind diese natürlich nicht alle sinnvoll:

Für $t = 1$ erhalten wir $x_1 = 1, x_2 = 1, x_3 = \frac{1}{6}, x_4 = 1$ und damit

$$CO_2 + H_2O \longrightarrow \frac{1}{6}C_6H_{12}O_6 + O_2\,,$$

jedoch gibt es keine Sechstel Traubenzucker-Atome.

Es sind also nur ganzzahlige stöchiometrische Koeffizienten sinnvoll. Für $t = 6$ erhalten wir $x_1 = 6, x_2 = 6, x_3 = 1, x_4 = 6$ und entsprechend

$$6\,CO_2 + 6\,H_2O \longrightarrow C_6H_{12}O_6 + 6\,O_2\,,$$

die für die Photosynthese oft verwendete (vereinfachte) Reaktionsgleichung. Eine realitätsnähere Reaktionsgleichung wird in Anwendungsaufgabe 1 in Abschn. 2.7.3 diskutiert.

2.4 Quadratische Gleichungen

Bisher haben wir lineare Gleichungen betrachtet. In diesem Abschnitt beschäftigen wir uns mit Gleichungen, in denen die Variable x auch quadriert (als x^2) vorkommen darf. Es geht also um Lösungen von Gleichungen der Form

$$x^2 + px + q = 0$$

mit gegebenen reellen Zahlen p und q. Eine solche Gleichung heißt *quadratisch*, da die gesuchte Variable x nicht nur linear in der Form px sondern auch quadratisch als x^2 in der Gleichung auftaucht. Auch hier gilt wieder das Prinzip, dass wir, wenn wir auf beiden Seiten der Gleichung dieselbe Rechenoperation durchführen, erneut eine Gleichung mit derselben Lösungsmenge erhalten. Es gilt

$$0 = x^2 + px + q$$
$$\Longleftrightarrow 0 = x^2 + px + \left(\frac{p}{2}\right)^2 - \left(\frac{p}{2}\right)^2 + q \qquad \text{quadratische Ergänzung}$$
$$\Longleftrightarrow 0 = \left(x + \frac{p}{2}\right)^2 - \frac{p^2}{4} + q$$
$$\Longleftrightarrow \frac{p^2}{4} - q = \left(x + \frac{p}{2}\right)^2$$

Hier haben wir eine sogenannte *quadratische Ergänzung* durchgeführt. Wir haben $0 = \left(\frac{p}{2}\right)^2 - \left(\frac{p}{2}\right)^2$ addiert, damit wir im nächsten Schritt die erste binomische Formel

$$\left(x + \frac{p}{2}\right)^2 = x^2 + px + \frac{p^2}{4}$$

(siehe Abschn. 1.3.1) anwenden können.

Falls $\frac{p^2}{4} - q \geq 0$ ist, können wir jetzt auf beiden Seiten unserer umformulierten Gleichung die Wurzel ziehen und erhalten

$$x + \frac{p}{2} = \sqrt{\frac{p^2}{4} - q}$$

und, da das Quadrat einer negativen Zahl positiv ist (z. B. hat $x^2 = 4$ die beiden Lösungen 2 und -2, da $2^2 = (-2)^2 = 4$ gilt)

$$x + \frac{p}{2} = -\sqrt{\frac{p^2}{4} - q} \, .$$

Es folgt

$$x = -\frac{p}{2} \pm \sqrt{\frac{p^2}{4} - q} \, .$$

Diese Formel nennt man auch *p-q-Formel*.

Satz

Sei $x^2 + px + q = 0$ eine quadratische Gleichung mit reellen Zahlen p und q.

- Ist die Differenz $\frac{p^2}{4} - q$ größer als Null, so hat die Gleichung die beiden Lösungen
  $x_1 = -\frac{p}{2} + \sqrt{\frac{p^2}{4} - q}$ und $x_2 = -\frac{p}{2} - \sqrt{\frac{p^2}{4} - q}$.
- Gilt $\frac{p^2}{4} - q = 0$, so hat die Gleichung die eindeutige Lösung $x = -\frac{p}{2}$.
- Falls $\frac{p^2}{4} - q$ kleiner als Null ist, so hat die Gleichung keine reelle Lösung.

Zum Lösen einer quadratischen Gleichung führt man also entweder das Verfahren mit der quadratischen Ergänzung durch oder man merkt sich die p-q-Formel und wendet diese direkt an.

Bemerkung. Liegt eine quadratische Gleichungen von der Form

$$ax^2 + bx + c = 0$$

mit $a \neq 0$ vor, so dividiert man sie zunächst auf beiden Seiten durch a und erhält

$$x^2 + \frac{b}{a}x + \frac{c}{a} = 0.$$

Wir haben also eine Gleichung der Form $x^2 + px + q = 0$ mit $p = \frac{b}{a}$ und $q = \frac{c}{a}$ erzeugt, auf die wir die p-q-Formel oder die quadratische Ergänzung anwenden können.

Beispiele

1. Wir wollen

$$2x^2 - 12x + 16 = 0$$

mithilfe der quadratischen Ergänzung lösen: Es gilt

$$
\begin{aligned}
&& 0 &= 2x^2 - 12x + 16 & \\
&\Longleftrightarrow & 0 &= x^2 - 6x + 8 & \text{Division durch 2} \\
&\Longleftrightarrow & 0 &= x^2 - 6x + 9 - 9 + 8 & \text{quadratische Ergänzung mit} \\
&&&& \left(\frac{p}{2}\right)^2 = \left(\frac{-6}{2}\right)^2 = 9 \\
&\Longleftrightarrow & 0 &= (x - 3)^2 - 1 & \\
&\Longleftrightarrow & 1 &= (x - 3)^2 &
\end{aligned}
$$

Es folgt $x - 3 = \pm 1$ und damit $x = 3 \pm 1$. Lösungen sind also $x_1 = 2$ und $x_2 = 4$.

Dieses Ergebnis erhalten wir selbstverständlich auch mit der p-q-Formel: Hier ist $p = -6$ und $q = 8$, also

$$x_{1,2} = -\frac{(-6)}{2} \pm \sqrt{\frac{(-6)^2}{4} - 8} = 3 \pm \sqrt{1}.$$

In diesem Fall gibt es also genau zwei Lösungen der quadratischen Gleichung.

2. Schauen wir uns nun die quadratische Gleichung

$$x^2 + 6x + 9 = 0$$

an. Hier ist $p = 6$ und $q = 9$. Für Lösungen x_1 und x_2 dieser Gleichung folgt $x_{1,2} = -3 \pm \sqrt{9 - 9} = 3$. Da der Term $\frac{p^2}{4} - q$ unter der Wurzel verschwindet, gibt es in diesem Beispiel nur eine Lösung, nämlich $x = -3$.

3. Schließlich betrachten wir noch die quadratische Gleichung

$$x^2 - 4x + 5 = 0.$$

Hier ist $p = -4$ und $q = 5$. Für sie gilt $\frac{p^2}{4} - q = -1 < 0$, also hat die Gleichung keine reelle Lösung.

Hat man die Nullstellen einer quadratischen Gleichung gefunden, so kann man die Gleichung in ein Produkt aus linearen Termen umschreiben, was sich oft als nützlich erweist. Genauer gilt:

Satz
Sei $ax^2 + bx + c = 0$ eine quadratische Gleichung mit reellen Zahlen a, b und c. Sind x_1 und x_2 Nullstellen der Gleichung, so gilt:

$$ax^2 + bx + c = a \cdot (x - x_1) \cdot (x - x_2).$$

Beispiele
1. Für die quadratische Gleichung $2x^2 - 12x + 16 = 0$ haben wir bereits die Nullstellen $x_1 = 2$ und $x_2 = 4$ berechnet. Es gilt also

$$2x^2 - 12x + 16 = 2 \cdot (x - 2) \cdot (x - 4).$$

2. Im Fall der Gleichung $x^2 + 6x + 9 = 0$ haben wir nur eine Nullstelle, nämlich $x_1 = x_2 = 3$ gefunden. Wir erhalten

$$x^2 + 6x + 9 = (x - 3) \cdot (x - 3) = (x - 3)^2,$$

was genau der zweiten binomischen Formel entspricht.

3. Weil $x^2 - 4x + 5 = 0$ keine reellen Nullstellen besitzt, ist eine solche Faktorisierung für diese Gleichung nicht möglich.

4. Ist eine Nullstelle negativ, so erscheint sie bei der Faktorisierung als $(x + \ldots)$. Beispielsweise hat $x^2 - x - 6$ die Nullstellen $x_1 = 3$ und $x_2 = -2$. Die Faktorisierung ergibt sich also zu

$$x^2 - x - 6 = (x - x_1) \cdot (x - x_2) = (x - 3) \cdot (x - (-2)) = (x - 3) \cdot (x + 2).$$

5. Natürlich erhält man im allgemeinen keine ganzen Zahlen als Nullstellen. Zum Beispiel hat die quadratische Gleichung $3x^2 - x - 5$ die Nullstellen

$$x_{1,2} = \frac{1}{6} \pm \frac{\sqrt{61}}{6} = \frac{1}{6}(1 \pm \sqrt{61})$$

und man erhält als Faktorisierung

$$3x^2 - x - 5 = 3 \cdot \left(x - \frac{1}{6} - \frac{\sqrt{61}}{6} \right) \cdot \left(x - \frac{1}{6} + \frac{\sqrt{61}}{6} \right)$$

Anwendung: Verhältnis von jungen und alten Gartenstiefmütterchen

Wir untersuchen nun das einleitende Beispiel 2.3. Die zugehörigen Daten sind in Abb. 2.1 dargestellt. In diesem Fall ist die Modellierung des Problems nicht sofort ersichtlich. Wir werden jedoch sehen, dass, sobald diese biologische Fragestellung mathematisch formuliert ist, wir nur noch eine einfache quadratische Gleichung lösen müssen. Zur Vereinfachung nennen wir Pflanzen, die noch nicht ein Jahr alt sind, null-Jahre-alt, und Pflanzen, die schon länger als ein Jahr leben, ein-Jahr-alt. Wir wissen nicht, wie viele null-Jahre-alte und wie viele ein-Jahr-alte Pflanzen nach j Jahren vorhanden sind. (j ist also eine natürliche Zahl und steht für die Anzahl der vergangenen Jahre.) Das stört uns jedoch nicht weiter. Wir nennen die Anzahl der null-Jahre-alten Pflanzen nach j Jahren $p_0(j)$ und die Anzahl der ein-Jahre-alten Pflanzen nach j Jahren $p_1(j)$.

Die null-Jahre-alten Pflanzen erzeugen jeweils fünf Nachkommen, und die ein-Jahralten jeweils zehn Nachkommen, d. h. im darauf folgenden Jahr $j + 1$ gibt es insgesamt $5 \cdot p_0(j) + 10 \cdot p_1(j)$ null-Jahre-alte Pflanzen. Mathematisch bedeutet das

$$p_0(j + 1) = 5 \cdot p_0(j) + 10 \cdot p_1(j).$$

Alle ein-Jahr-alten Pflanzen sterben, von den null-Jahre-alten überlebt ein Anteil von $\frac{39}{40}$. Im Jahr $j + 1$ gibt es also insgesamt $\frac{39}{40} p_0(j)$ ein-Jahre-alte Pflanzen. Mathematisch erhalten wir

$$p_1(j + 1) = \frac{39}{40} p_0(j).$$

Gesucht ist nun das Verhältnis der Anzahl der ein-Jahr-alten Pflanzen zur Anzahl der null-Jahre-alten Pflanzen, d. h. $\frac{p_1(j)}{p_0(j)}$. Wir tun auch in diesem Fall so, als ob wir es schon

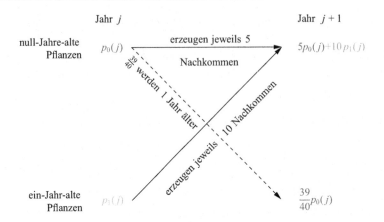

Abb. 2.1 Nachkommen von null-jahre alten und ein-Jahr-alten Gartenstiefmütterchen

kennen, und nennen es c. Wir haben angenommen, dass dieses Verhältnis immer gleich bleibt (dies wird häufig in der Natur beobachtet). Es gilt also auch im darauf folgenden Jahr $j + 1$, dass $c = \frac{p_1(j+1)}{p_0(j+1)}$. Wir wollen also mathematisch die Zahl c bestimmen, für die gilt $c = \frac{p_1(j)}{p_0(j)} = \frac{p_1(j+1)}{p_0(j+1)}$. Wir fassen zusammen, was wir schon wissen:

$$p_0(j + 1) = 5 \cdot p_0(j) + 10 \cdot p_1(j) \tag{2.1}$$

$$p_1(j + 1) = \frac{39}{40} p_0(j) \tag{2.2}$$

$$c = \frac{p_1(j)}{p_0(j)} = \frac{p_1(j + 1)}{p_0(j + 1)}. \tag{2.3}$$

Gleichung (2.3) können wir umschreiben zu $p_1(j+1) = c \cdot p_0(j+1)$ bzw. zu $p_1(j) = c \cdot p_0(j)$. Gleichung (2.2) können wir dann umschreiben in $c \cdot p_0(j + 1) = \frac{39}{40} p_0(j)$ und damit (indem wir durch c dividieren) zu $p_0(j + 1) = \frac{1}{c} \left(\frac{39}{40} p_0(j) \right)$. Schließlich setzen wir den so berechneten Wert von $p_0(j + 1)$ sowie für $p_1(j)$ den Wert $c \cdot p_0(j)$ in die Gleichung (2.1) ein und erhalten

$$\frac{1}{c} \cdot \left(\frac{39}{40} p_0(j) \right) = 5 \cdot p_0(j) + 10 \cdot c \cdot p_0(j).$$

Durch Multiplizieren mit c und Subtrahieren von $\frac{39}{40} p_0(j)$ ergibt sich

$$0 = 10(p_0(j))c^2 + 5p_0(j)c - \frac{39}{40} p_0(j),$$

eine quadratische Gleichung mit der Unbekannten c. Diese lösen wir nun: Zunächst teilen wir die Gleichung durch $10 \cdot p_0(j)$ (wir gehen davon aus, dass $p_0(j) \neq 0$ ist, sonst sterben unsere Pflanzen im nächsten Jahr aus) und erhalten

$$0 = c^2 + \frac{1}{2}c - \frac{39}{400}$$

Anwenden der p-q-Formel ergibt:

$$c_{1,2} = -\frac{1}{4} \pm \sqrt{\frac{1}{16} + \frac{39}{400}} = -\frac{1}{4} \pm \sqrt{\frac{25 + 39}{400}} = -\frac{1}{4} \pm \sqrt{\frac{4}{25}}.$$

Rechnerisch hat unsere quadratische Gleichung also zwei Lösungen, allerdings ist davon nur eine biologisch sinnvoll, weil das Verhältnis von ein-Jahr-alten Pflanzen zu null-Jahre-alten Pflanzen positiv sein muss. Es ergibt sich also zu $-\frac{1}{4} + \frac{2}{5} = \frac{3}{20} = 0{,}15$. Auf drei ein-Jahr-alte Pflanzen kommen somit 20 null-Jahre-alte Pflanzen.

2.5 Gleichungen höherer Ordnung

Wir haben im vorigen Abschnitt gesehen, dass eine quadratische Gleichung höchstens zwei verschiedene Lösungen besitzt. Ein Satz in der Mathematik besagt, dass für jede natürliche Zahl $n \in \mathbb{N}$ eine Gleichung der Form $x^n + a_1 x^{n-1} + \ldots + a_n = 0$ mit reellen Zahlen $a_1, \ldots, a_n$ höchstens n reelle Lösungen $x_1, \ldots, x_n$ besitzt. Diese kann man meistens nicht mehr anhand einer Formel bestimmen, sondern muss sie durch Näherungsverfahren berechnen. Ausnahmen bilden spezielle kubische Gleichungen und sogenannte biquadratische Gleichungen:

2.5.1 Kubische Gleichungen

Für spezielle Gleichungen der Form $x^3 + ax^2 + bx + c = 0$ mit einer ganzen Zahl $c \in \mathbb{Z}$ gibt es einen Trick, mit dem man eine Nullstelle raten und damit alle Lösungen bestimmen kann. Dazu geben wir zwei Beispiele:

Beispiele

1. Wir wollen die kubische Gleichung

$$x^3 - 8x^2 + 19x - 12 = 0$$

lösen. Dazu prüfen wir, ob einer der Teiler von 12 eine Nullstelle der Gleichung ist: Schon bei 1 sind wir erfolgreich, es gilt $1 - 8 + 19 - 12 = 0$, also ist $x_1 = 1$ eine Lösung der Gleichung. Auch die Teiler 3 und 4 von 12 sind Nullstellen der kubischen Gleichung. Damit haben wir drei Nullstellen gefunden und die Gleichung komplett gelöst.

2. Schauen wir uns nun die kubische Gleichung

$$x^3 - \frac{11}{3}x^2 + \frac{5}{3}x + 1 = 0$$

an. Auch hier ist 1 ein Teiler von 1, und es gilt $1 - \frac{11}{3} + \frac{5}{3} + 1 = 0$, das heißt $x_1 = 1$ ist eine Lösung der Gleichung. Die Zahl 1 hat jedoch keine weiteren Teiler, so dass wir nicht wie im vorhergehenden Beispiel alle Lösungen der Gleichung raten können. Um die beiden anderen Lösungen zu berechnen, führen wir eine *Polynomdivision* durch. Da wir bereits eine Nullstelle, nämlich $x_1 = 1$, des Polynoms $x^3 - \frac{11}{3}x^2 + \frac{5}{3}x + 1$ kennen, wissen wir, dass wir dieses Polynom schreiben können als $(x - 1)$ mal einem Polynom vom Grad 2, also

$$x^3 - \frac{11}{3}x^2 + \frac{5}{3}x + 1 = (x - 1) \cdot (...).$$

Anstelle der drei Punkte steht ein Polynom vom Grad 2, das wir aber noch nicht kennen. Um es zu berechnen, *dividieren* wir das Polynom $x^3 - \frac{11}{3}x^2 + \frac{5}{3}x + 1$ durch das lineare Polynom $x - 1$.

$$
\begin{array}{l}
\left(x^3 - \frac{11}{3}x^2 + \frac{5}{3}x + 1 \right) : \left(x - 1 \right) = x^2 - \frac{8}{3}x - 1 \\
\underline{-x^3 + x^2} \\
\quad\quad -\frac{8}{3}x^2 + \frac{5}{3}x \\
\quad\quad \underline{\frac{8}{3}x^2 - \frac{8}{3}x} \\
\quad\quad\quad\quad -x + 1 \\
\quad\quad\quad\quad \underline{x - 1} \\
\quad\quad\quad\quad\quad\quad 0
\end{array}
$$

Eine Polynomdivision funktioniert ähnlich wie die „normale" schriftliche Division zweier Zahlen. Wichtig hierbei ist, dass das Ausgangspolynom und auch das Polynom, durch das geteilt wird, nach den höchsten Potenzen sortiert sind. Schauen wir uns die ersten Schritte der obigen Polynomdivision an:

$$
\begin{array}{l}
\left(x^3 - \frac{11}{3}x^2 + \frac{5}{3}x + 1 \right) : \left(x - 1 \right) = x^2 \\
\underline{-x^3 + x^2} \\
\quad\quad -\frac{8}{3}x^2 + \frac{5}{3}x
\end{array}
$$

Man beginnt, indem man x^3 durch x dividiert und das Ergebnis x^2 hinter das =-Zeichen schreibt. Nun muss man, wie bei der schriftlichen Division normaler Zahlen, „rückwärts" rechnen, indem man das x^2 mit $(x - 1)$ multipliziert. Dieses Ergebnis $x^3 - x^2$ schreibt man so unter das gegebene Polynom, dass x^3 wieder unter x^3 steht. Diese neue Zeile subtrahiert man nun von der oberen, d. h. man setzt die Zeile in Klammern mit einem Minus davor und erhält die entsprechend anderen Vorzeichen. Die Differenz $-\frac{8}{3}x^2$ kommt unter einen Strich und zum Weiterrechnen zieht man den folgenden Summanden $\frac{5}{3}x$ des Ausgangspolynoms mit herunter. Man rechnet dann entsprechend weiter, indem man $-\frac{8}{3}x^2$ durch x dividiert und dann analog zu oben vorgeht.

Für das Ergebnis $x^2 - \frac{8}{3}x - 1$ können wir nun zum Beispiel mit der p-q-Formel die Nullstellen bestimmen:

$$x_{2,3} = \frac{4}{3} \pm \sqrt{\frac{16}{9} + \frac{9}{9}} = \frac{4}{3} \pm \frac{5}{3}.$$

Damit sind $x_2 = 3$ und $x_3 = -\frac{1}{3}$ zwei weitere Lösungen der kubischen Gleichung. Wir haben also alle drei möglichen Nullstellen gefunden und das Polynom dabei faktorisiert,

$$x^3 - \frac{11}{3}x^2 + \frac{5}{3}x + 1 = (x-1)(x-3)(x+\frac{1}{3}).$$

2.5.2 Biquadratische Gleichungen

Eine andere Klasse von Gleichungen sind sogenannte *biquadratische Gleichungen*. Sie sind von der Form $x^4 + ax^2 + b = 0$ mit reellen Zahlen $a, b \in \mathbb{R}$. Diese kann man lösen, indem man zweimal eine quadratische Gleichung löst.

Beispiel

Wir wollen die biquadratische Gleichung

$$x^4 - 8x^2 + 16 = 0$$

lösen. Ersetzen wir in dieser Gleichung x^2 durch die Unbekannte $z := x^2$, so erhalten wir die quadratische Gleichung

$$z^2 - 8z + 16 = 0.$$

Nur die reelle Zahl $z = 4$ löst diese quadratische Gleichung, was man direkt an der zweiten binomischen Formel sieht oder mit der p-q-Formel nachrechnen kann. Damit sind alle Lösungen der biquadratischen Gleichung

$$x^4 - 8x^2 + 16 = 0$$

gleich $x = \pm\sqrt{z} = \pm 2$.

2.6 Zusammenfassung

- Eine *Matrix* $A \in M_{m \times n}(\mathbb{R})$ ist eine Anordnung von $m \cdot n$ reellen Zahlen $a_{11}, a_{12}, \ldots,$ $a_{1n}, \ldots, a_{mn} \in \mathbb{R}$ nach dem Schema

$$
\begin{pmatrix}
a_{11} & a_{12} & \cdots & \cdots & & \cdots & a_{1n} \\
a_{21} & a_{22} & \cdots & & & & \vdots \\
\vdots & & & & & & \vdots \\
a_{i1} & a_{i2} & \cdots & a_{ij} & \cdots & & a_{in} \\
\vdots & & & & & & \vdots \\
a_{m1} & \cdots & & & & & a_{mn}
\end{pmatrix}
$$

Man schreibt $A = (a_{ij})_{\substack{i=1,\ldots,m \\ j=1,\ldots,n}}$ oder nur $A = (a_{ij})$. Für den Eintrag in der i-ten Zeile und j-ten Spalte schreibt man a_{ij}.

- *Matrixaddition:* Sind $A = (a_{ij})_{\substack{i=1,\ldots,m \\ j=1,\ldots,n}} \in M_{m \times n}(\mathbb{R})$ und $B = (b_{ij})_{\substack{i=1,\ldots,m \\ j=1,\ldots,n}} \in M_{m \times n}(\mathbb{R})$ zwei Matrizen mit m Zeilen und n Spalten, so ist ihre Summe definiert als Summe der einzelnen Einträge:

$$
A + B := (a_{ij} + b_{ij})_{\substack{i=1,\ldots,m \\ j=1,\ldots,n}} .
$$

- *Multiplikation mit einem Skalar:* Ist $A \in M_{m \times n}(\mathbb{R})$ mit $A = (a_{ij})$ und $\lambda \in \mathbb{R}$ eine reelle Zahl, so definieren wir

$$
\lambda \cdot A := (\lambda a_{ij})_{\substack{i=1,\ldots,m \\ j=1,\ldots,n}} .
$$

- *Matrixmultiplikation:* Ist $A = (a_{ij}) \in M_{m \times n}(\mathbb{R})$ eine reelle $m \times n$-Matrix und $B = (b_{jk}) \in M_{n \times l}(\mathbb{R})$ eine reelle $n \times l$-Matrix, so besitzt die Produktmatrix $C := A \cdot B$ genau m Zeilen und l Spalten. Der Eintrag c_{ik} der Matrix C in der i-ten Zeile und k-ten Spalte ist dann definiert durch

$$
c_{ik} = \begin{pmatrix} a_{i1} & a_{i2} & \cdots & a_{in} \end{pmatrix} \cdot \begin{pmatrix} b_{1k} \\ b_{2k} \\ \vdots \\ b_{nk} \end{pmatrix} = a_{i1} \cdot b_{1k} + a_{i2} \cdot b_{2k} + \cdots + a_{in} \cdot b_{nk}.
$$

- Ein *lineares Gleichungssystem* ist eine Menge von linearen Gleichungen

$$
\begin{array}{rcl}
a_{11} \cdot x_1 + a_{12} \cdot x_2 + \ldots + a_{1n} \cdot x_n &=& b_1 \\
a_{21} \cdot x_1 + a_{22} \cdot x_2 + \ldots + a_{2n} \cdot x_n &=& b_2 \\
\vdots \qquad\qquad \vdots \qquad\qquad\qquad \vdots &\ & \vdots \\
a_{m1} \cdot x_1 + a_{m2} \cdot x_2 + \ldots + a_{mn} \cdot x_n &=& b_m
\end{array}
$$

in n Unbekannten $x_1, \ldots, x_n$ mit reellen Zahlen $a_{ij}, b_i \in \mathbb{R}$.

- Lineare Gleichungssysteme kann man auch in Matrixschreibweise darstellen.
- Ein lineares Gleichungssystem hat entweder eine eindeutige Lösung, unendlich viele Lösungen, oder gar keine Lösung.
- Die Lösungsmenge eines linearen Gleichungssystems kann mit dem *Gauß-Verfahren* bestimmt werden. Hierbei bringt man die erweiterte Matrix durch Zeilenoperationen auf Zeilenstufenform. Das sich ergebende Gleichungssystem kann dann durch Rückwärtselimination gelöst werden.
- Eine quadratische Gleichung ist von der Form $ax^2 + bx + c = 0$ mit reellen Zahlen $a, b, c \in \mathbb{R}$, wobei a ungleich null ist. Diese kann durch *quadratische Ergänzung* oder die *p-q-Formel* gelöst werden.
- Die p-q-Formel hat die Gestalt: Sind p und q zwei reelle Zahlen, für die die Differenz $\frac{p^2}{4} - q$ positiv ist, so hat die Gleichung $x^2 + px + q = 0$ die Lösungen $x_{1,2} = -\frac{p}{2} \pm \sqrt{\frac{p^2}{4} - q}$. Gilt $\frac{p^2}{4} - q < 0$, so hat die Gleichung keine reelle Lösung.
- Quadratische Gleichungen haben maximal zwei reelle Lösungen.
- Lösungen von kubischen Gleichungen kann man häufig durch Raten einer Nullstelle und anschließender Polynomdivision berechnen.
- Biquadratische Gleichungen können mit Hilfe einer Substitution auf quadratische Gleichungen zurückgeführt werden.
- Für jede natürliche Zahl $n \in \mathbb{N}$ besitzt eine höhere Gleichung der Form

$$x^n + a_1 x^{n-1} + \ldots + a_n = 0$$

mit reellen Zahlen $a_1, \ldots, a_n$ höchstens n reelle Lösungen $x_1, \ldots, x_n$.

2.7 Aufgaben

2.7.1 Kurztest

Kreuzen Sie die richtigen Antworten an:

1. Seien A und B zwei reelle Matrizen. Diese Matrizen kann man addieren,
   - (a) ☐ wenn sie gleich viele Zeilen haben.
   - (b) ☐ wenn sie gleich viele Spalten haben.
   - (c) ☐ wenn sie gleich viele Zeilen und gleich viele Spalten haben.
2. Seien A und B zwei reelle Matrizen. Das Produkt $A \cdot B$ kann man bilden,
   - (a) ☐ wenn beide Matrizen gleich viele Zeilen und gleich viele Spalten haben.
   - (b) ☐ wenn die Anzahl der Spalten der Matrix A gleich der Anzahl der Zeilen der Matrix B ist.
   - (c) ☐ wenn die Anzahl der Spalten der Matrix A gleich der Anzahl der Zeilen der Matrix B und die Anzahl der Zeilen der Matrix A gleich der Anzahl der Spalten der Matrix B ist.

3. Ein lineares Gleichungssystem hat wie viele Lösungen?
   - (a) ☐ Immer eine eindeutige Lösung.
   - (b) ☐ Eine eindeutige Lösung oder unendlich viele.
   - (c) ☐ Entweder eine eindeutige, keine oder unendlich viele Lösungen.
4. Quadratische Gleichungen haben im Reellen wie viele Lösungen?
   - (a) ☐ Immer zwei eindeutige Lösungen.
   - (b) ☐ Eine, keine oder zwei Lösungen.
   - (c) ☐ Zwei Lösungen oder keine Lösung.

2.7.2 Rechenaufgaben

1. Geben Sie die Lösungsmenge an.

   - (a) $2x - 4 + (-((x \cdot 2) + x)) = 5x + 2$

   - (b) $\frac{1}{x+1} \cdot 2(x + 2) = 3$

   - (c) $2 + (4 - 2x) - (3 - 5x) = 2$

   - (d) $x^2 - 2x = -1$

   - (e) $-2(3x - 4) - (-2 + 3x - (2 + x)) = 4$

   - (f) $x^2 - 6x + 4 = 0$

   - (g) $-x^2 + 2x + 1 = 0$

   - (h) $x^2 - 4ax = -x^2 - 2a^2$

2. Bilden Sie, sofern möglich, die Summe $A + B$ und das Produkt $A \cdot B$ der Matrizen A und B.

   - (a) $A = \begin{pmatrix} 6 & 1 & 0 \end{pmatrix}$, $B = \begin{pmatrix} -5 & 1 & 3 \end{pmatrix}$

   - (b) $A = \begin{pmatrix} 0 & 1 & 3 \\ 2 & 3 & -1 \\ 1 & 0 & 3 \end{pmatrix}$, $B = \begin{pmatrix} 1 & 2 \\ -2 & 0 \\ 3 & -3 \end{pmatrix}$

   - (c) $A = \begin{pmatrix} 1 & 2 \\ 3 & 4 \\ 5 & 6 \end{pmatrix}$, $B = \begin{pmatrix} 6 & 5 \\ 4 & 3 \\ 2 & 1 \end{pmatrix}$

   - (d) $A = \begin{pmatrix} 1 & -1 & 2 \end{pmatrix}$, $B = \begin{pmatrix} 2 & 3 & 4 \\ 1 & 0 & -1 \\ -1 & -1 & -1 \end{pmatrix}$

   - (e) $A = \begin{pmatrix} 0 & 1 \\ -2 & 0 \end{pmatrix}$, $B = \begin{pmatrix} 5 \\ -5 \end{pmatrix}$

   - (f) $A = \begin{pmatrix} -3 & 7 & 2 \\ 8 & 0 & 1 \\ 2 & -4 & -4 \end{pmatrix}$, $B = \begin{pmatrix} 1 & -2 & -2 \\ 3 & -1 & 0 \\ 0 & 2 & 1 \end{pmatrix}$

(g) $A = \begin{pmatrix} 1 & 0 \\ 2 & 0 \end{pmatrix}$, $B = \begin{pmatrix} 0 & 0 \\ 4 & -3 \end{pmatrix}$

(h) $A = \begin{pmatrix} 1 & -2 \\ 4 & 3 \end{pmatrix}$, $B = \begin{pmatrix} -1 & 2 \\ -4 & -3 \end{pmatrix}$

(i) $A = \begin{pmatrix} -2 & 3 \end{pmatrix}$, $B = \begin{pmatrix} 1 \\ 2 \end{pmatrix}$

(j) $A = \begin{pmatrix} 6 & 1 & 0 \end{pmatrix}$, $B = \begin{pmatrix} -5 & 1 & 3 \end{pmatrix}$

3. Bestimmen Sie die Unbekannten x und y.

(a) $2x - 5y = 0$
$7x + 3y = 0$

(b) $x + 2y = 0$
$3x + 4y = 2$

(c) $x + y = a + b$
$x - y = a - b$

(d) $ax + by = a$
$bx - ay = b$

(e) $ax - by = a^2 + b^2$
$bx + ay = a^2 + b^2$

4. Bestimmen Sie die Unbekannten w, x, y und z.

(a) $x + 2y + z = 3$
$x - y - z = 1$
$3x + 3y + z = 8$

(b) $7 - 2z = x$
$-5x = 2y - 9$
$y + z = 5$

(c) $6 = -10y - 4z$
$12z - 4x = 10 + 6w$
$0 = 30 + 2w - 4z$
$-11y = 4z + 11$

(d) $\dfrac{2}{x} + \dfrac{3}{y} + \dfrac{5}{z} = 2$
$\dfrac{4}{x} + \dfrac{6}{y} - \dfrac{5}{z} = 1$
$\dfrac{6}{x} - \dfrac{9}{y} + \dfrac{10}{z} = 2$

5. Bestimmen Sie die Lösungsvektoren x. (Für a)-d) ist $x = (x_1, x_2, x_3)$, für e) ist $x = (x_1, \ldots, x_5)$).

(a) $\begin{pmatrix} 1 & 1 & 1 \\ 0 & 1 & 2 \\ 2 & 1 & 3 \end{pmatrix} \cdot x = \begin{pmatrix} 2 \\ 3 \\ 7 \end{pmatrix}$

(b) $\begin{pmatrix} 1 & 1 & 1 \\ 0 & -2 & -1 \\ 2 & 4 & 3 \end{pmatrix} \cdot x = \begin{pmatrix} 2 \\ -3 \\ 7 \end{pmatrix}$

(c) $\begin{pmatrix} 0 & 2 & 1 \\ 2 & 0 & -1 \\ 2 & 1 & 1 \end{pmatrix} \cdot x = \begin{pmatrix} 0 \\ 0 \\ 1 \end{pmatrix}$

(d) $\begin{pmatrix} -1 & 0 & 1 \\ 0 & -2 & 1 \\ 1 & 3 & -3 \end{pmatrix} \cdot x = \begin{pmatrix} 0 \\ 0 \\ 0 \end{pmatrix}$

(e) $\begin{pmatrix} 1 & 2 & 3 & 0 & 0 \\ 0 & 1 & 2 & -2 & -1 \\ -1 & -1 & 3 & 2 & 0 \\ 1 & 1 & 2 & 0 & 1 \\ 0 & 0 & 1 & 0 & 1 \end{pmatrix} \cdot x = \begin{pmatrix} 4 \\ 2 \\ 7 \\ 4 \\ 3 \end{pmatrix}$

6. Bestimmen Sie die Lösungen der quadratischen Gleichungen.

(a) $x^2 - 3x - 4 = 0$

(b) $x^2 + 7x - 18 = 0$

(c) $x^2 + 3x - 28 = 0$

(d) $x^2 - 15x + 54 = 0$

(e) $x^2 - 7x = 0$

(f) $x^2 + 5x + 4 = 0$

(g) $(x + 6)^2 = 16$

(h) $(x - 7)^2 = 49$

(i) $(x - 5)^2 = 4$

(j) $(x + 4)^2 = 25$

(k) $\frac{1}{2}x^2 + x - 4 = 0$

(l) $2x^2 + 8x + 6 = 0$

(m) $2x^2 - 14x + 24 = 0$

(n) $\frac{1}{5}x^2 - \frac{2}{5}x = 0$

(o) $-3x^2 + 15x - 18 = 0$

(p) $6x^2 + 6x - 12 = 0$

(q) $\frac{2}{3}x^2 + \frac{2}{3}x - 4 = 0$

(r) $-2x^2 + 24x + 90 = 0$

7. Bestimmen Sie die Lösungen der biquadratischen Gleichungen.

(a) $x^4 - 29x^2 + 100 = 0$

(b) $3x^4 - 51x^2 + 48 = 0$

(c) $x^4 - 30x^2 + 125 = 0$

(d) $x^4 - 10x^2 + 9 = 0$

(e) $x^4 - 13x^2 + 36 = 0$

(f) $x^4 - 18x^2 + 81 = 0$

8. Bestimmen Sie die Lösungen der kubischen Gleichungen.

(a) $-x^3 + x = 0$

(b) $x^3 + 7x^2 - 14x - 48 = 0$

(c) $x^3 - 4x^2 - 3x + 18 = 0$

(d) $2x^3 - 6x^2 + 6x - 2 = 0$

(e) $x^3 - x^2 - x + 1 = 0$

(f) $3x^3 - 6x^2 - 3x + 6 = 0$

(g) $2x^3 + 4x^2 - 26x + 20 = 0$

(h) $x^3 + 4x^2 - 11x - 30 = 0$

2.7.3 Anwendungsaufgaben

1. Die Photosynthese, wie wir sie im einleitenden Beispiel 2.2 und der darauf folgenden Anwendung in Abschn. 2.3 beschrieben haben, ist aus biologischer Sicht so nicht richtig. Die Photosynthese besteht aus einer lichtabhängigen und einer lichtunabhängigen Reaktion. Am Anfang der lichtabhängigen Reaktion gibt es einen Prozess, die *Fotolyse*, in dem das eingehende Wasser in Sauerstoff, H^+-Teilchen und Elektronen zerlegt wird. Aus der Fotolyse resultiert damit sämtlicher Sauerstoff der Produkte der Photosynthese. In der von uns gefundenen Reaktionsgleichung

$$6\,CO_2 + 6\,H_2O \longrightarrow C_6H_{12}O_6 + 6\,O_2$$

ist das aber nicht der Fall: der auf der rechten Seite entstehende Sauerstoff resultiert hier nicht nur aus dem Wasser (H_2O) sondern auch aus dem Kohlendioxid (CO_2). Man braucht also mehr Wasser auf der linken Seite. Dazu betrachtet man die folgende Gleichung

$$x_1\,CO_2 + x_2\,H_2O \longrightarrow x_3\,C_6H_{12}O_6 + x_4\,O_2 + x_5\,H_2O$$

und verlangt dabei, dass sämtlicher Sauerstoff rechts aus dem Wasser links kommt.

(a) Wie kann man diese Bedingung mathematisch ausdrücken?

(b) Was für ein Gleichungssystem ergibt sich?

(c) Was ist seine Lösung? (Weil auch dieses Gleichungssystem unendlich viele Lösungen hat, setzen Sie einen Koeffizienten fest ein, z. B. den stöchiometrischen Koeffizienten des Traubenzuckers auf 1.)

2. Wir haben zwei Lösungen des gleichen Stoffes, einmal mit der Konzentration 5 Prozent, einmal mit der Konzentration 10 Prozent. Wie viel müssen Sie von beiden Stoffen mischen, damit Sie einen Liter einer achtprozentigen Lösung erhalten?

3. Schwefelpurpurbakterien verwenden bei der Photosynthese neben Kohlendioxid (CO_2) nicht Wasser (H_2O), sondern Schwefelwasserstoff (H_2S) als Edukte. Produkte der Reaktion sind Kohlenhydrate ($C_6H_{12}O_6$), Wasser (H_2O) und Schwefel (S). Können Sie die stöchiometrischen Koeffizienten dieser Reaktion berechnen?

4. Methanbildner sind Mikroorganismen, die man zum Beispiel häufig in Kläranlagen findet. Sie leben in sauerstofffreien Lebensräumen und gewinnen ihre Energie durch Reduktion. Die Edukte dieser Reaktionsgleichung sind Wasserstoff (H_2) und Kohlendioxid (CO_2), die Produkte Methangas (CH_4) und Wasser. Diese Mikroorganismen spielen zum Beispiel bei der Gewinnung von Biogas eine Rolle. Können Sie die genaue Reaktionsgleichung, d. h. die stöchiometrischen Koeffizienten, berechnen?

5. Angenommen, eine Population mit x_0 Individuen würde sich jedes Jahr verdoppeln, wenn sie in einer Umgebung ohne Räuber existieren würde. Nehmen wir nun an, dass y_0 Räuber im gleichen Lebensraum wie die Ausgangspopulation leben, und jeder dieser Räuber pro Jahr fünf Beuteexemplare frisst. Ohne diese eine Beutepopulation würde ein Teil der Räuber pro Jahr sterben: hier nehmen wir ein Schrumpfen der Räuberpopulation um 90 Prozent an. Durch die Beute wächst die Räuberpopulation pro Jahr abhängig von der Anzahl der Beutetiere, hier nehmen wir ein Wachstum um 20 Prozent der Anzahl x_0 der Beutetiere an.

(a) Aus diesen Daten lässt sich nun eine Formel für die Anzahl x_1 der Beutetiere nach einem Jahr sowie die Anzahl y_1 der Räuber nach einem Jahr aufstellen. Gesucht ist also ein mathematisches Modell, das die Entwicklung der Beute- und Räubertiere pro Jahr beschreibt.

(b) Gibt es Startwerte x_0, y_0, so dass die Anzahlen der Beute- und der Räubertiere konstant bleiben?

Folgen und Reihen 3

In der Medizin verwendet man für einige bildgebende Verfahren radioaktive Substanzen. Diese werden zum Beispiel in eine Vene gespritzt. Dabei sind sie so gewählt, dass sie vom zu untersuchenden Organ besonders gut aufgenommen werden. Dort sammeln sie sich an; mittels einer Strahlenkamera wird ihre Verteilung im Organ dargestellt. Das erlaubt dann Rückschlüsse auf mögliche Erkrankungen. Dabei ist die Strahlung der radioaktiven Substanzen sehr gering und für den Menschen ungefährlich. Ein Beispiel für eine solche Substanz ist ein Isotop von Technetium, welches eine Halbwertszeit von ungefähr sechs Stunden hat. Das bedeutet, dass vereinfacht ausgedrückt nach sechs Stunden die Hälfte des Technetiums zerfallen ist. Nach weiteren sechs Stunden zerfällt dann natürlich wiederum die Hälfte des verbliebenen Technetiums, so dass nach der zweiten Halbwertszeit nur noch $\frac{1}{2} \cdot \frac{1}{2} = \frac{1}{4}$ der Ausgangsatome vorhanden sind. Nach drei Halbwertszeiten gibt es nur noch $\frac{1}{2} \cdot \frac{1}{4} = \frac{1}{8}$ der anfangs vorhandenen Atome usw. Wie viel radioaktive Substanz bleibt langfristig im Körper?

Wie kann man den Ausdruck „Sie vermehren sich wie die Karnickel" mathematisch interpretieren? Genauer: Angenommen, man hat ein Kaninchen-Paar, wie viele Nachkommen wird es nach einem halben Jahr, einem Jahr, usw. haben?

Nach dem vorangegangenen Beispiel zerfallen innerhalb von einer Halbwertszeit, also innerhalb von sechs Stunden, die Hälfte aller Technetiumatome. Innerhalb der zweiten Halbwertszeit zerfällt von den verbliebenen Atomen wieder die Hälfte. Insgesamt sind somit innerhalb von 12 Stunden $\frac{1}{2} + \frac{1}{4}$ der anfänglich im Körper vorhandenen Atome zerfallen. Innerhalb von drei Halbwertszeiten sind dann $\frac{1}{2} + \frac{1}{4} + \frac{1}{8}$, innerhalb von vier Halbwertszeiten $\frac{1}{2} + \frac{1}{4} + \frac{1}{8} + \frac{1}{16}$ der Ausgangsatome zerfallen. Wie sieht die langfristige Prognose aus?

A. Eickhoff-Schachtebeck, A. Schöbel, *Mathematik in der Biologie*,   61
DOI 10.1007/978-3-642-41844-0_3, © Springer-Verlag Berlin Heidelberg 2014

Das erste Problem definiert eine *Folge*, nämlich die Zahlenfolge $1, \frac{1}{2}, \frac{1}{4}, \frac{1}{8}, \ldots$. Das zweite Problem definiert die berühmte *Fibonacci-Folge*, die in Abschn. 3.1.5 eingeführt wird. Das dritte Problem definiert eine *Reihe*, nämlich $\frac{1}{2} + \frac{1}{4} + \frac{1}{8} + \frac{1}{16} + \ldots$. Wir wollen in diesem Kapitel das Verhalten von Folgen und Reihen untersuchen.

▶   **Ziel:** Einführung von Folgen und Reihen. Konvergenzkriterien. Bestimmung von Grenzwerten.

3.1 Folgen

Definition
Eine *Folge reeller Zahlen* $a_1, a_2, a_3, \ldots$ wird mit $(a_n)_{n \in \mathbb{N}}$ bezeichnet. Ein einzelnes a_n nennt man das *n-te Folgenglied*.

Statt $(a_n)_{n \in \mathbb{N}}$ gibt man Folgen auch oft durch die Angabe ihrer Folgenglieder, also durch $a_n, n \in \mathbb{N}$ an.

Bemerkung. Manchmal lässt man in dieser Definition ein *nulltes Folgenglied* a_0 zu, man verwendet also die Menge $\mathbb{N} \cup \{0\}$ statt $\mathbb{N}$. Für das weitere Vorgehen spielt es keine Rolle, mit welcher dieser Definitionen wir arbeiten.

Beispiele
Beispiele für Folgen sind

1. $\left(\dfrac{1}{n}\right)_{n \in \mathbb{N}} = 1, \dfrac{1}{2}, \dfrac{1}{3}, \dfrac{1}{4}, \dfrac{1}{5}, \cdots$

2. $\left(1 - \dfrac{1}{n^2}\right)_{n \in \mathbb{N}} = 0, \dfrac{3}{4}, \dfrac{8}{9}, \dfrac{15}{16}, \cdots$

3. $(n)_{n \in \mathbb{N}} = 1, 2, 3, 4, 5, \ldots$

4. $((-1)^n)_{n \in \mathbb{N}} = -1, 1, -1, 1, -1 \ldots$

5. $\left(\dfrac{3 + 4n}{2 + 2n}\right)_{n \in \mathbb{N}} = \dfrac{7}{4}, \dfrac{11}{6}, \dfrac{15}{8}, \dfrac{19}{10}, \cdots$

Die Beispielfolgen sind alle *explizit*. Das bedeutet, dass wir für jede dieser Folgen eine genaue Abbildungsvorschrift kennen, die jeder natürlichen Zahl n das n-te Folgenglied a_n zuordnet. Zum Beispiel wissen wir für die Folge $((-1)^n)_{n \in \mathbb{N}}$ sofort, dass das 157. Folgenglied gleich $(-1)^{157} = -1$ ist.

3.1.1 Wachstum und Zerfall

Viele Wachstums- und Zerfallsvorgänge lassen sich durch Folgen ausdrücken. Hier unterscheidet man zwischen *linearem Wachstum* und *exponentiellem Wachstum* bzw. zwischen *linearem Zerfall* und *exponentiellem Zerfall*:

Ist $(a_n)_{n \in \mathbb{N}}$ eine Folge, für die gilt $a_{n+1} = a_n + c$ mit einer konstanten reellen Zahl c, so spricht man von *linearem Wachstum* für $c > 0$ und von *linearem Zerfall* für $c < 0$. Zum Beispiel wachsen die Folgenglieder der Folge $(a_n) = n$ linear mit der Konstanten $c = 1$.

Ist $(a_n)_{n \in \mathbb{N}}$ eine Folge, für die gilt $a_{n+1} = a_n \cdot c$ mit einer konstanten reellen Zahl $c > 0$, so spricht man von *exponentiellem Wachstum* für $c > 1$ und von *exponentiellem Zerfall* für $c < 1$. Zum Beispiel wachsen die Folgenglieder der Folge $(a_n) = 2^n$ exponentiell mit der Konstanten $c = 2$.

Beide Arten von Wachstum und Zerfall treten in der Natur auf.

Anwendungsbeispiele

1. Der Durchmesser eines Baumstamms wächst ungefähr linear. Dies kann man zum Beispiel daran erkennen, dass die Jahresringe im Stamm ungefähr den gleichen Abstand zueinander haben.
2. Menschliche Kopfhaare wachsen ungefähr linear, nämlich ungefähr einen Zentimeter pro Monat.
3. Bakterien vermehren sich exponentiell.
4. Radioaktiver Zerfall wie im einleitenden Beispiel 3.1 ist exponentiell.

Oft sind die Folgen, die einen Wachstums- oder einen Zerfallsprozess beschreiben, nicht explizit gegeben.

Anwendungsbeispiel

Wir wollen die durchschnittliche Population einer Bakterienkultur in einem Experiment durch eine Folge $(a_n)_{n \in \mathbb{N}}$ modellieren, und zwar so, dass a_n die (ungefähre) Anzahl an Bakterien nach n Tagen darstellt. Wir nehmen an, dass anfänglich 5000 Bakterien vorhanden sind, die sich mit einer täglichen Rate von 4 % vermehren, d. h. jeden Tag kommen 4 % der Population vom Vortag hinzu. Außerdem sterben durch äußere Einflüsse täglich 100 Bakterien. Damit ergibt sich für die Anzahl a_{n+1} an Bakterien nach $n + 1$ Tagen der folgende Zusammenhang zu der Anzahl a_n an Bakterien am Vortag:

$$a_{n+1} = 1{,}04 \cdot a_n - 100 \,.$$

Diese Folge ist nicht explizit gegeben, sondern *rekursiv*. Wir haben nicht wie in den obigen Beispielen eine explizite Formel für das n-te Folgenglied, sondern können ein Folgenglied immer nur aus den vorhergehenden Gliedern berechnen. Der Begriff *rekursiv* stammt vom lateinischen Begriff *recurrere*, was soviel heißt wie „zurücklaufen".

Die Formel $a_{n+1} = 1{,}04 \cdot a_n - 100$ gibt uns also eine Vorschrift, wie wir aus a_n das nächste Folgenglied a_{n+1} berechnen können. Aus der Kenntnis von $a_0 = 5000$ lässt sich so jedes beliebige Folgenglied berechnen. Für diese Folge können wir aber auch eine explizite Darstellung ermitteln: Es gilt

$$a_0 = 5000$$
$$a_1 = 1{,}04 \cdot 5000 - 100$$
$$a_2 = 1{,}04 \cdot (1{,}04 \cdot 5000 - 100) - 100 = 1{,}04^2 \cdot 5000 - 100 \cdot (1 + 1{,}04)$$
$$a_3 = 1{,}04 \cdot (1{,}04^2 \cdot 5000 - 100 \cdot (1 + 1{,}04)) - 100$$
$$\quad = 1{,}04^3 \cdot 5000 - 100 \cdot (1 + 1{,}04 + 1{,}04^2)$$
$$\vdots$$
$$a_n = 1{,}04^n \cdot 5000 - 100 \cdot (1 + 1{,}04 + \ldots + 1{,}04^{n-1}).$$

Diese explizite Formel erfüllt tatsächlich die Rekursionsbedingung, denn

$$a_{n+1} = 1{,}04^{n+1} \cdot 5000 - 100 \cdot (1 + 1{,}04 + \ldots + 1{,}04^n)$$
$$\quad = 1{,}04 \cdot (1{,}04^n \cdot 5000 - 100 \cdot (1 + 1{,}04 + \ldots + 1{,}04^{n-1})) - 100$$
$$\quad = 1{,}04 \cdot a_n - 100.$$

Auch die Anfangsbedingung $a_0 = 5000$ ist erfüllt, also beschreibt die Formel die gesuchte Folge. In Abschn. 3.2.1 werden wir sehen, dass sich auch diese explizite Formel noch einmal vereinfachen lässt. Es gilt nämlich

$$1 + 1{,}04 + \ldots + 1{,}04^{n-1} = \frac{1{,}04^n - 1}{1{,}04 - 1} = \frac{1{,}04^n - 1}{0{,}04},$$

woraus man schließlich

$$a_n = 1{,}04^n \cdot 5000 - 100 \cdot \frac{1{,}04^n - 1}{0{,}04}$$
$$\quad = 1{,}04^n \cdot 5000 - 2500 \cdot (1{,}04)^n + 2500$$
$$\quad = 2500 \cdot (1{,}04^n + 1)$$

erhält.

3.1.2 Konvergenz von Folgen

Für Folgen untersuchen wir oft, wie sich die Folgenglieder langfristig verhalten, das heißt, ob sie einen *Grenzwert* haben. Zum Beispiel werden die Folgenglieder der Folge $(\frac{1}{n})_{n \in \mathbb{N}}$

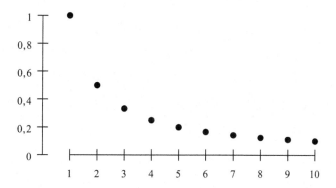

Abb. 3.1 Die ersten zehn Folgenglieder der Folge $(\frac{1}{n})_{n\in\mathbb{N}}$

immer kleiner. Wir sagen, dass eine Folge reeller Zahlen $(a_n)_{n\in\mathbb{N}}$ *gegen einen Grenzwert a konvergiert*, wenn die Folgenglieder sich immer dichter an a annähern. Die formale Definition ist wie folgt:

> **Definition**
> Eine Folge reeller Zahlen $(a_n)_{n\in\mathbb{N}}$ *konvergiert gegen einen Grenzwert a*, wenn für jede positive reelle Zahl $\varepsilon > 0$ eine natürliche Zahl $N(\varepsilon) \in \mathbb{N}$ existiert, so dass für alle $n \geq N(\varepsilon)$ gilt $|a_n - a| < \varepsilon$. Konvergiert eine Folge reeller Zahlen (a_n) gegen einen Grenzwert a, so schreiben wir $\lim\limits_{n\to\infty} a_n = a$. Hierbei steht das Zeichen „∞" für „Unendlich". Das Zeichen lim steht für den Begriff *Limes*, der Grenzwert bedeutet.

Die Definition wirkt auf den ersten Blick vielleicht etwas umständlich, drückt aber präzise aus, was man unter „an einen Wert annähern" versteht. Man gibt sich einen Abstand $\varepsilon > 0$ vor und untersucht, ob ab einem ausgezeichnetes Folgenglied a_N alle weiteren Folgenglieder dichter als ε an dem Grenzwert liegen. Der Index N, ab dem alle Folgenglieder dichter als ε an a liegen, hängt dabei von ε ab und wird daher in der Definition mit $N(\varepsilon)$ bezeichnet. Ist $\varepsilon > 0$, so nennt man die Menge aller reeller Zahlen, die einen Abstand kleiner als ε zu a haben, auch ε-*Umgebung von a*. In Abb. 3.2 ist eine ε-Umgebung um den Grenzwert a rot gekennzeichnet. Man sieht, dass zwar das Folgenglied a_7 in dieser Umgebung liegt, das Folgenglied a_8 aber wieder außerhalb. Ab dem zehnten Folgenglied bleiben alle Folgenglieder in der Umgebung. Das passende N zum hier gewählten ε ist in diesem Beispiel also $N(\varepsilon) = 10$.

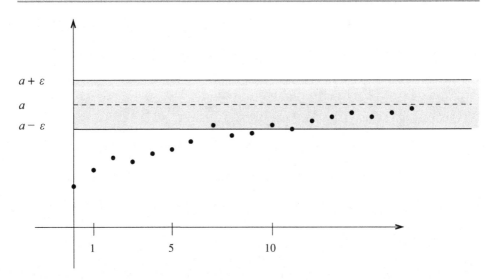

Abb. 3.2 Ab dem Folgenglied a_{10} liegen alle Folgenglieder in einer ε-Umgebung um den Grenzwert a

Natürlich konvergiert nicht jede Folge.

Definition

Eine Folge, die nicht konvergiert, heißt *divergent*. Eine Folge (a_n) reeller Zahlen heißt *bestimmt divergent gegen* $+\infty$, wenn es für jede Zahl $c \in \mathbb{R}$ eine Zahl $N(c) \in \mathbb{R}$ gibt, so dass für alle $n \geq N(c)$ gilt $a_n > c$. Man schreibt in diesem Fall $\lim\limits_{n \to \infty} a_n = \infty$. Analog heißt eine Folge (a_n) reeller Zahlen *bestimmt divergent gegen* $-\infty$, wenn es für jede Zahl $c \in \mathbb{R}$ eine Zahl $N(c) \in \mathbb{R}$ gibt, so dass für alle $n \geq N(c)$ gilt $a_n < c$. In diesem Fall schreibt man auch $\lim\limits_{n \to \infty} a_n = -\infty$.

Beispiele

1. Schauen wir uns die Folge $a_n = \frac{1}{n}, n \in \mathbb{N}$ aus Abb. 3.1 an. Wir haben bereits gesehen, dass die Folgenglieder immer kleiner werden und untersuchen nun, ob die Folge gegen 0 konvergiert. Sei $\varepsilon > 0$ ein beliebiger, aber fester vorgegebener Abstand. Wir suchen ein Folgenglied, ab dem alle weiteren Folgenglieder dichter als ε an $a = 0$ liegen. Dazu bilden wir zunächst den Kehrwert $\frac{1}{\varepsilon}$ und wählen dann eine natürliche Zahl $N(\varepsilon)$, die größer als dieser Kehrwert $\frac{1}{\varepsilon}$ ist. Das bedeutet, dass das $N(\varepsilon)$-te Folgenglied $\frac{1}{N(\varepsilon)}$ kleiner als ε ist und damit einen Abstand zu 0 hat, der kleiner als ε ist. Für alle weiteren Folgenglieder $a_n, n \geq N(\varepsilon)$ gilt ebenfalls die Ungleichung

$$|a_n - 0| = \left|\frac{1}{n}\right| = \frac{1}{n} \leq \frac{1}{N(\varepsilon)} < \frac{1}{\frac{1}{\varepsilon}} = \varepsilon \,.$$

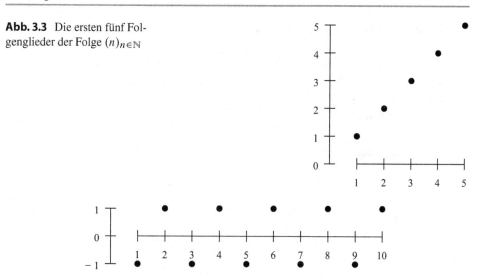

Abb. 3.3 Die ersten fünf Folgenglieder der Folge $(n)_{n\in\mathbb{N}}$

Abb. 3.4 Die ersten zehn Folgenglieder der Folge $(-1)^n$

Damit konvergiert die Folge $\frac{1}{n}$ gegen den Grenzwert 0.

Wir haben also gezeigt, dass für jedes $\varepsilon > 0$ immer nur endlich viele Folgenglieder der Folge $(\frac{1}{n})_{n\in\mathbb{N}}$, nämlich nur die Folgenglieder mit $n < N(\varepsilon)$, außerhalb der ε-Umgebung von 0 liegen.

2. Auch die Folge $(a_n) = (1 - \frac{1}{n^2})_{n\in\mathbb{N}}$ ist konvergent, es gilt $\lim\limits_{n\to\infty} a_n = 1$. Dies können wir ebenfalls mithilfe der Definition der Konvergenz zeigen: Ist $\varepsilon > 0$, so gibt es eine natürliche Zahl $N(\varepsilon)$, die größer ist als $\frac{1}{\sqrt{\varepsilon}}$, also $N(\varepsilon)^2 > \frac{1}{\varepsilon}$. Damit folgt für $n \geq N(\varepsilon)$

$$|a_n - a| = \left|\left(1 - \frac{1}{n^2}\right) - 1\right| = \left|\frac{1}{n^2}\right| = \frac{1}{n^2} \leq \frac{1}{N(\varepsilon)^2} < \frac{1}{\frac{1}{\varepsilon}} = \varepsilon.$$

3. Die Folge $a_n = n, n \in \mathbb{N}$ (siehe Abb. 3.3) ist bestimmt divergent gegen ∞. Das liegt am linearen Wachstum der Folgenglieder: Für jede reelle Zahl c gibt es eine natürliche Zahl $N(c)$, die größer als c ist. Damit gilt für alle $n \geq N(c)$ auch $n > c$.

4. Die Folge $a_n = (-1)^n, n \in \mathbb{N}$ (siehe Abb. 3.4) ist weder konvergent noch bestimmt divergent gegen $+\infty$ oder $-\infty$. Das liegt daran, dass unendlich viele Folgenglieder gleich 1, aber auch unendlich viele Folgenglieder gleich -1 sind. Für $0 < \varepsilon < \frac{1}{2}$ gibt es also kein N, so dass ab diesem N alle Folgenglieder in einer gemeinsamen ε-Umgebung liegen.

Bemerkung. Folgen, die gegen den Grenzwert 0 konvergieren, heißen auch *Nullfolgen*.

Anwendung: Radioaktiver Zerfall von Technetium

Beginnen wir mit dem einleitenden Beispiel 3.1. Nach einer Halbwertszeit von sechs Stunden ist nur ungefähr noch die Hälfte des Stoffes Technetium vorhanden. Nach zwei Zeitintervallen von jeweils sechs Stunden hat sich die Stoffmenge erneut halbiert, d. h. insgesamt ist nur noch $\frac{1}{4}$ des Stoffes vorhanden. Die Tabelle zeigt nach welcher Zeit noch wie viel Technetium vorhanden ist. Sie stellt entsprechend die sich ergebende Folge $(\frac{1}{2^n})_{n \in \mathbb{N}}$ dar.

vergangene Zeitintervalle	1	2	3	4	...	n	...
noch vorhandene Stoffmenge	$\frac{1}{2}$	$\frac{1}{4}$	$\frac{1}{8}$	$\frac{1}{16}$	...	$\frac{1}{2^n}$	...

Unsere ursprüngliche Frage war, wie viel radioaktive Substanz langfristig im Körper bleibt. Wir wollen also klären, ob die Folge einen Grenzwert hat und wenn ja, wie groß er ist. Auch bei dieser Folge werden die Folgenglieder in jedem Schritt kleiner, als Grenzwert kommt also $a = 0$ in Frage.

Zum Beispiel sind ab dem zweiten Folgenglied alle Folgenglieder $a_n = \frac{1}{2^n}$ mit $n \geq 2$ kleiner als $\frac{1}{3}$. Ab dem fünften Folgenglied sind alle Folgenglieder a_n mit $n \geq 5$ kleiner als $\frac{1}{20}$, und ab dem zehnten Folgenglied sind alle Folgenglieder a_n mit $n \geq 10$ kleiner als $\frac{1}{1000}$. Um zu zeigen, dass die Folge tatsächlich gegen den Grenzwert 0 konvergiert, müssen wir wieder für jedes $\varepsilon > 0$ eine natürliche Zahl $N(\varepsilon)$ finden, so dass für alle $n \geq N(\varepsilon)$ die Folgenglieder a_n einen Abstand kleiner als ε zu 0 haben. Der Vollständigkeit halber geben wir dieses hier an:

Ist $\varepsilon > 0$ beliebig, so gibt es immer ein $N(\varepsilon)$ mit $1 < \varepsilon \cdot 2^{N(\varepsilon)}$ (nämlich jede natürliche Zahl größer als $\frac{\ln(\frac{1}{\varepsilon})}{\ln 2}$)[1]. Damit gilt in diesem Fall für $n \geq N(\varepsilon)$

$$|a_n - a| = \left| \frac{1}{2^n} - 0 \right| = \left| \frac{1}{2^n} \right| = \frac{1}{2^n} \leq \frac{1}{2^{N(\varepsilon)}} < \frac{\varepsilon \cdot 2^{N(\varepsilon)}}{2^{N(\varepsilon)}} = \varepsilon.$$

Deswegen können wir davon ausgehen, dass langfristig keine radioaktive Substanz im Körper verbleibt.

Bemerkung. Wir haben eben gezeigt, dass die Folge $((\frac{1}{2})^n)_{n \in \mathbb{N}}$ eine Nullfolge ist. Ganz ähnlich lässt sich auch allgemein zeigen, dass die Folge $(q^n)_{n \in \mathbb{N}}$ eine Nullfolge ist, falls $|q| < 1$.

3.1.3 Grenzwertsätze

Es ist oft mühsam, für eine konkrete Folge den Grenzwert allein mithilfe der Definition der Konvergenz zu bestimmen und die Konvergenz nachzuweisen. Hilfreich sind deswegen die folgenden *Grenzwertsätze*:

---

[1] Zur Einführung des Logarithmus (ln) siehe Abschn. 4.6.

Satz

Seien $(a_n)_{n\in\mathbb{N}}$, $(b_n)_{n\in\mathbb{N}}$ konvergente Folgen reeller Zahlen mit den Grenzwerten $\lim\limits_{n\to\infty} a_n = a$ und $\lim\limits_{n\to\infty} b_n = b$. Sei außerdem $c \in \mathbb{R}$ eine reelle Zahl. Dann gilt

- Die Summe $(a_n + b_n)_{n\in\mathbb{N}}$ der Folgen ist konvergent mit $\lim\limits_{n\to\infty} (a_n + b_n) = a+b$.
- Die Differenz $(a_n - b_n)_{n\in\mathbb{N}}$ der Folgen ist konvergent mit $\lim\limits_{n\to\infty} (a_n - b_n) = a-b$.
- Die Folge $(c \cdot a_n)_{n\in\mathbb{N}}$ ist konvergent mit Grenzwert $\lim\limits_{n\to\infty} (c \cdot a_n) = ca$.
- Die Folge $(a_n \cdot b_n)_{n\in\mathbb{N}}$ ist konvergent mit Grenzwert $\lim\limits_{n\to\infty} (a_n \cdot b_n) = a \cdot b$.
- Sind alle Folgenglieder b_n der Folge $(b_n)_{n\in\mathbb{N}}$ ungleich Null und gilt zusätzlich $\lim\limits_{n\to\infty} (b_n) \neq 0$, so ist auch die Quotientenfolge $(\frac{a_n}{b_n})_{n\in\mathbb{N}}$ konvergent mit Grenzwert $\lim\limits_{n\to\infty} (\frac{a_n}{b_n}) = \frac{a}{b}$.

Beispiele

1. Die Folge $a_n = \frac{1}{n} + (1 - \frac{1}{n^2})$, $n \in \mathbb{N}$ konvergiert gegen die Summe der Grenzwerte der beiden Einzelfolgen, also gegen den Grenzwert $a = 0 + 1 = 1$.
2. Die Folge $a_n = c \cdot (\frac{1}{2})^n$, $n \in \mathbb{N}$ konvergiert für jede reelle Zahl c gegen den Grenzwert $a = c \cdot 0 = 0$.
3. Schauen wir uns noch die Folge $(\frac{3+4n}{2+2n})_{n\in\mathbb{N}}$ an. Mithilfe der Grenzwertsätze erhalten wir hier

$$\lim_{n\to\infty} \frac{3+4n}{2+2n} = \lim_{n\to\infty} \frac{\frac{3}{n}+4}{\frac{2}{n}+2} = \frac{\lim\limits_{n\to\infty} \left(\frac{3}{n}+4\right)}{\lim\limits_{n\to\infty} \left(\frac{2}{n}+2\right)}$$

$$= \frac{\lim\limits_{n\to\infty} \frac{3}{n} + \lim\limits_{n\to\infty} 4}{\lim\limits_{n\to\infty} \frac{2}{n} + \lim\limits_{n\to\infty} 2} = \frac{0+4}{0+2} = 2$$

3.1.4 Monotonie und Beschränktheit von Folgen

Gerade in der Biologie interessiert man sich oft auch für das Verhalten der einzelnen Folgenglieder. Werden sie in jedem Schritt größer? Oder verringern sie sich in jedem Schritt? Gibt es Grenzen, die die Folgenglieder nicht überschreiten? Die mathematischen Begriffe hierfür sind wie folgt definiert:

Definition
- Eine Folge reeller Zahlen (a_n) heißt *monoton wachsend*, wenn die einzelnen Folgenglieder in jedem Schritt gleich bleiben oder größer werden, das heißt, wenn $a_{n+1} \geq a_n$ für alle Folgenglieder und damit für alle $n \in \mathbb{N}$ gilt.
- Analog heißt eine Folge reeller Zahlen (a_n) *monoton fallend*, wenn die einzelnen Folgenglieder in jedem Schritt gleich bleiben oder kleiner werden, das heißt wenn $a_{n+1} \leq a_n$ für alle $n \in \mathbb{N}$ gilt.
- Ist jedes Folgenglied a_{n+1} echt größer als sein Vorgänger, d. h. $a_{n+1} > a_n$ für alle $n \in \mathbb{N}$, so heißt diese Folge *streng monoton wachsend*.
- Analog heißt (a_n) *streng monoton fallend*, falls $a_{n+1} < a_n$ für alle $n \in \mathbb{N}$ gilt.
- Eine Folge heißt *monoton*, wenn sie monoton wachsend oder monoton fallend ist.

Anstatt $a_{n+1} \geq a_n$ beziehungsweise $a_{n+1} \leq a_n$ nachzuweisen, untersucht man meistens, ob die Differenz $a_{n+1} - a_n$ aufeinander folgender Folgenglieder positiv oder negativ ist.

Beispiele
- Die Folge $a_n = \frac{1}{n}, n \in \mathbb{N}$ ist streng monoton fallend. Es gilt nämlich $a_{n+1} - a_n = \frac{1}{n+1} - \frac{1}{n} = \frac{n-(n+1)}{n(n+1)} = \frac{-1}{n(n+1)} < 0$, d. h. $a_{n+1} < a_n$ für alle $n \in \mathbb{N}$.
- Die Folge

$$a_n = \begin{cases} n & \text{falls } n \text{ ungerade} \\ n-1 & \text{falls } n \text{ gerade} \end{cases}$$

ist von der Form $1, 1, 3, 3, 5, 5, \ldots$. Sie ist monoton wachsend, aber nicht streng monoton wachsend.
- Die Folge $a_n = \frac{(-1)^n}{n}, n \in \mathbb{N}$ ist weder monoton wachsend noch monoton fallend.

Definition
Eine Folge reeller Zahlen (a_n) heißt *nach oben beschränkt*, falls es eine reelle Zahl $C \in \mathbb{R}$ gibt, die größer als alle Folgenglieder ist, d. h. falls $a_n \leq C$ für alle $n \in \mathbb{N}$ gilt. Analog heißt eine Folge reeller Zahlen *nach unten beschränkt*, falls es eine reelle Zahl $c \in \mathbb{R}$ gibt, die kleiner ist als alle Folgenglieder, d. h. falls $a_n \geq c$ für alle $n \in \mathbb{N}$ gilt. Eine Folge heißt *beschränkt*, wenn sie nach oben und nach unten beschränkt ist.

- Die Folge $a_n = \frac{1}{n}, n \in \mathbb{N}$ ist nach oben beschränkt. Eine mögliche Schranke ist $C = 1$. Das erste Folgenglied a_1 ist gleich 1 und da die Folge streng monoton fallend ist, sind alle weiteren Folgenglieder kleiner als $C = 1$. Sie ist auch nach unten beschränkt. Eine untere Schranke ist z. B. $c = 0$, denn alle Folgenglieder sind positiv. Die Folge ist also beschränkt.
- Die Folge $a_n = n, n \in \mathbb{N}$ ist ebenfalls nach unten beschränkt. Eine mögliche untere Schranke ist hier ebenfalls 0, da alle Folgenglieder positiv sind. Sie ist jedoch nicht nach oben beschränkt, da sie bestimmt gegen ∞ divergiert. Die Folge ist also nicht beschränkt.

Jede konvergente Folge ist beschränkt. Das ist eine *notwendige Bedingung für die Konvergenz einer Folge*. Zum Beispiel kann die Folge $a_n = n$ nicht konvergieren, da sie nicht beschränkt ist. Andererseits kann es beschränkte Folgen geben, die nicht konvergieren, z. B. die Folge $a_n = ((-1)^n)_{n \in \mathbb{N}}$. Es gilt aber der folgende Satz.

Satz
Eine beschränkte monotone Folge ist konvergent.

Daraus folgt zum Beispiel, dass die monoton fallende, beschränkte Folge $a_n = (\frac{1}{n})_{n \in \mathbb{N}}$ konvergiert. Das hatten wir uns schon ohne Verwendung des obigen Satzes (etwas mühsamer) in Beispiel 1 in Abschn. 3.1.2 überlegt.

An dieser Stelle ist es wichtig, zwischen *notwendigen* und *hinreichenden* Bedingungen für die Konvergenz zu unterscheiden. Wir haben schon gesehen, dass die Beschränktheit einer Folge eine notwendige Bedingung für die Konvergenz ist. Wenn eine Folge nicht beschränkt ist, kann sie auch nicht konvergieren. Man drückt das durch sogenannte „daraus folgt" Pfeile aus und schreibt

$$(a_n)_{n \in \mathbb{N}} \text{ konvergiert} \implies (a_n)_{n \in \mathbb{N}} \text{ ist beschränkt.}$$

Die Umkehrung dieser Aussage gilt wie wir oben gesehen haben nicht. Allerdings ist (wie immer bei solchen Folgerungen) die verneinte Umkehrung richtig, also

$$(a_n)_{n \in \mathbb{N}} \text{ ist nicht beschränkt} \implies (a_n)_{n \in \mathbb{N}} \text{ konvergiert nicht.}$$

Ist von einer Folge bekannt, dass sie beschränkt und monoton ist, dann wissen wir nach dem eben genannten Satz, dass diese Folge konvergiert. Beschränktheit und Monotonie einer Folge sind im Zusammenspiel also eine hinreichende Bedingung für die Konvergenz; es gilt:

$$(a_n)_{n \in \mathbb{N}} \text{ ist monoton und beschränkt} \implies (a_n)_{n \in \mathbb{N}} \text{ konvergiert.}$$

Auch hier gilt die Umkehrung der Aussage nicht, denn es gibt beschränkte Folgen, die nicht monoton sind, aber trotzdem konvergieren. Ein Beispiel hierfür ist die Folge $a_n = \frac{(-1)^n}{n}$, ihr Grenzwert ist 0. Damit eine Folge konvergiert, ist es also nicht notwendig, dass sie beschränkt und monoton ist.

3.1.5   Die Fibonacci-Zahlen

Die *Fibonacci-Folge* ist eine berühmte Zahlenfolge. Ihre einzelnen Folgenglieder heißen *Fibonacci-Zahlen*. Sie kommen häufig in der Natur vor und doch ist ihre genaue Rolle in vielen Bereichen noch nicht geklärt. An folgendem klassischen Gedankenexperiment (siehe auch das einleitende Beispiel 3.2) erklären wir ihre Definition:

Angenommen wir setzen ein einzelnes frisch geworfenes Kaninchenpaar, also ein Männchen und ein Weibchen, in einen geschlossenen Raum. Wir gehen davon aus, dass ein Kaninchenpaar immer erst zwei Monate nach seiner Geburt geschlechtsreif ist und dass es ab dann jeden Monat ein neues Kaninchenpaar wirft. Wir gehen weiterhin davon aus, dass unser Betrachtungszeitraum kurz ist verglichen mit der Lebenszeit eines Kaninchens, so dass wir annehmen, dass die Kaninchen nicht sterben. Wir interessieren uns nun für die Anzahl der Kaninchenpaare f_n im n-ten Monat. f_1 ist 1, denn im ersten Monat gibt es genau ein Kaninchenpaar, das gerade erst geboren wurde und deshalb noch nicht geschlechtsreif ist. Ebenso ist $f_2 = 1$, denn das Paar ist auch im zweiten Monat noch nicht geschlechtsreif. Weiter ist $f_3 = 1 + 1 = 2$, da unser Ausgangskaninchenpaar nach zwei Monaten geschlechtsreif ist und ein zweites Kaninchenpaar geworfen hat. Nach vier Monaten haben wir $f_4 = 2 + 1 = 3$ (das Ausgangskaninchenpaar hat wieder ein neues Paar geworfen, das andere Paar muss noch einen Monat warten, bis es geschlechtsreif ist) und f_5 ergibt sich als $3 + 2 = 5$ (das Ausgangskaninchenpaar wirft ein neues Paar und das im dritten Monat geworfene Paar ist auch schon geschlechtsreif und hat seinen ersten Nachwuchs). Analog erhält man erhält man $f_6 = 5 + 3 = 8$ usw. Grafisch können wir das Verhalten der Kaninchen folgendermaßen darstellen:

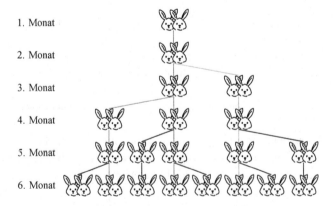

| 1. Monat |
| 2. Monat |
| 3. Monat |
| 4. Monat |
| 5. Monat |
| 6. Monat |

Es handelt sich hier um eine *rekursiv definierte Folge*, da wir das n-te Folgenglied aus den vorhergehenden Gliedern berechnen. Die rekursive Angabe der Anzahl der Kaninchen-Paare lautet

$$f_1 := 1$$
$$f_2 := 1$$
$$f_{n+2} = f_{n+1} + f_n \text{ für alle } n \in \mathbb{N}.$$

Die sich ergebende Folge $1, 1, 2, 3, 5, 8, 13, 21, \ldots$ heißt *Fibonacci-Folge* und die darin enthaltenen Folgenglieder nennt man die *Fibonacci-Zahlen*. Man beachte, dass in der Definition der Fibonacci-Folge nicht nur das erste Folgenglied f_1, sondern auch f_2 angegeben ist, da die rekursive Formel $f_{n+2} = f_{n+1} + f_n$ auf die jeweils beiden vorangegangenen Folgenglieder zurückgreift.

Exkurs

Die oben angegebene Rekursionsformel $f_1 := 1$, $f_2 := 1$, $f_{n+2} = f_{n+1} + f_n$ beschreibt tatsächlich die Vermehrung der Kaninchen in unserem Modell.

Beweis: Wir haben schon gesehen, dass im ersten Monat ein Kaninchenpaar lebt und im zweiten Monat ebenfalls nur ein Paar vorhanden ist. D. h. $f_1 = 1$ und $f_2 = 1$. Sei nun $n \in \mathbb{N}$ eine natürliche Zahl. Im n-ten Monat leben f_n Kaninchenpaare und im $(n+1)$-ten Monat f_{n+1}. Wir wollen zeigen, dass die Rekursion zum Berechnen von f_{n+2} stimmt. Von den f_{n+1} Kaninchenpaaren im $(n+1)$-ten Monat sind die Paare geschlechtsreif, die schon im Monat davor gelebt haben, also genau f_n Kaninchenpaare. Jedes dieser Paare wirft also im $n + 2$-ten Monat ein weiteres Paar, außerdem überleben alle f_{n+1} Kaninchenpaare aus dem $n + 1$-ten Monat. Insgesamt gibt es somit im $n + 2$-ten Monat $f_{n+2} = f_{n+1} + f_n$ Kaninchenpaare. $\qquad\square$

Bemerkung. Man kann zeigen, dass sich die n-te Fibonacci-Zahl auch durch folgende Formel bestimmen lässt:

$$f_n = \frac{1}{\sqrt{5}} \left(\left(\frac{1 + \sqrt{5}}{2} \right)^n - \left(\frac{1 - \sqrt{5}}{2} \right)^n \right)$$

Im ersten Ausdruck tritt auch hier wieder der goldene Schnitt (s. Abschn. 1.2.4) auf.

Anwendung: Fibonacci-Zahlen in der Natur

Fibonacci-Zahlen treten häufig in der Natur auf.

Die Spelzen am Stamm einer Ananas sind in Spiralen angeordnet. Sie bilden sowohl Links- als auch Rechtsspiralen. Greifen wir uns eine Rechts- und eine Linksspirale heraus und verfolgen deren Verlauf, so können wir feststellen, dass sie sich nach jeweils 5 bzw. 13 Spelzen wieder treffen, je nachdem ob wir in der Links- oder Rechtsspirale zählen. Beides sind Fibonacci-Zahlen. Dieses Phänomen tritt nicht nur bei der Ananas auf, sondern auch bei vielen anderen spiralförmigen Anordnungen in der Pflanzenwelt. Auch bei den Röhrenblüten einer Sonnenblume oder den Schuppen eines Kiefernzapfens ist es spannend, selbst nachzuzählen. Die Wissenschaft, die sich damit beschäftigt, ist die Phyllotaxis.

Abb. 3.5 Die Anzahl der Blüten einer Rose ist häufig eine
Fibonacci-Zahl

Abb. 3.6 Die Anzahl der
Blätter eines Kleeblattes ist
meistens drei, eine Fibonacci-
Zahl

Abb. 3.7 Die Spiralen an
einer Ananas kann man einmal nach links und einmal
nach rechts oben verfolgen.
Irgendwann kreuzen sich die
Spiralen wieder, die Anzahlen der Schritte sind häufig
Fibonacci-Zahlen

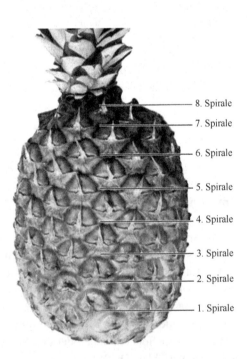

8. Spirale

7. Spirale

6. Spirale

5. Spirale

4. Spirale

3. Spirale

2. Spirale

1. Spirale

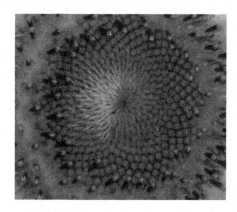

Abb. 3.8 Ähnlich wie bei einer Ananas kommen auch bei der Sonnenblume häufig Fibonacci-Zahlen vor

3.2 Reihen

Interessiert man sich nicht für die einzelnen Glieder $a_1, a_2, a_3, \ldots$ einer Folge, sondern für deren Summe $a_1 + a_2 + \cdots + a_n$ bis zum Glied n, so erhält man eine *Reihe*. Reihen sind Folgen von Summen, wobei jedes Folgenglied aus einem Summanden mehr besteht als das vorangegangene Folgenglied. Für diese Summen benutzen wir die folgende verkürzende Schreibweise

$$\sum_{i=1}^{n} a_i = a_1 + a_2 + \cdots + a_n,$$

wobei die Summanden a_i vom Index i abhängige reelle Zahlen sind. Diese Schreibweise nennt man *Reihenschreibweise*.

Beispiel

Es ist

$$\sum_{i=0}^{n} \frac{1}{2^i} = 1 + \frac{1}{2} + \frac{1}{4} + \ldots + \frac{1}{2^n}.$$

Definition

Sei $(a_i)_{i \in \mathbb{N}}$ eine Folge reeller Zahlen. Die zu dieser Folge gehörende *Reihe* ist eine Folge $(s_n)_{n \in \mathbb{N}}$ von Summen der Form

$$s_n = \sum_{i=1}^{n} a_i.$$

Oft bezeichnet man eine Reihe auch einfach mit $\sum\limits_{i=1}^{n} a_i$. Die Zahlen a_i nennt man *Reihenglieder*. Es ist a_i das *i-te Reihenglied* der Reihe. Die Werte s_n nennt man *Partialsummen*.

Es ist üblich, dass man bei Reihen ab dem Index $i = 0$ zählt, also mit einer Folge $(a_i)_{i=0,1,2...}$ startet und eine Reihe $(s_n)_{n=0,1,2...}$ mit

$$s_n = \sum_{i=0}^{n} a_i$$

erhält.

Definition

Sei $(a_i)_{i \in \mathbb{N} \cup \{0\}}$ eine Folge reeller Zahlen. Die zu der Folge gehörende Reihe heißt *konvergent*, wenn die Folge ihrer *Partialsummen* s_n konvergiert. In diesem Fall schreibt man

$$\sum_{i=0}^{\infty} a_i := \lim_{n \to \infty} \left(\sum_{i=0}^{n} a_i \right) = \lim_{n \to \infty} s_n .$$

Beispiel

Für die Reihe $\sum\limits_{i=0}^{n} \frac{1}{2^i}$ erhalten wir die folgenden Partialsummen:

$$s_0 = 1$$

$$s_1 = 1 + \tfrac{1}{2} \qquad\qquad = s_0 + \tfrac{1}{2} \qquad = \qquad 1 + \tfrac{1}{2} = 2 - \tfrac{1}{2}$$

$$s_2 = 1 + \tfrac{1}{2} + \tfrac{1}{4} \qquad\qquad = s_1 + \tfrac{1}{4} \qquad = \qquad \left(2 - \tfrac{1}{2}\right) + \tfrac{1}{4} = 2 - \tfrac{1}{4}$$

$$s_3 = 1 + \tfrac{1}{2} + \tfrac{1}{4} + \tfrac{1}{8} \qquad = s_2 + \tfrac{1}{8} \qquad = \qquad \left(2 - \tfrac{1}{4}\right) + \tfrac{1}{8} = 2 - \tfrac{1}{8}$$

$$s_4 = 1 + \tfrac{1}{2} + \tfrac{1}{4} + \tfrac{1}{8} + \tfrac{1}{16} = s_3 + \tfrac{1}{16} \qquad = \qquad \left(2 - \tfrac{1}{8}\right) + \tfrac{1}{16} = 2 - \tfrac{1}{16}$$

$$\vdots$$

$$s_n = 1 + \tfrac{1}{2} + \tfrac{1}{4} + \cdots + \tfrac{1}{2^n} = s_{n-1} + \tfrac{1}{2^n} = \left(2 - \tfrac{1}{2^{n-1}}\right) + \tfrac{1}{2^n} = 2 - \tfrac{1}{2^n}$$

Für den Grenzwert der Partialsummen gilt

$$\lim_{n \to \infty} s_n = \lim_{n \to \infty} \left(2 - \frac{1}{2^n} \right) = 2 .$$

Die Reihe konvergiert folglich und es gilt $\sum\limits_{i=0}^{\infty} \frac{1}{2^i} = 2$.

Bemerkung. Damit eine Reihe $\sum\limits_{i=0}^{n} a_i$ überhaupt konvergieren kann, muss notwendigerweise die Folge $(a_i)_{i=0,1,\dots}$ eine Nullfolge sein. Allerdings konvergiert nicht jede Reihe, deren Reihenglieder eine Nullfolge bilden. Man kann z. B. beweisen, dass die zu der Folge $(a_n) = (\frac{1}{n})_{n \in \mathbb{N}}$ gehörende sogenannte *arithmetische Reihe* mit den Partialsummen

$$s_n = \sum_{i=1}^{n} \frac{1}{i}, \quad n \in \mathbb{N},$$

divergent ist. Für sie gilt also $\sum\limits_{i=1}^{\infty} \frac{1}{i} = \infty$, obwohl die Folge $(\frac{1}{n})_{n \in \mathbb{N}}$ eine Nullfolge ist.

Aus den Grenzwertsätzen für Folgen erhält man:

Satz

Seien $\sum\limits_{i=0}^{n} a_i$ und $\sum\limits_{i=0}^{n} b_i$ zwei konvergente Reihen mit Grenzwerten $\sum\limits_{i=0}^{\infty} a_i = a$ und $\sum\limits_{i=0}^{\infty} b_i = b$. Sei außerdem $c \in \mathbb{R}$ eine reelle Zahl. Dann gilt:

- Die Reihe $\sum\limits_{i=0}^{n} (a_i + b_i)$ ist konvergent mit Grenzwert $\sum\limits_{i=0}^{\infty} (a_i + b_i) = a + b$.
- Die Reihe $\sum\limits_{i=0}^{n} (a_i - b_i)$ ist konvergent mit Grenzwert $\sum\limits_{i=0}^{\infty} (a_i - b_i) = a - b$.
- Die Reihe $\sum\limits_{i=0}^{n} (c \cdot a_i)$ ist konvergent mit Grenzwert $\sum\limits_{i=0}^{\infty} (c \cdot a_i) = c \cdot a$.

3.2.1 Geometrische Reihe

Für eine beliebige reelle Zahl q definiert man die *geometrischen Reihe* als die zu der Folge $a_i = q^i, i = 0, 1, 2 \dots$ gehörende Reihe. Die geometrische Reihe hat entsprechend die Partialsummen

$$s_n = \sum_{i=0}^{n} q^i = 1 + q + q^2 + q^3 + q^4 + \cdots + q^n, \, n = 0, 1, 2, \dots.$$

Betrachten wir zunächst die geometrische Reihe mit $q = \frac{1}{2}$. Diese ist konvergent, denn wir haben im zweiten Beispiel im Abschn. 3.2 bereits den Grenzwert der Reihe $\sum\limits_{i=0}^{\infty} \frac{1}{2^i} = 2$ berechnet.

Das gilt aber nicht immer, schon $q = 1$ liefert ein Gegenbeispiel, denn für $q = 1$ erhalten wir als Partialsummenfolge

$$s_n = \sum_{i=0}^{n} 1^i = \underbrace{1 + 1 + 1 + \cdots + 1}_{n \text{ Summanden}} = n\,.$$

Dass die Folge $s_n = n, n \in \mathbb{N} \cup \{0\}$ nicht konvergiert, sondern gegen ∞ divergiert, haben wir schon gesehen, die geometrische Reihe konvergiert für $q = 1$ also nicht.

Um für ein allgemeines $q \in \mathbb{R}$ das Verhalten der Reihe $\sum\limits_{i=0}^{n} q^i$ zu untersuchen, schauen wir uns die Partialsummen s_n genauer an. Den Fall $q = 1$ haben wir schon behandelt. Wir lassen ihn hier außer Acht, um durch $1 - q$ teilen zu dürfen. Es gilt für $q \neq 1$

$$s_n = 1 + q + q^2 + q^3 + \cdots + q^{n-1} + q^n$$

$$q \cdot s_n = q + q^2 + q^3 + q^4 + \cdots + q^n + q^{n+1}$$

$$\Rightarrow \quad s_n - q \cdot s_n = 1 - q^{n+1}$$

$$\Rightarrow \quad (1 - q) \cdot s_n = 1 - q^{n+1}$$

$$\Rightarrow \quad s_n = \frac{1 - q^{n+1}}{1 - q}$$

Unter Beachtung von $\lim\limits_{n \to \infty} q^{n+1} = 0$ für $|q| < 1$ erhalten wir das folgende Ergebnis:

Satz

Die geometrische Reihe $\sum\limits_{i=0}^{n} q^i$ konvergiert für $|q| < 1$ gegen den Grenzwert $\frac{1}{1-q}$.
Für $|q| \geq 1$ ist die Reihe divergent.

Beispiel

1. Die Reihe $\sum\limits_{i=0}^{n} (\frac{1}{3})^i$ konvergiert gegen den Grenzwert $\frac{1}{1-\frac{1}{3}} = \frac{3}{2}$.

2. Die Reihe $\sum\limits_{i=0}^{n} (-\frac{1}{3})^i$ konvergiert gegen den Grenzwert $\frac{1}{1+\frac{1}{3}} = \frac{3}{4}$.

3. Die Reihe $\sum\limits_{i=0}^{n} (3)^i$ und die Reihe $\sum\limits_{i=0}^{n} (-3)^i$ konvergieren nicht.

Anwendung: Radioaktiver Zerfall von Technetium

Widmen wir uns nun dem einleitenden Beispiel 3.3. Wir erinnern uns, dass innerhalb einer Halbwertszeit die Hälfte aller Technetiumatome zerfallen ist. Innerhalb von zwei Halbwertszeiten sind dann $\frac{1}{2} + \frac{1}{4}$ der Technetiumatome zerfallen, innerhalb von drei

Halbwertszeiten $\frac{1}{2} + \frac{1}{4} + \frac{1}{8}$ usw. Der Anteil der zerfallenen Technetiumatome nach n Halbwertszeiten stellt also eine Folge von Partialsummen

$$s_n := \underbrace{\frac{1}{2} + \frac{1}{4} + \cdots + \frac{1}{2^n}}_{n \text{ Summanden}} = \sum_{i=1}^{n} \frac{1}{2^i}$$

dar; wir erhalten eine Reihe, genauer die geometrische Reihe mit $q = \frac{1}{2}$. Der Grenzwert dieser Reihe ist gleich 1. Biologisch kann man das so interpretieren, dass auf lange Sicht alle Technetiumatome zerfallen.

3.2.2 Konvergenzsätze für Reihen

Oft ist es nicht so einfach, für eine gegebene Reihe die Konvergenz und gegebenenfalls den Grenzwert mithilfe der Partialsummen zu bestimmen. Hilfreich sind hier *Konvergenzsätze für Reihen*.

Satz (Majorantenkriterium)

Sei $\sum\limits_{i=0}^{n} c_i$ eine konvergente Reihe mit Summanden $c_i > 0$. Ist $\sum\limits_{i=0}^{n} a_i$ eine Reihe und gilt $|a_i| < c_i$ für alle $i = 0, 1, \ldots$, so konvergiert auch $\sum\limits_{i=0}^{n} a_i$.

Das Majorantenkriterium erlaubt den Schluss auf die Konvergenz einer Reihe $\sum\limits_{i=0}^{n} a_i$, wenn wir eine konvergente Vergleichsreihe $\sum\limits_{i=0}^{n} c_i$ finden, deren Glieder c_i jeweils mindestens genauso groß sind wie die Beträge $|a_i|$ der Glieder der Reihe, die wir untersuchen wollen. Es handelt sich hierbei um ein hinreichendes Kriterium für die Konvergenz einer Reihe.

Beispiele

1. Die Reihe $\sum\limits_{i=0}^{n} \frac{1}{3^i \cdot (i+1)}$ konvergiert, da $\left| \frac{1}{3^i \cdot (i+1)} \right| \leq \left(\frac{1}{3} \right)^i$ für alle $i \geq 0$ und die geometrische Reihe $\sum\limits_{i=0}^{n} \left(\frac{1}{3} \right)^i$ konvergiert.

2. Die Reihe $\sum\limits_{i=1}^{n} \left(\frac{2i}{3i^2+4} \right)^i$ konvergiert, da $\left| \left(\frac{2i}{3i^2+4} \right)^i \right| = \left(\frac{2}{3i+\frac{4}{i}} \right)^i \leq \left(\frac{2}{3i} \right)^i \leq \left(\frac{2}{3} \right)^i$ für alle $i \in \mathbb{N}$ und die geometrische Reihe $\sum\limits_{i=0}^{n} \left(\frac{2}{3} \right)^i$ konvergiert.

Wir wissen bereits, dass die geometrische Reihe $\sum\limits_{i=0}^{n} q^i$ für $|q| < 1$ konvergiert. Mithilfe des Majorantenkriteriums kann man daraus ein weiteres sehr nützliches Kriterium herleiten:

Satz (Quotientenkriterium)

Sei $\sum\limits_{i=0}^{n} a_i$ eine Reihe, wobei $a_i \neq 0$ für alle $i \in \mathbb{N}$.

Wenn es eine Zahl $q < 1$ gibt, so dass

$$\left| \frac{a_{i+1}}{a_i} \right| \leq q < 1$$

für alle $i \in \mathbb{N}$ gilt, so konvergiert die Reihe $\sum\limits_{i=0}^{n} a_i$.

Gilt hingegen

$$\left| \frac{a_{i+1}}{a_i} \right| \geq 1$$

für alle $i \in \mathbb{N}$, so divergiert die Reihe $\sum\limits_{i=0}^{n} a_i$.

Beispiele

1. Die Reihe $\sum\limits_{i=0}^{n} \frac{4i}{3^i}$ konvergiert, da $\left| \frac{\frac{4(i+1)}{3^{i+1}}}{\frac{4i}{3^i}} \right| = \frac{4(i+1)3^i}{3^{i+1} \cdot 4i} = \frac{i+1}{3i} \leq \frac{2}{3} < 1$ für alle $i \geq 1$.

2. Die Reihe $\sum\limits_{i=0}^{n} \frac{3^i}{4i}$ divergiert, da $\left| \frac{\frac{3^{i+1}}{4(i+1)}}{\frac{3^i}{4i}} \right| = \frac{3i}{i+1} = \frac{3}{1+\frac{1}{i}} \geq \frac{3}{2} > 1$ für alle $i \geq 1$.

Das Quotientenkriterium liefert sowohl ein hinreichendes Kriterium für die Konvergenz als auch ein hinreichendes Kriterium für die Divergenz einer Reihe mit von Null verschiedenen Gliedern a_i. Es reicht zu wissen, dass eine Zahl $q < 1$ existiert, so dass für die aufeinander folgenden Reihenglieder $|\frac{a_{i+1}}{a_i}| \leq q < 1$ gilt, um auf die Konvergenz der Reihe zu schließen. Andererseits reicht es zu wissen, dass für aufeinanderfolgende Reihenglieder $|\frac{a_{i+1}}{a_i}| \geq 1$ gilt, um auf die Divergenz der Reihe zu schließen.

Tatsächlich gilt in beiden Fällen ein noch stärkeres Kriterium. Ob eine Reihe konvergiert oder nicht, hängt nicht von den ersten Reihengliedern ab. Es genügt, die Reihenglieder a_i erst ab einem gewissen Index i_0 zu untersuchen. Sind die oben genannten Bedingungen erst ab einem Index $i_0 \in \mathbb{N}$ erfüllt, dürfen wir trotzdem auf Konvergenz bzw. Divergenz schließen.

Beispiele

1. Die Reihe $\sum_{i=0}^{n} (\frac{6}{7})^i \cdot 4i$ konvergiert, da $\left| \frac{(\frac{6}{7})^{i+1} \cdot 4(i+1)}{(\frac{6}{7})^i \cdot 4i} \right| = \frac{6}{7} \cdot \frac{i+1}{i} \leq \frac{48}{49} < 1$ für alle $i \geq 7$.

2. Die Reihe $\sum_{i=0}^{n} (\frac{7}{6})^i \cdot \frac{1}{4i}$ divergiert, da $\left| \frac{(\frac{7}{6})^{i+1} \cdot \frac{1}{4(i+1)}}{(\frac{7}{6})^i \cdot \frac{1}{4i}} \right| = \frac{7}{6} \cdot \frac{i}{i+1} \geq \frac{49}{48} > 1$ für alle $i \geq 7$.

Warnung. Wenn wir über eine Reihe $\sum_{i=0}^{n} a_i$ nur $|\frac{a_{i+1}}{a_i}| < 1$ für alle i wissen, können wir keine Aussage zum Konvergenzverhalten der Reihe machen. Die Reihe kann konvergieren oder divergieren. Ein Beispiel für eine solche divergente Reihe ist die harmonische Reihe $\sum_{i=1}^{n} \frac{1}{i}$. Sie erfüllt zwar $\left| \frac{\frac{1}{i+1}}{\frac{1}{i}} \right| = \frac{i}{i+1} < 1$ für alle i, konvergiert aber nicht.

3.3 Zusammenfassung

Folgen

- Eine *Folge reeller Zahlen* $a_1, a_2, a_3, \ldots$ wird mit $(a_n)_{n \in \mathbb{N}}$ bezeichnet. Ein einzelnes a_n nennt man das *n-te Folgenglied*.
- Eine Folge reeller Zahlen $(a_n)_{n \in \mathbb{N}}$ *konvergiert gegen einen Grenzwert* a, wenn für jede positive reelle Zahl $\varepsilon > 0$ eine natürliche Zahl $N(\varepsilon) \in \mathbb{N}$ existiert, so dass für alle $n \geq N(\varepsilon)$ gilt $|a_n - a| < \varepsilon$.
- Konvergiert eine Folge reeller Zahlen (a_n) gegen einen Grenzwert a, so schreiben wir $\lim_{n \to \infty} a_n = a$.
- Folgen, die gegen den Grenzwert 0 konvergieren, heißen auch *Nullfolgen*.
- Falls $|q| < 1$, so ist die Folge $(q^n)_{n \in \mathbb{N}}$ eine Nullfolge.
- Eine Folge, die nicht konvergiert, heißt *divergent*.
- Eine Folge (a_n) reeller Zahlen heißt *bestimmt divergent gegen* $+\infty$, wenn es für jede Zahl $c \in \mathbb{R}$ eine Zahl $N(c) \in \mathbb{R}$ gibt, so dass für alle $n \geq N(c)$ gilt $a_n > c$. Man schreibt in diesem Fall $\lim_{n \to \infty} a_n = \infty$.
- Analog heißt eine Folge (a_n) reeller Zahlen *bestimmt divergent gegen* $-\infty$, wenn es für jede Zahl $c \in \mathbb{R}$ eine Zahl $N(c) \in \mathbb{R}$ gibt, so dass für alle $n \geq N(c)$ gilt $a_n < c$. In diesem Fall schreibt man auch $\lim_{n \to \infty} a_n = -\infty$.
- Es seien (a_n), (b_n) zwei konvergente Folgen reeller Zahlen mit Grenzwerten $\lim_{n \to \infty} a_n = a$ und $\lim_{n \to \infty} b_n = b$. Sei außerdem $c \in \mathbb{R}$ eine reelle Zahl. Dann gilt
  - Die Summe $(a_n + b_n)$ ist konvergent mit Grenzwert $\lim_{n \to \infty} (a_n + b_n) = a + b$.
  - Die Differenz $(a_n - b_n)$ ist konvergent mit Grenzwert $\lim_{n \to \infty} (a_n - b_n) = a - b$.
  - Die Folge $(c \cdot a_n)$ ist konvergent mit Grenzwert $\lim_{n \to \infty} (c \cdot a_n) = ca$.
  - Das Produkt $(a_n \cdot b_n)$ ist konvergent mit Grenzwert $\lim_{n \to \infty} (a_n \cdot b_n) = a \cdot b$.

- Sind alle Folgenglieder b_n der Folge (b_n) ungleich Null und gilt zusätzlich $\lim\limits_{n \to \infty} (b_n) \neq 0$, so ist auch der Quotient $(\frac{a_n}{b_n})$ konvergent mit Grenzwert $\lim\limits_{n \to \infty} (\frac{a_n}{b_n}) = \frac{a}{b}$.

- Eine Folge reeller Zahlen (a_n) heißt *monoton wachsend*, wenn $a_{n+1} \geq a_n$ für alle $n \in \mathbb{N}$ gilt.

- Eine Folge reeller Zahlen (a_n) heißt *monoton fallend*, wenn $a_{n+1} \leq a_n$ für alle $n \in \mathbb{N}$ gilt.

- Eine Folge heißt *monoton*, wenn sie monoton wachsend oder monoton fallend ist.

- Eine Folge reeller Zahlen (a_n) heißt *nach oben beschränkt*, falls es eine reelle Zahl $C \in \mathbb{R}$ gibt, die größer als alle Folgenglieder ist, d. h. falls $a_n \leq C$ für alle $n \in \mathbb{N}$ gilt.

- Analog heißt eine Folge reeller Zahlen *nach unten beschränkt*, falls es eine reelle Zahl $c \in \mathbb{R}$ gibt, die kleiner ist als alle Folgenglieder, d. h. falls $a_n \geq c$ für alle $n \in \mathbb{N}$ gilt.

- Eine Folge heißt *beschränkt*, wenn sie nach oben *und* nach unten beschränkt ist.

- Jede konvergente Folge ist beschränkt.

- Jede beschränkte monotone Folge konvergiert.

Reihen

- Eine *Reihe* ist eine Folge s_n der Form $s_n = \sum\limits_{i=0}^{n} a_i$ mit einer Folge a_i.

- Eine Reihe heißt *konvergent*, wenn die Folge ihrer *Partialsummen* s_n konvergiert. In diesem Fall schreibt man

$$\sum_{i=0}^{\infty} a_i := \lim_{n \to \infty} \left(\sum_{i=0}^{n} a_i \right) = \lim_{n \to \infty} s_n \,.$$

- Ist eine Reihe $\sum\limits_{i=0}^{n} a_i$ konvergent, so ist die Folge (a_i) ihrer Reihenglieder eine Nullfolge.

- Es seien $\sum\limits_{i=0}^{n} a_i$, $\sum\limits_{i=0}^{n} b_i$ zwei konvergente Reihen mit Grenzwerten $\sum\limits_{i=0}^{\infty} a_i = a$ und $\sum\limits_{i=0}^{\infty} b_i = b$. Es sei außerdem $c \in \mathbb{R}$ eine reelle Zahl. Dann gilt

  - Die Reihe $\sum\limits_{i=0}^{n} (a_i + b_i)$ ist konvergent mit Grenzwert $\sum\limits_{i=0}^{\infty} (a_i + b_i) = a + b$.

  - Die Reihe $\sum\limits_{i=0}^{n} (a_i - b_i)$ ist konvergent mit Grenzwert $\sum\limits_{i=0}^{\infty} (a_i - b_i) = a - b$.

  - Die Reihe $\sum\limits_{i=0}^{n} (c \cdot a_i)$ ist konvergent mit Grenzwert $\sum\limits_{i=0}^{\infty} (c \cdot a_i) = c \cdot a$.

- Die geometrische Reihe $\sum\limits_{i=0}^{n} q^i$ konvergiert für $|q| < 1$ gegen den Grenzwert $\frac{1}{1-q}$. Für $|q| > 1$ ist die Reihe divergent.

- (Majorantenkriterium) Sei $\sum_{i=0}^{n} c_i$ eine konvergente Reihe mit Summanden $c_i > 0$. Ist $\sum_{i=0}^{n} a_i$ eine Reihe und gilt $|a_i| < c_i$ für alle i, so konvergiert $\sum_{i=0}^{n} a_i$ ebenfalls.

- (Quotientenkriterium) Sei $\sum_{i=0}^{n} a_i$ eine Reihe, wobei $a_i \neq 0$ für alle i. Wenn es eine Zahl $q < 1$ und ein $i_0 \in \mathbb{N}$ gibt, so dass

$$\left| \frac{a_{i+1}}{a_i} \right| \leq q < 1$$

für alle $i \geq i_0$ gilt, so konvergiert die Reihe $\sum_{i=0}^{n} a_i$.

Gibt es hingegen ein $i_0 \in \mathbb{N}$, so dass

$$\left| \frac{a_{i+1}}{a_i} \right| \geq 1$$

für alle $i \geq i_0$, so divergiert die Reihe $\sum_{i=0}^{n} a_i$.

3.4 Aufgaben

3.4.1 Kurztest

Kreuzen Sie die richtigen Antworten an:

1. In welchen Fällen konvergiert die Folge $(\frac{1}{a^n})_{n \in \mathbb{N}}$ mit $a \in \mathbb{R}$?
   (a) ☐ Wenn $a \geq 1$.
   (b) ☐ Wenn $|a| = 1$.
   (c) ☐ Wenn $|a| < 1$.
   (d) ☐ Wenn $a < -2$.
   (e) ☐ Wenn $a > 2$.
   (f) ☐ Wenn $a = 1$.
   (g) ☐ Wenn $|a| < \frac{1}{2}$.

2. Eine Folge, die bestimmt gegen $+\infty$ divergiert, ist
   (a) ☐ monoton fallend.
   (b) ☐ nicht beschränkt.

    (c) ☐ konvergent.

    (d) ☐ monoton wachsend.

3. Eine Folge ist beschränkt, wenn sie

    (a) ☐ nach oben beschränkt und nach unten beschränkt ist.

    (b) ☐ nach oben beschränkt oder nach unten beschränkt ist.

4. Eine Folge heißt monoton, wenn sie

    (a) ☐ monoton fallend und monoton wachsend ist.

    (b) ☐ monoton fallend oder monoton wachsend ist.

5. Die Folge $(\frac{1}{n^2})_{n \in \mathbb{N}}$ ist

    (a) ☐ beschränkt.

    (b) ☐ monoton.

    (c) ☐ konvergent.

6. Die Folge $((-1)^n \frac{1}{n^2})_{n \in \mathbb{N}}$ ist

    (a) ☐ beschränkt.

    (b) ☐ monoton.

    (c) ☐ konvergent.

7. In welchen Fällen konvergiert die Reihe $\sum\limits_{i=0}^{n} a^i$?

    (a) ☐ Wenn $a > 1$.

    (b) ☐ Wenn $|a| > 1$.

    (c) ☐ Wenn $a > 2$.

    (d) ☐ Wenn $a = 1$.

    (e) ☐ Wenn $a < \frac{1}{2}$.

    (f) ☐ Wenn $a \leq 1$.

    (g) ☐ Wenn $a < \frac{3}{4}$ und $a > -\frac{1}{2}$.

    (h) ☐ Wenn $a < 1$ und $a > -1$.

    (i) ☐ Wenn $a < \frac{3}{4}$ und $a > -2$.

    (j) ☐ Wenn $a = -1$.

    (k) ☐ Wenn $|a| \geq 1$.

    (l) ☐ Wenn $|a| \leq 1$.

    (m) ☐ Wenn $|a| < 1$.

3.4.2 Rechenaufgaben

1. Untersuchen Sie die Folgen $(x_n)_{n \in \mathbb{N}}$ auf Monotonie und Beschränktheit und entscheiden Sie, ob die Folgen konvergieren.

   (a) $x_n = \frac{1}{n}$

   (b) $x_n = \frac{n}{n^3+4}$

   (c) $x_n = \frac{4n}{2n^2-1}$

   (d) $x_n = \frac{4n}{2n^2-3}$

   (e) $x_n = 200\frac{(-1)^n}{n^4}$

   (f) $x_n = n^2 - 5$

   (g) $x_n = n^2 - 4n$

   (h) $x_n = n^2 - 2n$

   (i) $x_n = \frac{2^n}{n}$

   (j) $x_n = \frac{1}{2^n} + 4$

   (k) $x_n = \frac{1}{(-2)^n}$

   (l) $x_n = \frac{(-2)^n - 7n}{n}$

2. Bestimmen Sie die Grenzwerte der Folgen. Finden Sie außerdem zu jeder Folge eine natürliche Zahl n_0, so dass ab dem n_0-ten Folgenglied alle Folgenglieder einen Abstand zum Grenzwert haben, der kleiner als 10^{-3} ist.

   (a) $a_n = \frac{1}{n^2}$

   (b) $b_n = \frac{4n^2+8n-4}{n^2+7}$

   (c) $c_n = \frac{2^n+7}{3^n+4}$

3. Die folgenden Folgen sind rekursiv gegeben. Bestimmen Sie eine explizite Darstellung.

   (a) $\begin{aligned} a_1 &= 30 \\ a_{n+1} &= 5a_n \end{aligned}$

   (b) $\begin{aligned} a_1 &= 0 \\ a_{n+1} &= 5a_n \end{aligned}$

   (c) $\begin{aligned} a_1 &= 4 \\ a_{n+1} &= a_n + \frac{1}{3} \end{aligned}$

(d)
$$a_1 = 1$$
$$a_{n+1} = 5a_n + \frac{1}{3}$$

(e)
$$a_0 = 10^6$$
$$a_{n+1} = 75\% \cdot a_n + 8 \cdot 10^4$$

(f)
$$a_1 = 7$$
$$a_{n+1} = (a_n)^2$$

(g)
$$a_1 = 1$$
$$a_{n+1} = a_n \frac{n}{n+1}$$

(h)
$$a_1 = 1$$
$$a_{n+1} = a_n + 3^n$$

(i)
$$a_1 = 1$$
$$a_{n+1} = a_n(n+1)$$

(j)
$$a_1 = a_2 = 2$$
$$a_{n+2} = a_n \cdot a_{n+1}$$

(Tipp: Denken Sie an eine berühmte Zahlenfolge.)

4. Wir betrachten die Zahlenfolge, die durch $a_{n+1} = |a_n - 1|$ gegeben ist, für verschiedene Startwerte a_0. Ermitteln Sie eine explizite Darstellung der Folge und entscheiden Sie, ob die Folge konvergiert. (Zusatz: Für welche Startwerte a_0 konvergiert die Folge?)

(a) $a_0 = 0$

(b) $a_0 = 1$

(c) $a_0 = 7$

(d) $a_0 = -4$

(e) $a_0 = 0{,}3$

(f) $a_0 = -0{,}6$

(g) $a_0 = 4{,}3$

(h) $a_0 = -2{,}6$

(i) $a_0 = 0{,}5$

(j) $a_0 = -0{,}5$

(k) $a_0 = 3{,}5$

(l) $a_0 = -2{,}5$

5. Die folgenden Folgen beschreiben Wachstums- bzw. Zerfallsprozesse. Entscheiden Sie, ob es sich um einen Wachstums- oder Zerfallsprozess handelt. Wenn ja, ist das Wachstum bzw. der Zerfall linear oder exponentiell?

(a) $a_n = 7(\frac{5}{3})^n$

(b) $a_n = 20(\frac{4}{13})^{n+1}$

(c) $a_n = 7(-\frac{5}{3})^n$

(d) $a_n = 12(\frac{2}{25})^{n^2}$

(e) $a_n = 28(-\frac{15}{94})^{2n}$

(f) $a_n = 17(-\frac{3}{5})^{3n+4}$

(g) $a_n = 12n^2 + 4$

(h) $a_n = 12(n+3) + 8$

(i) $a_n = \frac{n^2-1}{n+1}$

Wie sieht die Antwort für diese rekursiv gegebenen Folgen aus?

(j) $\quad \begin{aligned} a_1 &= 12 \\ a_{n+1} &= a_n + 4 \end{aligned}$

(k) $\quad \begin{aligned} a_1 &= 5 \\ a_{n+1} &= a_n - 4 \end{aligned}$

(l) $\quad \begin{aligned} a_0 &= 0 \\ a_{n+1} &= a_n + \frac{1}{4} \end{aligned}$

(m) $\quad \begin{aligned} a_1 &= 1 \\ a_{n+1} &= a_n - \frac{1}{4} \end{aligned}$

(n) $\quad \begin{aligned} a_1 &= 2 \cdot 10^3 \\ a_{n+1} &= 4a_n \end{aligned}$

(o) $\quad \begin{aligned} a_1 &= 11 \\ a_{n+1} &= -4a_n \end{aligned}$

(p) $\quad \begin{aligned} a_1 &= 256 \\ a_{n+1} &= \frac{1}{4}a_n \end{aligned}$

(q) $\quad \begin{aligned} a_1 &= 256 \\ a_{n+1} &= \left(-\frac{1}{4}\right)a_n \end{aligned}$

6. Untersuchen Sie die Folgen auf Konvergenz und bestimmen Sie gegebenenfalls den Grenzwert.

(a) $x_n = \dfrac{1}{n+1}$

(b) $y_n = \dfrac{n+1}{n}$

(c) $z_n = \dfrac{4n^2+n+1}{n^2-1}$

(d) $a_n = \dfrac{7n}{2n-1} - \dfrac{4n^2-1}{5-3n^2}$

(e) $b_n = \dfrac{2n^2}{n+2} - \dfrac{n^2(2n-1)}{n^2+1}$

(f) $c_n = \dfrac{2n^3+1}{n^2-5}$

(g) $d_n = \dfrac{n^2-5}{2n^3+1}$

(h) $h_n = \dfrac{(-1)^n}{n+1}$

(i) $f_n = (-1)^n \dfrac{n+2}{n+3}$

(j) $u_n = \dfrac{6n^2+(-1)^n \cdot 3n - 1}{(n+4)^2}$

(k) $v_n = \dfrac{(-1)^n \cdot 6n^2 + 3n - 1}{(n+4)^2}$

(l) $w_n = \dfrac{5 \cdot 8^n + 2^n + 4}{3 \cdot 8^n + 5 \cdot (-6)^n}$

7. Untersuchen Sie die folgenden Reihen auf Konvergenz und bestimmen Sie gegebenenfalls den Grenzwert:

(a) $\displaystyle\sum_{i=0}^{n} \left(\tfrac{3}{5}\right)^i$

(b) $\displaystyle\sum_{i=1}^{n} \left(\tfrac{3}{5}\right)^i$

(c) $\displaystyle\sum_{i=0}^{n} \left(\tfrac{5}{3}\right)^i$

(d) $\displaystyle\sum_{n=0}^{n} \left(\tfrac{-4}{7}\right)^n$

(e) $\sum\limits_{n=0}^{n} (\frac{-7}{4})^n$

(f) $\sum\limits_{n=0}^{n} \frac{7 \cdot 3^n}{5^n \cdot 8}$

(g) $\sum\limits_{n=0}^{n} \frac{3^n}{5^n + 1}$

(h) $\sum\limits_{n=0}^{n} (1 + \frac{1}{n})$

(i) $\sum\limits_{n=1}^{n} (\frac{1}{n} - \frac{1}{n+1})$

8. Untersuchen Sie die folgenden Reihen auf Konvergenz:

(a) $\sum\limits_{i=0}^{n} (\frac{1}{3})^{i+1}$

(b) $\sum\limits_{i=1}^{n} (\frac{1}{3i^2})^i$

(c) $\sum\limits_{i=1}^{n} \frac{1}{3^i} \cdot \frac{1}{i}$

(d) $\sum\limits_{i=0}^{n} \frac{1}{2}$

(e) $\sum\limits_{i=0}^{n} (\frac{1}{2})^i$

(f) $\sum\limits_{i=0}^{n} \frac{i}{100}$

(g) $\sum\limits_{i=0}^{n} (\frac{i}{100})^i$

(h) $\sum\limits_{i=0}^{n} (\frac{3}{4} - \frac{1}{2^i})^i$

(i) $\sum\limits_{i=1}^{n} (\frac{3}{4} - \frac{1}{i})^i$

(j) $\sum\limits_{i=1}^{n} (\frac{3}{4} + \frac{1}{i})^i$

(k) $\sum\limits_{i=1}^{n} (\frac{i^2 - 3i}{5i^2})^i$

(l) $\sum\limits_{i=1}^{n} \frac{i^2 + 4i}{5i^2}$

9. Wir wollen zeigen, dass die Reihe $\sum\limits_{i=1}^{n} \frac{1}{i^2}$ konvergiert. Lösen Sie dazu die folgenden Teilaufgaben:

    (a) Zeigen Sie, dass die Reihe $\sum\limits_{i=1}^{n} (\frac{1}{i} - \frac{1}{i+1})$ konvergiert.

    (b) Stellen Sie fest, dass diese Reihe mit $\sum\limits_{i=1}^{n} \frac{1}{i^2+i}$ übereinstimmt.

    (c) Folgern Sie daraus die Konvergenz der Reihe $\sum\limits_{i=1}^{n} \frac{1}{2i^2}$. Warum sind wir fertig?

10. Untersuchen Sie die folgenden Reihen auf Konvergenz:

    (a) $\sum\limits_{i=0}^{n} \frac{i^2+4i+1}{5^i}$

    (b) $\sum\limits_{i=0}^{n} \frac{i^2+4i+1}{(\frac{1}{5})^i}$

    (c) $\sum\limits_{i=0}^{n} \frac{5^i}{i^2+4i+1}$

    (d) $\sum\limits_{i=0}^{n} \frac{(\frac{1}{5})^i}{i^2+4i+1}$

    (e) $\sum\limits_{i=0}^{n} \frac{i^2+4i+1}{(-5)^i}$

    (f) $\sum\limits_{i=0}^{n} \frac{i^2+4i+1}{(-\frac{1}{5})^i}$

    (g) $\sum\limits_{i=0}^{n} \frac{(-5)^i}{i^2+4i+1}$

    (h) $\sum\limits_{i=0}^{n} \frac{(-\frac{1}{5})^i}{i^2+4i+1}$

11. (a) Finden Sie zwei verschiedene Wege, die Konvergenz der Reihe $\sum\limits_{i=0}^{n} \frac{2^i+5}{3^i}$ nachzuweisen.

    (b) Bestimmen Sie den Grenzwert der Reihe $\sum\limits_{i=0}^{n} \frac{2^i+5}{3^i}$.

    (c) Konvergiert die Reihe $\sum\limits_{i=0}^{n} \frac{3^i+5}{2^i}$?

12. Wir definieren für $n \in \mathbb{N}$ den Wert $n!$ (sprich: n *Fakultät*) als das Produkt

$$n! := 1 \cdot 2 \cdot 3 \cdots \cdots n .$$

    Zeigen Sie

    (a) Die Reihe $\sum\limits_{i=0}^{n} \frac{2^i}{i!}$ konvergiert.

(b) Die Reihe $\sum\limits_{i=0}^{n} \frac{a^i}{i!}$ konvergiert für jede reelle Zahl $a \in \mathbb{R}$.

Bemerkung: Diese Reihe definiert die *Exponentialfunktion* an der Stelle $a \in \mathbb{R}$.

3.4.3 Anwendungsaufgaben

1. In einem Experiment bestimmen Sie in regelmäßigen Zeitabständen die Masse einer Bakterienpopulation.

   (a) In der ersten Messung erhalten Sie eine Masse a_1 von 0 Gramm, in der zweiten Messung eine Masse a_2 von $\frac{1}{3}$ Gramm, in der dritten Messung eine Masse a_3 von $\frac{2}{4}$ Gramm, in der vierten Messung eine Masse von $\frac{3}{5}$ Gramm, in der fünften Messung eine Masse a_5 von $\frac{4}{6}$ Gramm, in der sechsten $a_6 = \frac{5}{7}$ Gramm usw. Können Sie eine Hypothese für die zu erwartende Masse in der n-ten Messung für eine beliebige Zahl $n \in \mathbb{N}$ aufstellen?

   (b) Angenommen, Ihr Experiment bestätigt Ihre Hypothese, wie sieht langfristig die Masse der Bakterienpopulation aus? Wird sie in jedem Schritt wachsen? Gibt es mathematisch eine Obergrenze für ihr Wachstum?

2. (a) In einem Experiment bestimmen Sie erneut in regelmäßigen Zeitabständen die Masse einer weiteren Bakterienpopulation und finden näherungsweise die Formel $a_n = \frac{n-3}{n+2}$ Gramm für die Masse der Bakterienpopulation in der n-ten Messung. Wie verhält sich diese Population langfristig? Wird sie in jedem Schritt wachsen? Gibt es hier eine Obergrenze?

   (b) Durch Ändern der Rahmenbedingungen ihres Experimentes stellen Sie fest, dass sich dadurch sowohl die Zahl -3 im Zähler als auch die Zahl 2 im Nenner der Formel $a_n = \frac{n-3}{n+2}$ verändern, d. h. die neue Formel ist $a_n = \frac{n+r}{n+s}$ mit reellen Zahlen $r, s \in \mathbb{R}$. Wie müssen r und s gewählt sein, damit die Masse der Bakterienpopulation in jedem Schritt wächst?

3. In einem Ameisenstaat mit einer Ausgangspopulation von 30.000 Ameisen sterben pro Woche ungefähr 5 Prozent, jedoch kommen im gleichen Zeitraum ungefähr 1000 junge Ameisen hinzu.

   (a) Wie groß ist der Ameisenstaat ungefähr nach einer Woche?

   (b) Aus wie vielen Individuen besteht die Ameisenpopulation ungefähr nach 2, 3 bzw. 5 Wochen?

   (c) Stellen Sie eine Hypothese für die zu erwartende Anzahl von Ameisen in der Population nach $n \in \mathbb{N}$ Wochen auf.

   (d) Wie sieht (zumindest rein mathematisch gesehen) die langfristige Entwicklung der Ameisenpopulation aus? Wächst sie? Stirbt sie aus? Bleibt die Anzahl der Ameisen konstant?

4. E. Coli Bakterien kommen natürlicherweise im Darm vor. In anderen Organen können sie jedoch Krankheiten auslösen. Wir betrachten deshalb modellhaft eine Kultur von

anfänglich 10^2 Bakterien. Diese verdoppeln sich bei einer Körpertemperatur von $37\,°\text{C}$ alle 30 Minuten.

(a) Ermitteln Sie eine Formel für die Anzahl der vorhandenen Bakterien nach m Stunden (mit $m \in \mathbb{N}$).

(b) Um die Gabe eines Antibiotikums zu modellieren, gehen wir davon aus, dass nach jeweils einer Stunde b Bakterien getötet werden, wobei hier b eine positive reelle Zahl ist. Ermitteln Sie auch hier eine Formel für die Anzahl a_m der vorhandenen Bakterien nach m Stunden.

(c) Welchen Wert muss b haben, damit die Anzahl der Bakterien nach zehn Stunden ungefähr 10^6 beträgt?

5. Angenommen, die Erdölvorräte würden bei konstantem Verbrauch noch 50 Jahre reichen. Ein Mathematiker schlägt vor, im aktuellen Jahr genauso viel Erdöl zu verbrauchen wie bereits eingeplant und ab dann den Verbrauch an Erdöl jedes Jahr auf einen konstanten Prozentsatz des Vorjahresverbrauchs zu reduzieren. Um wie viel Prozent müsste man den jährlichen Verbrauch pro Jahr verringern, damit die Erdölvorräte für immer reichen?

Funktionen

Einleitendes Beispiel 4.1

Eine Biologin fertigt Messreihen zu folgenden Themen an:

1. Wachstum der Baldachinspinne Linyphia triangularis in Abhängigkeit der pro Tag aufgenommenen Nahrung[1]
2. Anzahl an Paaren des Weißkopfnoddis (Anous minutus, einer Vogelart) auf Heron Island zwischen 1880 und 2000[2]

Ihre Untersuchungsergebnisse könnten in etwa wie in Abb. 4.1 und 4.2 dargestellt aussehen.

Für beide Beispiele ist eine Formel gesucht, die die in den gemessenen Ergebnissen gefundenen Abhängigkeiten widerspiegelt. Die gesuchte Formel soll jeweils Aufschluss über weitere, nicht gemessene Daten geben. Wie kann so eine Formel für jeweils eine der Messreihen aussehen?

Einleitendes Beispiel 4.2

Nach neueren Erkenntnissen haben viele Pflanzen eine „innere Uhr": Durch Photorezeptoren registrieren sie täglich, wie lang der Tag hell ist, und können anhand dessen bestimmen, in welcher Jahreszeit sie sich befinden und wann der günstigste Zeitpunkt für ihre Blüte ist[3].

Die Langtagpflanze Arabidopsis (*Ackerschmalwand*, siehe Abb. 4.3) beginnt zu blühen, sobald es länger als 16 Stunden pro Tag hell ist. Wir wissen, dass der 21. Juni der längste Tag und der 21. Dezember der kürzeste Tag eines Jahres ist. Nach dem 21. Juni werden die Tage immer kürzer, nach dem 21. Dezember dann wieder länger. An welchem Tag im Jahr beginnt die Ackerschmalwand zum Beispiel in Göttingen zu blühen?

---

[1] Begon, M., Harper, J., Townsend, C.: *Ökologie* S. 219
[2] Begon, M., Harper, J., Townsend, C.: *Ökologie* S. 93
[3] D. Staiger: „Am Puls des Lebens", BIOforum 28, S. 53–55

A. Eickhoff-Schachtebeck, A. Schöbel, *Mathematik in der Biologie*,
DOI 10.1007/978-3-642-41844-0_4, © Springer-Verlag Berlin Heidelberg 2014

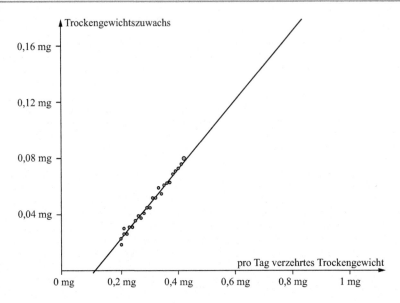

Abb. 4.1 Wachstum der Baldachinspinne Linyphia triangularis

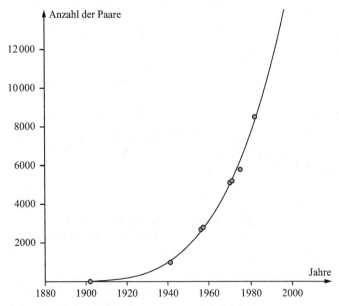

Abb. 4.2 Anzahl an Paaren des Weißkopfnoddis auf Heron Island

---

Einleitendes Beispiel 4.3

In einem Nährmedium vermehrt sich eine Bakterienart pro Stunde um 50 Prozent. Am Anfang sind es 1000 Bakterien. Wie viele Bakterien sind es nach 4,7 Stunden? Ab wann sind es über eine Million Bakterien?

Abb. 4.3 Arabidopsis

Das erste Problem führt zur Definition von Funktionen. Die Probleme 2 und 3 führen zu speziellen Funktionen, den sogenannten trigonometrischen Funktionen und der Exponentialfunktion.

▶ **Ziel:** Einführung von Funktionen und ihren Eigenschaften.

4.1 Der Begriff der Funktion

Schauen wir uns zunächst die Messreihen aus dem einleitenden Beispiel 4.1 genauer an. Gesucht ist für jede Messreihe eine Formel, mit deren Hilfe wir das Verhalten der Messdaten vorhersagen können. Eine solche Formel ist eine *Funktion*. Funktionen sind spezielle Abbildungen (siehe Abschn. 1.5):

Definition

Eine *Funktion* ist eine Abbildung $f : D \to \mathbb{R}$, wobei D eine Teilmenge der reellen Zahlen ist. Die Funktion f ordnet also jeder reellen Zahl aus D eine reelle Zahl zu.

Die Menge D heißt *Definitionsbereich* der Funktion f, die Menge $\mathbb{R}$ ist in diesem Fall der sogenannte *Wertebereich* der Funktion f. Manchmal erlaubt man als mögliche Funktionswerte auch nur eine Teilmenge $Y \subset \mathbb{R}$. Dann schreibt man $f : D \to Y$, in diesem Fall ist dann die Teilmenge Y der Wertebereich der Funktion.

Wie bei Abbildungen auch muss nicht jeder Wert aus $\mathbb{R}$ tatsächlich als Funktionswert vorkommen. Man definiert daher analog $f(D)$ als das Bild der Menge D unter der Funktion f und bezeichnet $f(D)$ auch als *Bildbereich* der Funktion f. Der Bildbereich enthält also die Werte, die tatsächlich als Funktionswerte $f(x)$ vorkommen.

Die Messreihen aus dem einleitenden Beispiel 4.1 sind in den Abb. 4.1 und 4.2 grafisch dargestellt. Allgemein definiert man:

Definition

Der *Graph einer Funktion* oder auch *Funktionsgraph* $f : D \to \mathbb{R}$ ist definiert als die Menge

$$\{(x, f(x)) \mid x \in D\}.$$

Man trägt also die Punkte $(x, f(x))$ in ein Koordinatensystem ein.

Besondere Punkte eines Graphen sind seine Schnittpunkte mit den Koordinatenachsen, also der Punkt $(0, f(0))$ und die Menge der Punkte $\{(x, f(x)) : f(x) = 0\}$. Diese Menge kann leer sein, wenn der Graph die x-Achse nicht schneidet.

Definition

Sei $f : D \to R$ eine Funktion. $x \in D$ mit $f(x) = 0$ wird *Nullstelle* von f genannt.

4.2 Spezielle Funktionen

4.2.1 Lineare Funktionen

Für reelle Zahlen $m, b \in \mathbb{R}$ nennt man eine Funktion $f : \mathbb{R} \to \mathbb{R}$ mit

$$f(x) = mx + b$$

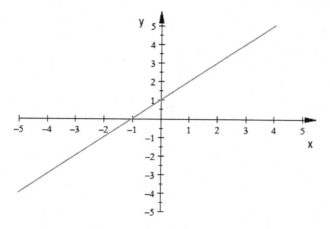

Abb. 4.4 Graph der linearen Funktion $f(x) = x + 1$

eine *lineare Funktion*. Hierbei ist m die *Steigung* der Funktion, b bezeichnet den *y-Achsenabschnitt*.

Beispiel

Die Abbildung $f : \mathbb{R} \to \mathbb{R}$ mit $f(x) = x + 1$ ist eine lineare Funktion. Ihr Definitionsbereich und ihr Wertebereich ist $\mathbb{R}$. Da jede reelle Zahl als $x + 1$ dargestellt werden kann, ist der Bildbereich von f gleich der gesamten Menge $\mathbb{R}$ der reellen Zahlen. Der Graph der Funktion $f(x) = x + 1$ ist in Abb. 4.4 dargestellt.

4.2.2 Konstante Funktionen

Lineare Funktionen mit einer Steigung von $m = 0$ bezeichnet man als konstante Funktionen. Die Funktionsgleichung einer konstanten Funktion $f : \mathbb{R} \to \mathbb{R}$ ist also gegeben durch

$$f(x) = b$$

für ein $b \in \mathbb{R}$.

Beispiel

Die Abbildung $f : \mathbb{R} \to \mathbb{R}$ mit $f(x) = 5$ ist eine konstante Funktion; sie bildet jede reelle Zahl x auf die Zahl 5 ab. Der Definitionsbereich von f ist die gesamte Menge $\mathbb{R}$. Genauso ist der Wertebereich von f die gesamte Menge $\mathbb{R}$. Der Bildbereich der Funktion f enthält jedoch nur die Zahl 5. Wir könnten in diesem Beispiel den Wertebereich verkleinern. Zum Beispiel definiert $f : \mathbb{R} \to [0, 10]$ mit $f(x) = 5$ die gleiche Funktion. Der Graph dieser konstanten Beispielfunktion ist in Abb. 4.5 dargestellt.

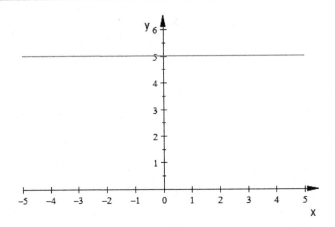

Abb. 4.5 Graph der konstanten Funktion $f(x) = 5$

4.2.3 Polynomfunktionen

Ist n eine natürliche Zahl, so nennt man eine Funktion $f : \mathbb{R} \to \mathbb{R}$ der Form

$$f(x) = a_n x^n + a_{n-1} x^{n-1} + \ldots + a_0$$

eine *Polynomfunktion vom Grad n*.

Beispiel

Die Abbildung $f : \mathbb{R} \to \mathbb{R}$ mit $f(x) = x^2 + 2x$ ist eine Polynomfunktion vom Grad 2. Der Definitionsbereich dieser Funktion ist die Menge aller reellen Zahlen $\mathbb{R}$. Eine erste Vermutung für den Bildbereich können wir an dem in Abb. 4.6 dargestellten Graphen der Funktion ablesen: Er besteht aus allen reellen Zahlen, die größer oder gleich -1 sind. Theoretisch könnte dieses Bild täuschen, denn die Abbildung stellt nur einen Teil des Graphen dar (zum Beispiel sehen wir nicht, wie er für $x \geq 6$ verläuft). Wir können unsere Vermutung jedoch auch mathematisch begründen: Die Funktionswerte der Funktion $f(x) = x^2 + 2x = x(x + 2)$ sind positiv, wenn sowohl x als auch $x + 2$ positiv sind, oder wenn beide Werte negativ sind. Dies ist der Fall, wenn $x \geq 0$ ist oder $x \leq -2$ gilt. Dadurch kommen bereits alle positiven Zahlen als Bildpunkte der Funktion f vor. Liegt x zwischen -2 und 0, so ist $-1 \leq f(x) \leq 0$.

Wir werden später mithilfe der Kurvendiskussion eine einfache Methode kennenlernen, mit deren Hilfe der Bildbereich einer Funktion berechnet werden kann.

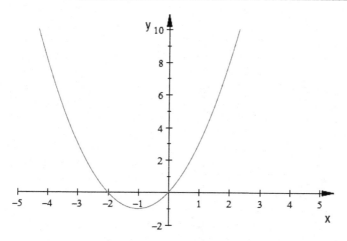

Abb. 4.6 Graph der Polynomfunktion $f(x) = x^2 + 2x$

4.2.4 Zusammengesetzte Funktionen

Funktionen können auch abschnittsweise definiert werden. Zum Beispiel ist die Abbildung $f : \mathbb{R} \to \mathbb{R}$ mit

$$f(x) = \begin{cases} 5 & \text{falls } x < 0 \\ x - 4 & \text{falls } x \geq 0 \end{cases}$$

auch eine Funktion, ihr Graph ist in Abb. 4.7 dargestellt. Der Definitionsbereich ist $\mathbb{R}$, der Bildbereich die Menge $\{x : x \geq -4\}$.

4.2.5 Rationale Funktionen

Sind allgemein $P : \mathbb{R} \to \mathbb{R}$ und $Q : \mathbb{R} \to \mathbb{R}$ zwei Polynomfunktionen, so kann man eine neue Funktion $f : D \to \mathbb{R}$ definieren als

$$f(x) = \frac{P(x)}{Q(x)},$$

d. h. als Quotient der beiden Polynomfunktionen. Eine solche Funktion nennt man eine *rationale Funktion*. Der Definitionsbereich D dieser Funktion ist die Menge aller reellen Zahlen außer den Nullstellen des Polynoms Q im Nenner.

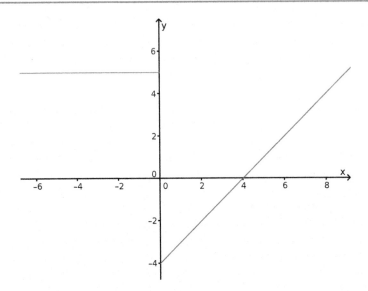

Abb. 4.7 Graph einer abschnittsweise definierten Funktion

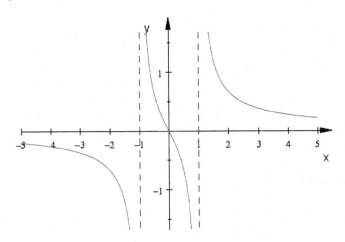

Abb. 4.8 Graph der rationalen Funktion $f(x) = \frac{x}{x^2-1}$

Beispiel

Die Abbildung $f : \mathbb{R}\setminus\{1,-1\} \to \mathbb{R}$ mit $f(x) = \frac{x}{x^2-1}$ ist eine rationale Funktion. Der Definitionsbereich dieser Funktion ist die Menge aller reellen Zahlen außer der 1 und der -1, dies schreibt man als $\mathbb{R}\setminus\{1,-1\}$. Für $x = 1$ und für $x = -1$ gilt nämlich, dass $Q(x) = x^2 - 1 = 0$ ist, also ist $f(x) = \frac{x}{x^2-1}$ für $x = 1$ und $x = -1$ nicht definiert. Die Funktion hat an diesen Punkten sogenannte *Polstellen*. Der Graph der Funktion f besteht entsprechend aus drei Teilstücken, die in Abb. 4.8 dargestellt sind.

Anwendung: Messreihen über die Baldachinspinne und den Weißkopfnoddis
Kommen wir nun zum einleitenden Beispiel 4.1 vom Anfang des Kapitels zurück. Wir
suchen jeweils eine Funktion, die die gemessenen Zusammenhänge beschreibt. Diese Zusammenhänge sind in den Abb. 4.1 und 4.2 dargestellt. Die Abbildungen sind somit die
Graphen der gesuchten Funktionen.

1. In Abb. 4.1 befinden sich die Messdaten annähernd auf einer Geraden. Das bedeutet,
   dass die Funktion, die einem pro Tag verzehrten Trockengewicht in mg den zugehörigen Trockengewichtszuwachs in mg einer Baldachinspinne pro Tag zuordnet, eine
   lineare Funktion ist. Der Definitionsbereich dieser Funktion liegt ungefähr zwischen
   0,1 und 0,6. Würde eine Spinne deutlich weniger als 0,1 mg oder deutlich mehr als
   0,6 mg Trockengewicht pro Tag fressen, so würde sie sterben. Weniger als 0 mg kann
   sie nicht fressen, so dass der Definitionsbereich in jedem Fall nur reelle Zahlen größer
   oder gleich Null enthalten kann. Ähnlich verhält es sich mit dem Bildbereich: Der Trockengewichtszuwachs pro Tag kann zwar negativ, jedoch nicht kleiner als das negative
   Gewicht der Spinne selbst sein.
   Eine mögliche Funktion, die das Wachstum der Baldachinspinne in Abhängigkeit der
   pro Tag verzehrten Trockengewichtsmenge darstellt, ist die lineare Funktion

$$f : [0, 1] \to [-1, 1]$$

mit

$$f(x) = 0{,}25x - 0{,}03.$$

   Wir haben die Formel für diese Funktion an ihrem Graphen abgelesen: Der Funktionswert von 0,2 ist ungefähr 0,02, der Funktionswert von 0,4 ist ungefähr 0,07, damit ist
   die Steigung der Geraden gleich

$$\frac{\text{Differenz der } y\text{-Werte}}{\text{Differenz der } x\text{-Werte}} = \frac{0{,}07 - 0{,}02}{0{,}4 - 0{,}2} = 0{,}25.$$

   Die Gerade schneidet die y-Achse ungefähr im Wert 0,03, so dass wir insgesamt die
   Geradengleichung $f(x) = 0{,}25x - 0{,}03$ erhalten.
2. Eine Funktion für den in Abb. 4.2 dargestellten Graphen zu finden ist etwas schwieriger. Eine erste Näherung könnte hier eine Polynomfunktion vom Grad vier, zum
   Beispiel die Funktion $f(x) = \frac{1}{1296}(x - 1880)^4 + 2$ sein. Das Vorgehen ist hier oft so,
   dass man von einem schon bekannten Graphen, in diesem Beispiel dem Graphen der
   Funktion $g(x) = x^4$, ausgeht und diesen so verändert, dass der neue Graph mit dem
   gesuchten Graphen ungefähr übereinstimmt. Anhand der gemessenen Daten kann man
   dann die so erhaltene Funktion überprüfen und gegebenenfalls noch weiter verbessern.

Ob die (geratenen) Funktionen tatsächlich jeweils ein gutes mathematisches Modell für
die biologischen Daten sind, muss meistens durch weitere Messreihen überprüft werden.

Hat man ein verlässliches Modell gefunden, so kann man die hergeleitete Formel nutzen, um die Funktionswerte von bisher nicht gemessenen Werten abzuschätzen, oder um allgemeine Eigenschaften der Messreihe zu bestimmen.

4.3 Verkettung von Funktionen und Umkehrfunktionen

Manchmal möchte man zwei Funktionen $f : D \to \mathbb{R}$ und $g : D' \to \mathbb{R}$ direkt nacheinander ausführen und damit eine neue Funktion $h : D \to \mathbb{R}$ definieren. Diese Hintereinanderausführung wird *Verkettung* genannt, die neue Funktion heißt *Komposition*. Die genaue Definition hierzu ist die folgende.

Definition
Seien $f : D \to \mathbb{R}$ und $g : D' \to \mathbb{R}$ zwei Funktionen und sei $f(D) \subseteq D'$, also der Bildbereich der Funktion f enthalten im Definitionsbereich der Funktion g. Dann ist die *Komposition* $h := g \circ f$ definiert als die Funktion $h : D \to \mathbb{R}$, die durch

$$h(x) = g(f(x))$$

für alle $x \in D$ definiert ist.

Beispiele
1. Sei $f : \mathbb{R} \to \mathbb{R}$ gegeben mit $f(x) = x + 1$ und $g : \mathbb{R} \to \mathbb{R}$ mit $g(x) = x^2 + 2x$. Dann ist die Komposition $h = g \circ f$ definiert als die Funktion $h : \mathbb{R} \to \mathbb{R}$ mit $h(x) = x^2 + 4x + 3$, denn es gilt $g(f(x)) = g(x + 1) = (x + 1)^2 + 2(x + 1) = x^2 + 4x + 3$. Da wir in diesem Fall in g lediglich x durch $x + 1$ ersetzt haben, ist der Graph der verketteten Funktion h der um 1 nach links verschobene Graph der Funktion g, siehe Abb. 4.9.
2. Sei $f : \mathbb{R} \to \mathbb{R}$ gegeben durch

$$f(x) = \begin{cases} 2 & \text{falls } x < 0 \\ -3 & \text{falls } x \geq 0 \end{cases}$$

und $g : \mathbb{R} \setminus \{-1, 1\} \to \mathbb{R}$ mit $g(x) = \dfrac{x}{x + 1}$. Dann ist die verkettete Funktion $h = g \circ f$ definiert als

$$h(x) = \begin{cases} \frac{2}{3} & \text{falls } x < 0 \\ \frac{3}{2} & \text{falls } x \geq 0 \end{cases}.$$

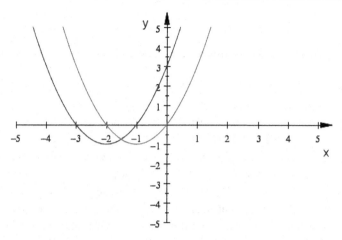

Abb. 4.9 Graph der Kompositionsabbildung $h(x) = g(f(x))$ mit $g(x) = x^2 + 2x$ und $f(x) = x + 1$. Der Graph von h ist hierbei rot gekennzeichnet, der Graph von g blau

---

Anwendungsbeispiele

- Eine Funktion $K(t)$ gibt an, wie hoch die Heizkosten an einem Tag abhängig von der Durchschnittstemperatur an diesem Tag sind. Nach dem langjährigen Kalender kann man die Durchschnittstemperatur $t(n)$ für Tag n im Jahr schätzen. Um herauszufinden, mit welchen Heizkosten man an einem Tag n im Jahr rechnen muss, werden die beiden Funktionen verkettet und man erhält

$$\text{erwartete Heizkosten an Tag } n = K(t(n)) = (K \circ t)(n).$$

- Der Ertrag pro Quadratmeter eines Weizenfeldes ist abhängig von der Niederschlagsmenge N auf dem Feld, also gegeben durch eine Ertragsfunktion $E(N)$. Die durchschnittliche Niederschlagsmenge pro Jahr $N(f)$ ist für mögliche zu kaufende Felder f bekannt und wird durch eine Funktion $N(f)$ beschrieben. Der Ertrag pro Quadratmeter eines Feldes f ergibt sich damit aus der Verkettung der Funktionen E und N durch

$$\text{Ertrag auf Feld } f = E(N(f)) = (E \circ N)(f)$$

- Die optimale Dosierung eines Medikamentes für Kleinkinder ist abhängig von dem Körpergewicht G des Patienten und wird durch die Funktion $D(G)$ beschrieben. Die Marketingabteilung des Pharmakonzerns empfiehlt jedoch eine Dosierung abhängig vom Alter des Kindes. Das durchschnittliche Gewicht eines m-Monate alten Kleinkindes wird durch die Funktion $G(m)$ beschrieben. Dann ist die Dosierung für ein m Monate altes Kleinkind ungefähr definiert durch die Verkettung der Funktionen

D und G:

Dosierung für ein m Monate altes Kind $= D(G(m)) = (D \circ G)(m)$.

Wie für Abbildungen (siehe Abschn. 1.5) kann man auch für Funktionen die Begriffe injektiv, surjektiv und bijektiv definieren.

Eine Funktion $f : D \to \mathbb{R}$ heißt *injektiv*, wenn für alle $x, x' \in D$ mit $x \neq x'$ gilt, dass $f(x)$ und $f(x')$ verschieden sind. f heißt *surjektiv*, falls es für jedes $y \in \mathbb{R}$ ein $x \in X$ mit $f(x) = y$ gibt, falls also der Wertebereich von f gleichzeitig der Bildbereich von f ist. f heißt *bijektiv*, falls f sowohl injektiv als auch surjektiv ist.

Die meisten Funktionen $f : D \to \mathbb{R}$ sind nicht surjektiv, da oft nicht alle reellen Zahlen als Bilder vorkommen. Man kann eine Funktion aber surjektiv machen, indem man ihren Wertebereich einfach auf ihren Bildbereich einschränkt: Die Funktion

$$f : D \to f(D)$$

ist per Definition immer surjektiv! Das ist eine wichtige Überlegung, um *Umkehrfunktionen* definieren zu können. Ist die Funktion $f : D \to f(D)$ nämlich injektiv, so ist sie bijektiv und besitzt auf ihrem Wertebereich eine Umkehrfunktion.

Definition
Sei $f : D \to Y$ eine bijektive Funktion; es gilt also $Y = f(D)$. Dann ist die *Umkehrfunktion* $g : Y \to X$ von f definiert als die Funktion g, für die

$$g(f(x)) = x \text{ für alle } x \in X$$

und

$$f(g(y)) = y \text{ für alle } y \in Y$$

gelten.

Die Umkehrfunktion ist also die „Rückwärtsabbildung" zu f, die jedem Wert y aus dem Wertebereich von f sein Urbild x zuordnet, sofern dieses existiert und eindeutig ist. Daher muss die Funktion f als Voraussetzung auch surjektiv (jedes Urbild existiert) und injektiv (das Urbild ist eindeutig) sein.

Beispiele
1. Die Funktion $f : \mathbb{R} \to \mathbb{R}$ mit $f(x) = x + 1$ ist bijektiv. Ihre Umkehrfunktion findet man, indem man $f(x) = y$ setzt und dann die Gleichung $y = x + 1$ nach x auflöst. Man erhält $x = y - 1$, also $g(y) = y - 1$. Wir überprüfen nun, ob $g(y)$,

die geforderte Eigenschaften $g(y) = g(f(x)) = x$ und $f(g(y)) = y$ erfüllt. Das ist in der Tat der Fall, denn

$$g(f(x)) = g(x + 1) = (x + 1) - 1 = x \text{ und}$$
$$f(g(y)) = f(y - 1) = (y - 1) + 1 = y.$$

2. Die Funktion $\tilde{f} : \mathbb{R} \to \mathbb{R}$ mit $\tilde{f}(x) = x^2$ ist nicht bijektiv, also ist ihre Umkehrfunktion nicht definiert. Der Grund liegt darin, dass nicht klar ist, auf welchen x-Wert man z. B. $y = 4$ abbilden soll, da sowohl $x = 2$ als auch $x = -2$ Urbilder von $y = 4$ sind.

3. Schränken wir jedoch den Definitionsbereich von $\tilde{f}(x) = x^2$ auf das Intervall $[0, \infty)$ ein, so ist die Funktionen $f : [0, \infty) \to [0, \infty)$ mit $f(x) = x^2$ bijektiv. Ihre Umkehrfunktion lautet $g : [0, \infty) \to [0, \infty)$ mit $g(y) = \sqrt{y}$, denn

$$f(g(y)) = f(\sqrt{y}) = (\sqrt{y})^2 = y \text{ und}$$
$$g(f(x)) = g(x^2) = \sqrt{x^2} = x$$

4. Ebenso ist die Funktion $f : (-\infty, 0] \to [0, \infty)$ mit $f(x) = x^2$ bijektiv. Ihre Umkehrfunktion lautet $g : [0, \infty) \to (-\infty, 0]$ mit $g(x) = -\sqrt{x}$, denn

$$f(g(x)) = f(-\sqrt{x}) = x \text{ und}$$
$$g(f(x)) = g(x^2) = -|x| = x$$

(x ist in diesem Fall eine negative Zahl und damit ist $x = -|x|$).

4.4   Grenzwerte und Stetigkeit von Funktionen

Funktionen können verschiedene Eigenschaften haben. Eine dieser Eigenschaften ist die sogenannte *Stetigkeit*. Anschaulich untersucht man, ob der Graph einer Funktion Sprünge enthält. Ist dies nicht der Fall, so heißt eine Funktion *stetig*.

4.4.1   Grenzwerte von Funktionen

Um definieren zu können, was eine stetige Funktion ist, brauchen wir zunächst den Begriff des Grenzwertes einer Funktion. In Abschn. 3.1.2 haben wir bereits definiert, wann eine Folge x_n von reellen Zahlen gegen einen Grenzwert a konvergiert. Nun wollen wir den Grenzwert einer Funktion $f : D \to \mathbb{R}$ an einer Stelle $a \in \mathbb{R}$ definieren. Dabei bezeichnet $D \subseteq \mathbb{R}$ wie üblich den Definitionsbereich der Funktion f. Die Stelle a kann, muss aber nicht unbedingt, zu D gehören. Beispielsweise können wir uns vorstellen, dass a am Rand von D liegt oder die Funktion f gerade an a nicht definiert ist, und wir trotzdem gerne wüssten, welchen Funktionswert sie dort annehmen würde. Wie wir sehen werden, macht der Begriff des Grenzwertes aber auch Sinn, wenn a in D liegt.

Wie definiert man nun den Grenzwert von f an der Stelle a? Dazu könnte man eine Folge (x_n) von reellen Zahlen x_n wählen, die alle im Definitionsbereich D der Funktion f liegen, und die gegen a konvergieren, also $x_n \to a$. Dann könnten wir den Grenzwert der Funktion f im Punkt $a = \lim_{n\to\infty} x_n$ als Grenzwert der Funktionswerte $f(x_n)$ definieren. Hierbei müssen wir jedoch aufpassen: Hat eine andere Folge von reellen Zahlen z_n in D ebenfalls den Grenzwert a, so kann der Grenzwert der Funktionswerte $f(z_n)$ ungleich dem Grenzwert der Funktionswerte $f(x_n)$ sein! Das wird an folgendem Beispiel demonstriert:

Beispiel

Schauen wir uns die zusammengesetzte Funktion $f : \mathbb{R} \to \mathbb{R}$ mit

$$f(x) = \begin{cases} 2 & \text{falls } x < 0 \\ -1 & \text{falls } x \geq 0 \end{cases}$$

an. Wir wollen den Grenzwert der Funktion an der Stelle $a = 0$ untersuchen.

- Die Folge $x_n = \frac{1}{n}$ konvergiert gegen $a = 0$. Die Folge ihrer Funktionswerte $f(x_n) = f(\frac{1}{n}) = -1$ ist immer gleich -1 und konvergiert also gegen -1.
- Die Folge $y_n = -\frac{1}{n}$ konvergiert ebenfalls gegen $a = 0$. Hier ist die Folge der Funktionswerte $(f(y_n))$ gegeben durch $f(y_n) = f(-\frac{1}{n}) = 2$ mit Grenzwert 2.
- Die Folge $z_n = (-1)^n \frac{1}{n}$ konvergiert auch gegen $a = 0$. Für diese Folge ist die Folge ihrer Funktionswerte nicht konstant. Es gilt

$$f(z_n) = \begin{cases} 2 & \text{falls } n \text{ ungerade} \\ -1 & \text{falls } n \text{ gerade} \end{cases}.$$

Also konvergiert die Folge der Funktionswerte $(f(z_n))$ nicht.

Je nachdem, welche konvergente Folge mit Grenzwert $a = 0$ wir in diesem Beispiel betrachten, erhalten wir also verschiedene Grenzwerte der Folgen der Funktionswerte, beziehungsweise unter Umständen sogar Folgen von Funktionswerten, die gar nicht konvergieren.

Das Beispiel zeigt also, dass der Grenzwert der Funktionswerte davon abhängt, welche konkrete konvergente Folge $x_n \to a$ wir gerade betrachten. Der Begriff des Grenzwertes einer Funktion an einer Stelle a soll aber eindeutig definiert sein und nicht von der Wahl der konkreten Folge abhängen. In obigem Beispiel existiert also kein (eindeutiger) Grenzwert von f an der Stelle a. In der folgenden Definition schließen wir solche Fälle aus, indem wir verlangen, dass jede Folge zum gleichen Grenzwert führt:

> **Definition**
> Sei $f : D \to \mathbb{R}$ eine Funktion mit Definitionsbereich $D \subset \mathbb{R}$. Sei a eine beliebige reelle Zahl. Wir setzen voraus, dass es überhaupt eine konvergente Folge (x_n) von reellen Zahlen $x_n \in D$ gibt, die gegen a konvergiert.
>
> Dann ist y *der Grenzwert von f an der Stelle a*, falls für **jede** Folge (x_n) von reellen Zahlen $x_n \in D$ mit Grenzwert a die Folge $f(x_n)$ gegen y konvergiert. Wir schreiben dann $\lim\limits_{x \to a} f(x) = y$.

Hierbei ist folgendes zu beachten:

- Die reelle Zahl a muss nicht Element der Menge D sein.
- Ist a ein Element der Menge D und ist y der Grenzwert von f an der Stelle a, so gilt $y = f(a)$. Das folgt direkt aus der Definition des Grenzwertes, wenn man als Folge (x_n) einfach die konstante Folge $x_n = a$ für alle n wählt. Deren Funktionswerte $f(x_n) = f(a)$ konvergieren dann gegen den eindeutigen Grenzwert, der entsprechend also $y = f(a)$ sein muss.

Es ist nützlich, zwischen *linksseitigem* und *rechtsseitigem* Grenzwert zu unterscheiden. Hierzu betrachtet man für eine reelle Zahl a zwei Typen von Folgen:

- Für den linksseitigen Grenzwert betrachtet man nur Folgen $x_n \in D$ mit $x_n \leq a$, also Folgen, die sich „von links" an den Wert a annähern,
- für den rechtsseitigen Grenzwert lässt man ausschließlich Folgen „von rechts" zu, also Folgen $x_n \in D$ mit $x_n \geq a$.

Man untersucht nun, ob die Folgen $f(x_n)$ von links bzw. von rechts jeweils alle gegen den gleichen Wert konvergieren. Ist das der Fall, schreiben wir $\lim\limits_{x \nearrow a} f(x)$ für den linksseitigen Grenzwert und $\lim\limits_{x \searrow a} f(x)$ für den rechtsseitigen Grenzwert.

Um den Grenzwert einer Funktion an einer Stelle a zu untersuchen, ist der Begriff des linksseitigen und des rechtsseitigen Grenzwert sehr hilfreich. Es gilt nämlich:

> **Satz**
> Ist $f : D \to \mathbb{R}$ eine Funktion und $a \in \mathbb{R}$, so ist y der Grenzwert von f an der Stelle a genau dann, wenn sowohl der linksseitige Grenzwert $\lim\limits_{x \nearrow a} f(x)$ als auch der rechtsseitige Grenzwert $\lim\limits_{x \searrow a} f(x)$ existieren und beide gleich y sind.

Die Formulierung „genau dann, wenn" drückt aus, dass die Bedingung sowohl notwendig als auch hinreichend ist (siehe hierzu Abschn. 1.1). Ist also zum Beispiel der linksseitige Grenzwert $\lim\limits_{x \nearrow a} f(x)$ ungleich dem rechtsseitigem Grenzwert $\lim\limits_{x \searrow a} f(x)$, so gibt es keinen Grenzwert von f an der Stelle a.

Beispiele

1. Für die Funktion $f : \mathbb{R} \to \mathbb{R}$ mit $f(x) = -x^3 + x$ gilt an der Stelle $a = 1$:

$$\lim_{x \nearrow 1} (-x^3 + x) = \lim_{x \searrow 1} (-x^3 + x) = 0,$$

unabhängig davon, ob man sich von rechts oder von links an $a = 1$ annähert. Damit ist $\lim\limits_{x \to 1} (-x^3 + x) = 0$.

2. Für die Funktion $f : \mathbb{R} \setminus \{-2, -1\} \to \mathbb{R}$ mit

$$f(x) = \frac{x^2 - 1}{x^2 + 3x + 2}$$

gilt an der Stelle $a = -1$:

$$\lim_{x \to -1} \frac{x^2 - 1}{x^2 + 3x + 2} = \lim_{x \to -1} \frac{(x-1)(x+1)}{(x+2)(x+1)} = \lim_{x \to -1} \frac{x-1}{x+2} = \frac{-2}{1} = -2.$$

An der Stelle $a = -2$ gilt dagegen:

$$\lim_{x \to -2} \frac{x^2 - 1}{x^2 + 3x + 2} = \lim_{x \to -2} \frac{(x-1)(x+1)}{(x+2)(x+1)} = \infty,$$

der Grenzwert an dieser Stelle existiert also nicht.

3. Für die zusammengesetzte Funktion $f : \mathbb{R} \to \mathbb{R}$ aus dem ersten Beispiel in diesem Abschnitt mit

$$f(x) = \begin{cases} 2 & \text{falls } x < 0 \\ -1 & \text{falls } x \geq 0 \end{cases}$$

gilt an der Stelle $a = 0$

$$\lim_{x \nearrow 0} f(x) = 2,$$

aber

$$\lim_{x \searrow 0} f(x) = -1.$$

Da hier der linksseitige und der rechtsseitige Grenzwert zwar jeweils existiert, die beiden Grenzwerte jedoch verschieden sind, existiert kein Grenzwert der Funktion f an der Stelle $a = 0$.

4.4.2 Definition von Stetigkeit

Definition

Sei $f : D \to \mathbb{R}$ eine Funktion mit Definitionsbereich D. Sei $a \in D$. Dann heißt die Funktion f *stetig im Punkt a*, wenn der Grenzwert $\lim\limits_{x \to a} f(x)$ existiert und gleich $f(a)$ ist. Ist die Funktion f in jedem Punkt von D stetig, so sprechen wir von einer *stetigen Funktion*.

Weiß man von einer Funktion, dass sie stetig ist, so kann man daraus eine Vielzahl neuer stetiger Funktionen konstruieren. Es gilt:

Satz

Seien $f, g : D \to \mathbb{R}$ zwei in einem Punkt $a \in D$ stetige Funktionen. Dann gilt:

1. Die Summe $f + g$ ist stetig in a. Hierbei ist die Funktion $f + g : D \to \mathbb{R}$ definiert durch $(f + g)(x) = f(x) + g(x)$.
2. Das Produkt $f \cdot g$ ist stetig in a. Hierbei ist die Funktion $f \cdot g : D \to \mathbb{R}$ definiert durch $(f \cdot g)(x) = f(x) \cdot g(x)$.
3. Ist $g(a)$ ungleich Null, so ist auch der Quotient $\frac{f}{g}$ stetig in a. Hierbei ist die Funktion $\frac{f}{g}$ definiert durch $\frac{f}{g}(x) = \frac{f(x)}{g(x)}$.
4. Seien $f : D \to \mathbb{R}$ und $g : D' \to \mathbb{R}$ zwei Funktionen und $f(D) \subset D'$. Sei weiter f stetig in a und g stetig in $f(a)$. Dann ist die Komposition $g \circ f$ stetig in a.

Beispiele

1. Jede konstante Funktion ist stetig. Genauso ist jede lineare Funktion und jede Polynomfunktion stetig.
2. Zusammengesetzte Funktionen sind normalerweise nicht überall stetig. Ein Beispiel hierfür ist die Funktion $f : \mathbb{R} \to \mathbb{R}$ mit

$$f(x) = \begin{cases} 2 & \text{falls } x < 0 \\ -1 & \text{falls } x \geq 0 \end{cases},$$

die in $a = 0$ nicht stetig ist, sondern dort einen *Sprung* macht. In allen anderen Punkten $a \neq 0$ ist diese Funktion weiterhin stetig.
3. Hat eine rationale Funktion f *Lücken* in ihrem Definitionsbereich, so ist es interessant, ob sie in diesen Lücken stetig ist, oder nicht. Existiert ein Grenzwert, so

kann man f an dieser Lücke stetig fortsetzen. Das ist z. B. der Fall für die schon untersuchte Funktion $f : \mathbb{R} \setminus \{-1, -2\} \to \mathbb{R}$ mit

$$f(x) = \frac{x^2 - 1}{x^2 + 3x + 2},$$

die man an der Stelle $a = -1$ durch $\tilde{f}(-1) = \frac{-2}{1} = -2$ fortsetzen kann. An der Stelle $a = -2$ dagegen existiert kein Grenzwert; die Folge der Funktionswerte divergiert. Man nennt so eine Stelle eine *Polstelle* einer rationalen Funktion.

4.5 Trigonometrische Funktionen

Widmen wir uns nun dem einleitenden Beispiel 4.2. In Abb. 4.10 ist der Graph einer Funktion $f(t)$ gezeichnet, die die Tageslänge abhängig vom Tag des Jahres ausdrückt. Der Tag, an dem die Ackerschmalwand das erste Mal blüht, ist dann gegeben durch die kleinste Zahl t, für die sich die Graphen der Tageslängenfunktion $f(t)$ und der konstanten Funktion $g(t) = 16$ schneiden. Da sie sich alle 365 Tage wiederholt (wir lassen Schaltjahre unberücksichtigt!), ist die Tageslängenfunktion periodisch. Um die Eigenschaften solcher periodischer Funktionen geht es im folgenden Kapitel.

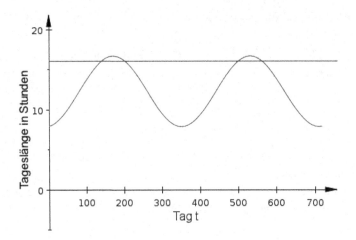

Abb. 4.10 Graph der Tageslängenfunktion f (in blau) und Graph der konstanten Funktion $g(t) = 16$ (in rot)

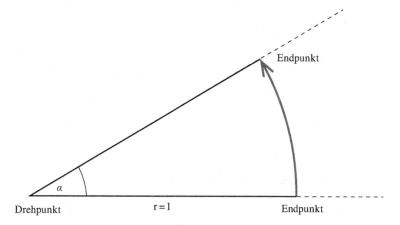

Abb. 4.11 Die Länge des roten Pfeils gibt das Bogenmaß zum Winkel α an

4.5.1 Bogenmaß

Für einen Winkel α gibt es verschiedene Maße. Eine Möglichkeit ist die Angabe des Winkels in Grad (von $0°$ bis $360°$). Eine andere Möglichkeit, einen Winkel eindeutig zu beschreiben, ist das sogenannte *Bogenmaß*.

Gibt man einen Winkel in Grad an, meint man damit, um wie viel Grad man eine Strecke entgegen der Uhrzeigerrichtung um einen festen Endpunkt der Strecke gedreht hat. Eine volle Umdrehung ist $360°$, eine halbe Umdrehung $180°$, eine viertel Umdrehung $90°$. Bei diesen Drehungen ist die Länge der zu drehenden Strecke unerheblich. Durch das Drehen der Strecke beschreibt der Endpunkt (um den nicht gedreht wird) einen Kreis beziehungsweise einen Kreisausschnitt, die Streckenlänge ist der Radius dieses Kreises.

Legen wir nun die Streckenlänge auf $r = 1$ fest, so können wir, wenn wir die Strecke um eine bestimmte Gradzahl drehen, die Länge des Weges, die der Endpunkt zurückgelegt hat, messen. Diese Länge ist das Bogenmaß. Das Bogenmaß ist eine reelle Zahl zwischen 0 und 2π, wobei 2π die Länge des gesamten Umfanges eines Kreises vom Radius 1 ist. Bei einer halben Umdrehung, also einer Drehung von $180°$, erhalten wir ein Bogenmaß von

$$\frac{1}{2} \cdot (\text{volle Umdrehung}) = \frac{1}{2} \cdot (2\pi) = \pi.$$

Bei einer viertel Umdrehung erhalten wir ein Bogenmaß von $\frac{1}{4} \cdot 2\pi = \frac{\pi}{2}$. Allgemein gilt:

$$\text{Winkel im Bogenmaß} = \frac{\text{Winkel in Grad}}{360} \cdot 2\pi.$$

Jede Gradzahl definiert also eindeutig ein Bogenmaß. Umgekehrt definiert auch jedes Bogenmaß eindeutig eine Gradzahl. Einige wichtige Winkel mit ihrem jeweils zugehörigem

Abb. 4.12 Rechtwinkliges
Dreieck

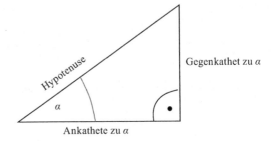

Gegenkathet zu α

Hypotenuse

α

Ankathete zu α

Bogenmaß sind in der folgenden Tabelle angegeben:

Winkel in Grad	45	60	90	180	270	360
Winkel in Bogenmaß	$\frac{\pi}{4}$	$\frac{\pi}{3}$	$\frac{\pi}{2}$	π	$\frac{3}{2}\pi$	2π

4.5.2 Sinus und Kosinus

Der Sinus und der Kosinus eines Winkels α in einem rechtwinkligen Dreieck sind elementargeometrisch definiert als

$$\sin(\alpha) = \frac{\text{Länge der Gegenkathete von } \alpha}{\text{Länge der Hypotenuse}}$$

und

$$\cos(\alpha) = \frac{\text{Länge der Ankathete von } \alpha}{\text{Länge der Hypotenuse}}.$$

Dabei bezeichnet die Hypotenuse die Seite des Dreiecks, die dem rechten Winkel gegenüber liegt, die beiden anderen Seiten nennt man Katheten. Die Gegenkathete von α ist die dem Winkel α gegenüberliegende Kathete, die Ankathete von α ist die an den Winkel α angrenzende Kathete, siehe hierzu Abb. 4.12.

Beispiele

1. In einem rechtwinkligen Dreieck mit Hypotenuse der Länge 5 und zwei Katheten der Längen 3 und 4 cm kann man die beiden (vom rechten Winkel verschiedenen) Winkel α und β in Grad ausmessen; es ergibt sich α ungefähr zu $36{,}87°$ und β als ca. $53{,}13°$. Sinus und Kosinus dieser Werte lassen sich nun ablesen als

$$\sin(36{,}87°) \approx \frac{3}{5} \text{ sowie } \cos(36{,}87°) \approx \frac{4}{5} \text{ und}$$

$$\sin(53{,}13°) \approx \frac{4}{5} \text{ sowie } \cos(53{,}13°) \approx \frac{3}{5}$$

2. Betrachten wir nun ein gleichschenkliges, rechtwinkliges Dreieck mit Hypotenusenlänge 1. Nach dem Satz von Pythagoras ist dann jede Kathete von der Länge $\frac{1}{\sqrt{2}}$. Jeder der beiden möglichen Winkel α bzw. β ungleich dem rechten Winkel ist gleich 45° beziehungsweise im Bogenmaß gleich $\frac{\pi}{4}$. Damit gilt

$$\sin(45°) = \sin(\frac{\pi}{4}) = \cos(45°) = \cos(\frac{\pi}{4}) = \frac{1}{\sqrt{2}}.$$

3. Wird der Winkel α in Abb. 4.12 immer kleiner und irgendwann gleich 0, so ist das „rechtwinklige" Dreieck nur noch eine Doppel-Strecke bestehend aus der Ankathete und der Hypotenuse, die Gegenkathete hat also die Länge 0. Wir erhalten damit $\sin(0) = 0$ und $\cos(0) = 1$.

4. Wird der Winkel α in Abb. 4.12 immer größer und irgendwann gleich 90° beziehungsweise im Bogenmaß gleich $\frac{\pi}{2}$, so ist das „rechtwinklige" Dreieck ebenfalls nur noch eine Doppel-Strecke, in diesem Fall bestehend aus der Gegenkathete und der Hypotenuse. Die Ankathete hat die Länge 0. Wir erhalten damit $\sin(90°) = \sin(\frac{\pi}{2}) = 1$ und $\cos(90°) = \cos(\frac{\pi}{2}) = 0$.

Unsere bisherige Definition von Sinus und Kosinus gilt nur für Winkel, die kleiner als 90° beziehungsweise $\frac{\pi}{2}$ sind, denn die Winkelsumme in einem Dreieck ist immer gleich 180°. Wir können die Definition der Sinus- und Kosinusfunktion jedoch verallgemeinern: Schauen wir uns hierzu in einem Koordinatensystem den Einheitskreis an (siehe Abb. 4.13).

Der Einfachheit halber nennen wir den Winkel α ab sofort t, das heißt, wir setzen $t := \alpha$. Sei $P(t)$ wie in Abb. 4.13 der durch den Winkel $t = \alpha$ bestimmte Punkt auf dem Einheitskreis im ersten Quadranten. Dann wird durch die Punkte $(0, 0)$, $(x(t), 0)$ und $P(t) = (x(t), y(t))$ ein rechtwinkliges Dreieck aufgespannt. Der Punkt $P(t)$ ist eindeutig durch den Winkel $t = \alpha$ gegeben. Um diese Abhängigkeit zu kennzeichnen, haben wir ihn statt einfach nur mit P mit $P(t)$ bezeichnet. Die Bedingung, dass $P(t)$ im ersten Quadranten liegt, bedeutet mathematisch nun nichts anderes, als dass $0° \le t \le 90°$ beziehungsweise im Bogenmaß $0 \le t \le \frac{\pi}{2}$ gilt. Für diese Winkel gilt unsere Definition von Sinus und Kosinus.

Die Koordinaten des Punktes $P(t)$ sind gegeben durch

$$x(t) = \frac{x(t)}{1} = \frac{|\text{Ankathete}|}{|\text{Hypotenuse}|} = \cos(t)$$

und

$$y(t) = \frac{y(t)}{1} = \frac{|\text{Gegenkathete}|}{|\text{Hypotenuse}|} = \sin(t).$$

Wir definieren nun für ein allgemeines $t \in [0, 2\pi]$ die Funktionen $\sin(t) := y(t)$ als die y-Koordinate und $\cos(t) := x(t)$ als die x-Koordinate des Punktes $P(t)$, wenn der Punkt in die anderen Quadranten wandert.

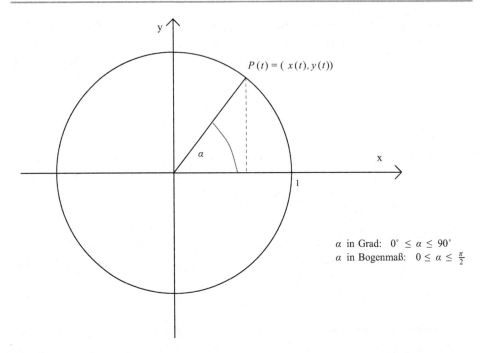

Abb. 4.13 Einheitskreis in einem reellen Koordinatensystem

Wir haben dadurch Funktionen

$$\sin : [0, 2\pi] \to \mathbb{R}$$
$$t \mapsto \sin(t)$$

und

$$\cos : [0, 2\pi] \to \mathbb{R}$$
$$t \mapsto \cos(t)$$

definiert. Ihre Graphen sind in den Abb. 4.14 und 4.15 dargestellt. Der Wertebereich der Sinus- und Kosinusfunktion ist die Menge aller reellen Zahlen, der Bildbereich beider Funktionen jedoch nur das Intervall $[-1, 1]$.

Wir können nun den Definitionsbereich von Sinus und Kosinus sogar auf ganz $\mathbb{R}$ ausdehnen, indem wir die Funktionen anschaulich immer „aneinander kleben": Wir definieren für alle $t \in [0, 2\pi]$ und alle ganzen Zahlen $n \in \mathbb{Z}$

$$\sin(t + 2\pi n) = \sin(t)$$

und

$$\cos(t + 2\pi n) = \cos(t).$$

Abb. 4.14 Graph von $\sin(x)$

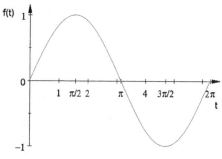

Abb. 4.15 Graph von $\cos(x)$

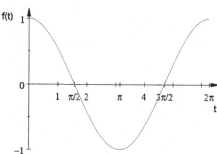

Da sich die Werte von Sinus und Kosinus regelmäßig wiederholen, nennt man diese Funktionen *periodisch* mit der Periode 2π. Die Graphen der Funktionen sind in Abb. 4.16 und 4.17 dargestellt.

Eigenschaften der Sinus- und Kosinusfunktion

- Die Funktionswerte der Sinus- und der Kosinusfunktion liegen alle zwischen -1 und 1. Dies liegt daran, dass wir Sinus und Kosinus als Koordinaten von Punkten des Einheitskreises definiert haben, und diese nur zwischen -1 und 1 liegen können. Insbesondere gilt aufgrund des Satzes von Pythagoras (siehe Abschn. 1.2.4) immer $\sin^2(t) + \cos^2(t) = 1$.
- Für alle $t \in \mathbb{R}$ gilt: $-\sin(t) = \sin(-t)$, die Sinusfunktion ist damit *punktsymmetrisch*.
- Für alle $t \in \mathbb{R}$ gilt: $\cos(t) = \cos(-t)$, die Cosinusfunktion ist damit *spiegelsymmetrisch*.
- Es gelten die *Additionstheoreme*:

$$\sin(x + y) = \sin(x)\cos(y) + \cos(x)\sin(y)$$
$$\sin(x - y) = \sin(x)\cos(y) - \cos(x)\sin(y)$$
$$\cos(x + y) = \cos(x)\cos(y) - \sin(x)\sin(y)$$
$$\cos(x - y) = \cos(x)\cos(y) + \sin(x)\sin(y)$$

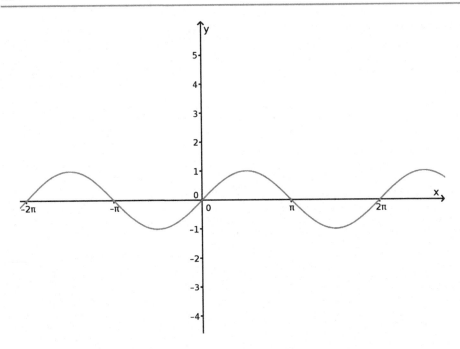

Abb. 4.16 Graph von $\sin(x)$

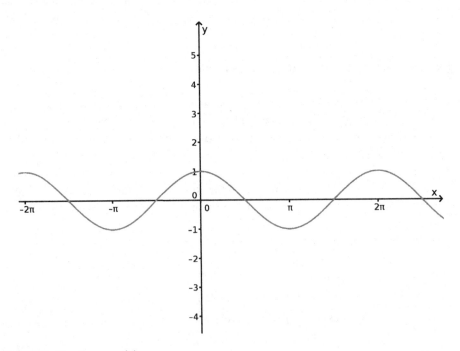

Abb. 4.17 Graph von $\cos(x)$

Abb. 4.18 Graph der Arcus-Sinus-Funktion

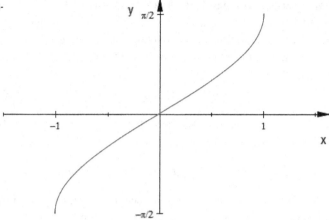

Abb. 4.19 Graph der Arcus-Kosinus-Funktion

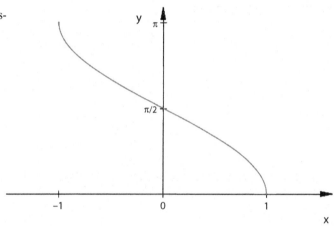

Die Sinusfunktion ist auf dem Intervall $[-\frac{\pi}{2}, \frac{\pi}{2}]$ streng monoton wachsend und bildet dieses Intervall auf das Intervall $[-1, 1]$ ab. Damit existiert auf diesem Intervall die Umkehrfunktion der Sinusfunktion. Dies ist die sogenannte Arcus-Sinus-Funktion:

$$\arcsin : [-1, 1] \rightarrow [-\frac{\pi}{2}, \frac{\pi}{2}],$$

ihr Graph ist in Abb. 4.18 dargestellt.

Genauso ist die Kosinusfunktion auf dem Intervall $[0, \pi]$ streng monoton fallend und besitzt damit eine Umkehrfunktion:

$$\arccos : [-1, 1] \rightarrow [0, \pi],$$

ihr Graph ist in Abb. 4.19 dargestellt.

Anwendung: Blütezeit der Ackerschmalwand

Widmen wir uns nun der konkreten Lösung vom einleitenden Beispiel 4.2. In Abb. 4.10 ist der Graph der Funktion $f(t)$ gezeichnet, die die Tageslänge abhängig vom Tag des Jahres ausdrückt. In Anwendungsaufgabe 7 (siehe Abschn. 4.9.3) bestimmen Sie diese exakt; sie lautet

$$f(t) = 12{,}24 + 4{,}41 \sin\left(\frac{2\pi}{360} \cdot t - \frac{9}{20}\pi\right).$$

In dieser Lösung ist der Parameter für die Sinusfunktion im Bogenmaß angegeben. In (Winkel-)Grad wäre die Lösung

$$\tilde{f}(t) = 12{,}24 + 4{,}41 \sin(t - 81).$$

Da die Blüte der Ackerschmalwand beginnt, sobald es länger als 16 Stunden hell ist, ist der Zeitpunkt ihrer Blüte gleich dem kleinsten positiven Wert t, für den $f(t) = 16$ gilt. Wir erhalten die Gleichungen

$$12{,}24 + 4{,}41 \sin\left(\frac{2\pi}{360} \cdot t - \frac{9}{20}\pi\right) = 16$$

$$\Longleftrightarrow \sin\left(\frac{2\pi}{360} \cdot t - \frac{9}{20}\pi\right) = \frac{3{,}76}{4{,}41}$$

$$\Rightarrow \frac{2\pi}{360} \cdot t - \frac{9}{20}\pi = \arcsin\left(\frac{3{,}76}{4{,}41}\right)$$

$$\Rightarrow t \approx 139$$

Also blüht die Ackerschmalwand ungefähr am 139. Tag des Jahres, das entspricht dem 19. Mai.

4.6 Exponentialfunktion und natürlicher Logarithmus

In der Biologie spricht man oft von exponentiellem Wachstum beziehungsweise von exponentiellem Zerfall. Bevor wir die Exponentialfunktion definieren können, machen wir zunächst die folgende Beobachtung und nutzen unser Wissen aus Abschn. 3.2.2. Ist x eine beliebige reelle Zahl, so konvergiert die Reihe

$$\sum_{n=0}^{\infty} \frac{x^n}{n!}.$$

Dies können wir sofort mit dem Quotientenkriterium (siehe Satz (Quotientenkriterium) in Abschn. 3.2.2) nachrechnen: Es ist

$$\lim_{n \to \infty} \left| \frac{\frac{x^{n+1}}{(n+1)!}}{\frac{x^n}{n!}} \right| = \lim_{n \to \infty} \left| \frac{x^{n+1} n!}{(n+1)! x^n} \right| = \lim_{n \to \infty} \left| \frac{x}{n+1} \right| = 0 < 1$$

und somit gibt es für jedes x einen Index i_x mit

$$\left| \frac{\frac{x^{n+1}}{(n+1)!}}{\frac{x^n}{n!}} \right| \leq \frac{1}{2} < 1 \text{ für alle } n \geq i_x.$$

Damit ist also für jede reelle Zahl $x \in \mathbb{R}$ der Wert $\sum\limits_{n=0}^{\infty} \frac{x^n}{n!}$ definiert.

Definition
Die Funktion $\exp : \mathbb{R} \to \mathbb{R}^+$ mit

$$\exp(x) := \sum_{n=0}^{\infty} \frac{x^n}{n!}$$

heißt *Exponentialfunktion*.

Genauso wie $\sin(x)$ und $\cos(x)$ für beliebige reelle Zahlen x mit dem Taschenrechner berechnet werden können, kann auch $\exp(x)$ berechnet werden. Häufig wird $\exp(x)$ auch mit e^x bezeichnet.

Satz
Für die Exponentialfunktion $\exp(x) : \mathbb{R} \to \mathbb{R}^+$ mit

$$\exp(x) := \sum_{n=0}^{\infty} \frac{x^n}{n!}$$

gilt:

- $\exp(0) = 1$
- $\exp(x + y) = \exp(x)\exp(y)$, die sogenannte *Funktionalgleichung der Exponentialfunktion*.
- Man definiert die Eulersche Zahl e durch $e := \exp(1)$.
- Der Graph der Exponentialfunktion ist in Abb. 4.20 dargestellt.
- $\exp(x) > 0$ für alle $x \in \mathbb{R}$.
- Die Exponentialfunktion ist injektiv.
- Die Exponentialfunktion ist streng monoton steigend.

Abb. 4.20 Graph der Exponentialfunktion

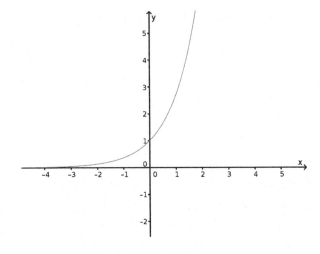

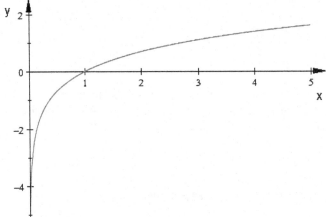

Abb. 4.21 Graph des natürlichen Logarithmus

Jetzt können wir den natürlichen Logarithmus als die Umkehrfunktion der Exponentialfunktion einführen:

Definition
Die Umkehrfunktion ln : $(0, \infty) \to \mathbb{R}$ der Exponentialfunktion
$\exp : \mathbb{R} \to (0, \infty)$ heißt *natürlicher Logarithmus*.

Der Graph des natürlichen Logarithmus ist in Abb. 4.21 dargestellt. Der natürliche Logarithmus erfüllt aufgrund seiner Definition die Bedingungen

$$\exp(\ln(x)) = x$$

für $x \in (0, \infty)$ und

$$\ln(\exp(x)) = x$$

für $x \in \mathbb{R}$. Mithilfe der Funktionalgleichung der Exponentialfunktion erhalten wir die *Funktionalgleichung des natürlichen Logarithmus*:

Satz

Für den natürlichen Logarithmus gilt

$$\ln(x \cdot y) = \ln(x) + \ln(y)$$

für $x, y \in (0, \infty)$.

4.7 Allgemeine Potenz und allgemeine Logarithmusfunktion

Aus Abschn. 1.3.2 kennen wir schon Potenzen mit rationalen Exponenten. Wir haben für jede reelle positive Zahl a und jede rationale Zahl $\frac{z}{n}$ mit ganzzahligem Zähler z und ganzzahligem Nenner n die Potenz $a^{\frac{z}{n}}$ definiert als $\sqrt[n]{a^z}$. Weil $\exp(\ln(a)) = a$ ist gilt nach den Potenzgesetzen

$$a^{\frac{z}{n}} = \left(e^{\ln a}\right)^{\frac{z}{n}} = e^{\frac{z}{n} \cdot \ln a} = \exp(\tfrac{z}{n} \cdot \ln a)$$

Statt einer rationalen Zahl $\frac{z}{n}$ können wir auch eine beliebige Zahl $x \in \mathbb{R}$ als Exponenten einsetzen. Das erlaubt uns, die Definition von Potenzen mit rationalen Exponenten auf Potenzen mit reellen Exponenten zu erweitern. Genauer definieren wir mithilfe der Exponentialfunktion und des natürlichen Logarithmus die Potenz a^x für beliebige positive reelle Zahlen a und beliebiges $x \in \mathbb{R}$:

Definition

Sei $x \in \mathbb{R}$ und a eine positive reelle Zahl. Dann definieren wir

$$a^x := \exp(x \ln a).$$

Abb. 4.22 Graph der Funktion $f(x) = 1,5^x$

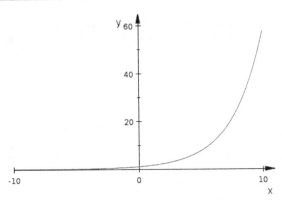

Abb. 4.23 Graph der Funktion $f(x) = 0,5^x$

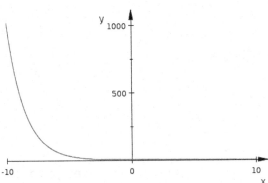

Ist a eine positive reelle Zahl, so definiert sie eine Funktion

$$f : \mathbb{R} \to (0, \infty)$$

durch

$$f(x) = a^x.$$

Wir werden in Kap. 5 sehen, dass diese Funktionen abhängig von a stets entweder streng monoton steigend oder streng monoton fallend sind. Man spricht je nach Fall von exponentiellem Wachstum beziehungsweise exponentiellem Zerfall. Insbesondere ist jede solche Potenzfunktion bijektiv, wir können also ihre Umkehrfunktion definieren.

Definition
Die Umkehrfunktion $\log_a : (0, \infty) \to \mathbb{R}$ der allgemeinen Potenzfunktion $f : \mathbb{R} \to (0, \infty)$ mit $f(x) = a^x$ heißt *Logarithmus zur Basis a*.

$\log_a(y)$ ordnet jedem $y \in (0, \infty)$ die (eindeutige) Zahl $x \in \mathbb{R}$ zu, für die gilt

$$a^x = y,$$

d. h.

$$\log_a(a^x) = x \text{ und } a^{\log_a(y)} = y.$$

Bemerkung. Um den allgemeinen Logarithmus $\log_a(y)$ mit dem Taschenrechner zu berechnen, greift man zu einem Trick. Es gilt nämlich

$$\log_a(y) = \frac{\ln(y)}{\ln(a)},$$

d. h. der Logarithmus von y zur Basis a ist der Quotient des natürlichen Logarithmus von y durch den natürlichen Logarithmus von a.

Dies können wir sofort nachrechnen, wir müssen nur überprüfen, ob tatsächlich $a^{\frac{\ln(y)}{\ln(a)}}$ gleich y ist: Nach der Definition von a^x gilt

$$a^{\frac{\ln(y)}{\ln(a)}} = \exp\left(\frac{\ln(y)}{\ln(a)} \cdot \ln(a)\right)$$

$$= \exp(\ln(y))$$

$$= y.$$

Anwendung: Bakterienwachstum

Kommen wir nun zum einleitenden Beispiel 4.3. Viele Wachstumsvorgänge lassen sich mithilfe einer allgemeinen Potenzfunktion näherungsweise beschreiben. In unserem Beispiel vermehren sich Bakterien in einem Nährmedium jede Stunde um 50 Prozent, wobei wir eine Ausgangspopulation von 1000 Bakterien haben. Nach einer Stunde sind es also bereits $1000 \cdot (1 + \frac{50}{100}) = 1000 \cdot 1{,}5$ Bakterien, nach zwei Stunden $1000 \cdot (1{,}5)^2$ Bakterien usw. Allgemein beschreibt die Funktion

$$f(x) = 1000 \cdot (1{,}5)^x$$

die ungefähre Anzahl an Bakterien nach x Stunden, wobei x eine beliebige reelle Zahl sein kann.

Damit sind es nach 4,7 Stunden $f(4{,}7) = 1000 \cdot (1{,}5)^{4{,}7} \approx 6724$ Bakterien. Um die Frage zu beantworten, ab wann es ungefähr eine Million Bakterien sind, suchen wir ein $x \in \mathbb{R}$, für das gilt

$$1000 \cdot 1{,}5^x = 1.000.000 \qquad | : 1000$$

$$\Rightarrow 1{,}5^x = 1000$$

$$\Rightarrow x = \log_{1{,}5}(1000)$$

Nach $\frac{\ln(1.000)}{\ln(1{,}5)} \approx 17{,}04$ Stunden sind es also über eine Million Bakterien.

4.8 Zusammenfassung

- Eine *(reelle) Funktion* ist eine Abbildung $f : D \to \mathbb{R}$, wobei D eine Teilmenge der reellen Zahlen ist. Die Menge D heißt *Definitionsbereich* der Funktion f. Die Menge $f(D) = \{y \in \mathbb{R} \mid \exists x \in D \text{ mit } f(x) = y\}$ aller tatsächlich angenommener Werte, heißt *Bildbereich* der Funktion f, $\mathbb{R}$ heißt *Wertebereich* der Funktion.

- Manchmal erlaubt man als mögliche Funktionswerte nur eine Teilmenge $Y \subset \mathbb{R}$. Dann schreibt man $f : D \to Y$ und Y heißt Wertebereich der Funktion.

- Der *Graph einer Funktion* $f : X \to Y$ ist definiert als die Menge

$$\{(x, f(x)) \in \mathbb{R}^2 \mid x \in D\}.$$

- Beispiele für Funktionen sind konstante, lineare, Polynom-, rationale und zusammengesetzte Funktionen, sowie die trigonometrischen Funktionen sin und cos, Potenzfunktionen oder Logarithmusfunktionen.

- Seien $f : D \to \mathbb{R}$ und $g : D' \to \mathbb{R}$ zwei Funktionen mit $f(D) \subseteq D'$. Dann ist die *Komposition* $h = g \circ f : D \to \mathbb{R}$ definiert durch $h(x) = g(f(x))$ für alle $x \in D$.

- Sei $f : D \to Y$ eine bijektive Funktion. Dann ist die *Umkehrfunktion* $g : Y \to D$ definiert als die Funktion g, für die $g(f(x)) = x$ und $f(g(y)) = y$ für alle $x \in D, y \in Y$ gilt.

- Sei $f : D \to \mathbb{R}$ eine Funktion mit Definitionsbereich $D \subset \mathbb{R}$. Sei $a \in \mathbb{R}$ und existiere eine Folge von reellen Zahlen $x_n \in D$, die gegen a konvergiert. Dann ist *y der Grenzwert von f an der Stelle a*, falls für jede gegen a konvergente Folge von reellen Zahlen $x_n \in D$ die Folge $f(x_n)$ gegen y konvergiert. Wir schreiben dann $\lim_{x \to a} f(x) = y$.

- Ist $f : D \to \mathbb{R}$ eine Funktion und $a \in \mathbb{R}$, so ist $y \in \mathbb{R}$ der Grenzwert von f an der Stelle a genau dann, wenn sowohl der linksseitige Grenzwert $\lim_{x \nearrow a} f(x)$ als auch der rechtsseitige Grenzwert $\lim_{x \searrow a} f(x)$ existiert, und beide gleich y sind.

- Sei $f : D \to \mathbb{R}$ eine Funktion mit Definitionsbereich D. Sei $a \in D$. Dann heißt die Funktion f *stetig im Punkt a*, wenn der Grenzwert $\lim_{x \to a} f(x)$ existiert und gleich $f(a)$ ist. Ist die Funktion f in jedem Punkt von D stetig, so sprechen wir von einer *stetigen Funktion*.

- Seien $f, g : D \to \mathbb{R}$ zwei in einem Punkt $a \in D$ stetige Funktionen. Dann gilt:
  - Die Summe $f + g$ ist stetig in a.
  - Ist $g(a)$ ungleich Null, so ist auch der Quotient $\frac{f}{g}$ stetig in a.
  - Sind $f : D \to \mathbb{R}$ und $g : D' \to \mathbb{R}$ zwei Funktionen und $f(D) \subset D'$ und ist f stetig in a und g stetig in $f(a)$, so ist die Komposition $g \circ f$ stetig in a.

- Für einen Winkel α gibt es verschiedene Maße. Eine Möglichkeit ist die Angabe des Winkels in Grad (von $0°$ bis $360°$). Eine andere Möglichkeit, einen Winkel eindeutig zu beschreiben, ist das Bogenmaß.

- Die trigonometrischen Funktionen $\sin : [0, 2\pi] \to [-1, 1]$ und $\cos : [0, 2\pi] \to [-1, 1]$ sind periodische Funktionen mit Periode 2π und folgenden weiteren Eigenschaften:
  - Für alle $t \in [0, 2\pi]$ und alle ganzen Zahlen $n \in \mathbb{Z}$ gilt: $\cos(t + 2\pi n) = \cos(t)$ und $\sin(t + 2\pi n) = \sin(t)$.
  - Für alle $t \in \mathbb{R}$ gilt: $-\sin(t) = \sin(-t)$ und $\cos(t) = \cos(-t)$.
  - Es gelten die *Additionstheoreme*:

$$\sin(x \pm y) = \sin(x)\cos(y) \pm \cos(x)\sin(y)$$
$$\cos(x \pm y) = \cos(x)\cos(y) \mp \sin(x)\sin(y)$$

- Die Funktion $\exp : \mathbb{R} \to \mathbb{R}^+$ mit

$$\exp(x) := \sum_{n=0}^{\infty} \frac{x^n}{n!}$$

  heißt *Exponentialfunktion*. Die Umkehrfunktion $\ln : (0, \infty) \to \mathbb{R}$ der Exponentialfunktion heißt *natürlicher Logarithmus*.
- Die Funktionalgleichungen der Exponentialfunktion und des natürlichen Logarithmus lauten

$$\exp(x + y) = \exp(x)\exp(y)$$
$$\ln(x \cdot y) = \ln(x) + \ln(y).$$

- Sei $x \in \mathbb{R}$ und a eine positive reelle Zahl. Dann definiert man die Potenzfunktion

$$a^x := \exp(x \ln a)$$

  und $\log_a : (0, \infty) \to \mathbb{R}$ als ihre Umkehrfunktion. Es gilt $\log_a(y) = \frac{\ln(y)}{\ln(a)}$.

4.9 Aufgaben

4.9.1 Kurztest

Kreuzen Sie die richtigen Antworten an:

1. Es seinen $P, Q : \mathbb{R} \to \mathbb{R}$ Polynomfunktionen. $\dfrac{P}{Q}$ ist ebenfalls eine Funktion und es gilt
   (a) ☐ für den Definitionsbereich keine Einschränkung.
   (b) ☐ für den Wertebereich keine Einschränkung.

(c) □ für den Definitionsbereich die Einschränkung, dass er die Nullstellen des Polynoms P nicht enthält.

(d) □ für den Definitionsbereich die Einschränkung, dass er die Nullstellen des Polynoms Q nicht enthält.

(e) □ für den Wertebereich die Einschränkung, dass er die Nullstellen des Polynoms P nicht enthält.

(f) □ für den Wertebereich die Einschränkung, dass er die Nullstellen des Polynoms Q nicht enthält.

2. Die Funktion $f : \mathbb{R} \to \mathbb{R}$ mit $f(x) = \dfrac{x^2 - 9}{x^2 + x - 6}$ hat für $x \to 4$ den Grenzwert

   (a) □ $\dfrac{5}{12}$

   (b) □ $\dfrac{2}{3}$

   (c) □ $\dfrac{1}{2}$

   (d) □ Die Funktion besitzt keinen Grenzwert.

3. Ein Winkel von 180° entspricht im Bogenmaß

   (a) □ $\dfrac{\pi}{2}$.

   (b) □ 2π.

   (c) □ π.

   (d) □ $\dfrac{\pi}{4}$.

4. Kreuzen Sie die richtigen Antworten an!

   (a) □ Der Graph von $\sin(x)$ hat Nullstellen bei $\dfrac{\pi}{2}, \dfrac{3}{2}\pi, \dfrac{5}{2}\pi, \ldots$

   (b) □ Der Graph von $\cos(x)$ hat Nullstellen bei $\dfrac{\pi}{2}, \dfrac{3}{2}\pi, \dfrac{5}{2}\pi, \ldots$

   (c) □ Der Graph von $\sin(x)$ hat Nullstellen bei $0, \pi, 2\pi, 3\pi, \ldots$

   (d) □ Der Graph von $\cos(x)$ hat Nullstellen bei $0, \pi, 2\pi, 3\pi, \ldots$

5. Kreuzen Sie die richtigen Antworten an!

   (a) □ Es gilt $\exp(3 + 7) = \exp(3) + \exp(7)$.

   (b) □ Es gilt $\exp(3 + 7) = \exp(3) \cdot \exp(7)$.

   (c) □ Es gilt $\exp(3 - 7) = \dfrac{\exp(3)}{\exp(7)}$.

   (d) □ Es gilt $\exp(3 - 7) = \exp(3) - \exp(7)$.

6. Kreuzen Sie die richtigen Antworten an!

(a) □ Es gilt $\ln(-7) = \ln(-1) + \ln(7)$.

(b) □ Es gilt $\ln(-7) = -1 \cdot \ln(7)$.

(c) □ Es gilt $\ln(-7)$ ist nicht definiert.

(d) □ Es gilt $\ln(-7) = \ln(-1) \cdot \ln(7)$.

4.9.2 Rechenaufgaben

1. Geben Sie den gültigen Definitionsbereich der Funktionen auf $\mathbb{R}$ an.

(a) $f(x) = \frac{1}{x+1}$

(b) $f(x) = \frac{x}{(x+1)^2-4}$

(c) $f(x) = \frac{1}{e^x-1}$

(d) $f(x) = \frac{1}{\log(x-1)}$

(e) $f(x) = \ln(x^2 - 2x - 3)$

(f) $f(x) = \frac{x}{x}$

(g) $f(x) = \frac{1}{e^{x \cdot \log x}}$

(h) $f(x) = \frac{1}{\sin(x)\cos(x)}$

(i) $f(x) = \frac{1}{\sqrt{x}}$

2. Bestimmen Sie die Grenzwerte der Funktionen.

(a) $\lim\limits_{x \to -1} \frac{x^2 - 1}{x + 1}$

(b) $\lim\limits_{x \to 0} \frac{x^3 - x}{x}$

(c) $\lim\limits_{x \to 0} \frac{x^4 + x^3}{x^2}$

(d) $\lim\limits_{x \to 1} \frac{x^4 - x^2}{x - 1}$

(e) $\lim\limits_{x \to 1} \frac{x^2 + x - 2}{x^2 - 1}$

(f) $\lim\limits_{x \to -2} \frac{\sqrt{x}}{x^{\frac{3}{2}}}$

3. Sei $f : D \to Y$ eine Funktion. Bestimmen Sie den Bildbereich von f. Ist die Funktion surjektiv?

(a) $D = \mathbb{R}, Y = \mathbb{R}, f(x) = ax + b$

(b) $D = [-4, 1], Y = [-4, 5], f(x) = x + 2x - 3$

(c) $D = [0, 2\pi], Y = [-10, 10], f(x) = \cos(x)$

4. Sei $f : D \to \mathbb{R}$ eine Funktion. Ist die Funktion injektiv? Wenn ja, bestimmen Sie den Bildbereich $f(D)$ von f und berechnen Sie eine Umkehrfunktion zu $f : D \to f(D)$.

(a) $D = \mathbb{R}, f(x) = \exp(x^2)$

(b) $D = (0, \infty), f(x) = \ln(2x + 3)$

(c) $D = \mathbb{R}, f(x) = x^3 - 9x^2 + 27x - 27$

(d) $D = [-10, -1], f(x) = \ln(x^4)$

(e) $D = [0, \infty], f(x) = \frac{x^4}{x^2+1}$

(f) $D = [0, 2\pi], f(x) = 5\sin(x)$

5. Sei $f : D \to \mathbb{R}$ eine Funktion. Ist f injektiv? Wenn nicht, schränken Sie den Definitionsbereich so ein, dass f injektiv ist. Bestimmen Sie einen geeigneten Wertebereich und berechnen Sie dann die Umkehrfunktion.

(a) $D = \mathbb{R}, f(x) = -x^2 + 6x$

(b) $D = [-\frac{\pi}{2}, \frac{\pi}{2}], f(x) = (\sin(x))^2$

(c) $D = \mathbb{R}, f(x) = \begin{cases} x^3 & x \le 2 \\ x + 36 & x > 2 \end{cases}$

6. Sei $f : \mathbb{R} \to \mathbb{R}$ eine Funktion. Ist f stetig auf $\mathbb{R}$?

(a) $f(x) = x^2 + \frac{4}{3}x^3$

(b) $f(x) = \frac{x^7}{x+1}$

(c) $f(x) = \ln(x^2)$

(d) $f(x) = 2^x$

(e) $f(x) = \frac{x^2-2}{x+2}$

(f) $f(x) = \begin{cases} 3x & x < 1 \\ 4 & x \ge 1 \end{cases}$

(g) $f(x) = |x|$

(h) $f(x) = \frac{|x|}{x}$

(i) $f(x) = \begin{cases} x^3 & x \le 0 \\ x^2 & x > 0 \end{cases}$

(j) $f(x) = e^x \cdot x^2$

(k) $f(x) = \frac{x^2 + x}{x}$

(l) $f(x) = \begin{cases} a^{\frac{3x^3 + 2x + 2}{x^3 - 8}} & x \le 1 \\ (-\cos(\pi x)) \cdot \frac{2x^2 - 1}{ax^2} & x > 1 \end{cases}$

7. Sei $f : D \to \mathbb{R}$ eine Funktion. Ist f stetig auf D?

(a) $D = [1, 2]$, $f(x) = \exp(\frac{7}{6x})$

(b) $D = [0, \infty)$, $f(x) = 3^{x^2} + \frac{2}{x-1}$

(c) $D = [-\frac{\pi}{4}, \frac{\pi}{4}]$, $f(x) = \tan(x) = \frac{\sin(x)}{\cos(x)}$

8. Rechnen Sie nach, dass für jede reelle Zahl x gilt: $\sin(x) = \cos(x - \frac{\pi}{2})$ und $\cos(x) = \sin(x + \frac{\pi}{2})$.

9. Zeigen Sie, dass für alle reellen Zahlen x und y gilt:

$$\sin(x) - \sin(y) = 2\cos\left(\frac{x + y}{2}\right) \sin\left(\frac{x - y}{2}\right),$$

indem Sie

$$2\cos\left(\frac{x + y}{2}\right) \sin\left(\frac{x - y}{2}\right)$$

$$= \sin\left(\frac{x - y}{2}\right) \cos\left(\frac{x + y}{2}\right) + \cos\left(\frac{x - y}{2}\right) \sin\left(\frac{x + y}{2}\right)$$

$$- \cos\left(\frac{x - y}{2}\right) \sin\left(\frac{x + y}{2}\right) + \sin\left(\frac{x - y}{2}\right) \cos\left(\frac{x + y}{2}\right)$$

und ein Additionstheorem benutzen.

4.9.3 Anwendungsaufgaben

1. In den Naturwissenschaften wird die Temperatur oft in Kelvin angegeben, wobei 0 Kelvin $-273,15$ Grad Celsius entsprechen. Ein Temperaturunterschied von 1 K ist dabei gleich einem Unterschied von 1 °C. Die Umrechnung von Celsius in Fahrenheit, der Temperaturskala, die z. B. in den USA üblich ist, ist etwas komplizierter. 0 °C entsprechen hier 32 °F und 100 °C entsprechen 212 °F, insbesondere ist Fahrenheit anders skaliert als Celsius (ein Grad Celsius entspricht nicht einem Grad Fahrenheit).

(a) Wie viel Kelvin sind 32 °C?

(b) Wie viel Grad Celsius sind 280 K?

(c) Wie viel Grad Fahrenheit sind 50 °C?

(d) Wie viel Grad Celsius sind 77 °F?

(e) Können Sie jeweils eine allgemeine Formel für die Berechnung von Fahrenheit nach Celsius und von Celsius nach Fahrenheit angeben?

2. (a) Eine Biologin untersucht das Verhalten von Grillen bei unterschiedlichen Umgebungstemperaturen. Dabei macht sie die folgenden Beobachtungen:

Temperatur in Grad Fahrenheit	50	60	70	80
Anzahl an Zirpen in 15 Sekunden	10	20	30	40

Anscheinend zirpt diese Grillenart häufiger, je wärmer es wird. Können Sie die Daten als Funktion ausdrücken und eine These aufstellen, wie häufig Grillen ungefähr zum Beispiel bei 55 Grad Fahrenheit zirpen?

(b) Angenommen, Ihre Funktion aus dem ersten Aufgabenteil ist richtig. Können Sie daraus eine Funktion herleiten, die die Temperatur in Grad Celsius abhängig von der Anzahl der Zirpen in 15 Sekunden angibt? (Hinweis: In Anwendungsaufgabe 1 haben Sie evtl. schon eine Formel für die Umrechnung von Celsius in Fahrenheit und umgekehrt berechnet.)

3. Ein Biologe untersucht das Wachstum von Amaryllis. Er beobachtet, dass Pflanzen dieser Gattung innerhalb einiger Wochen von der Knolle zur vollen Pflanze mit Blüten auswachsen. Dazu stellt er die folgende Messtabelle auf:

Zeit in Tagen	0	2	4	6	8	10
Höhe in Zentimeter	4	6	8	10	12	14

(a) Stellen Sie diese Daten grafisch dar.

(b) Können Sie eine Formel für die Graphen angeben?

(c) Angenommen, die Amaryllis wächst mit der gleichen Wachstumsrate weiter. Wie groß wäre sie nach 20 Tagen?

(d) Interpretieren Sie Ihre Ergebnisse. Beschreibt Ihre Formel, zumindest teilweise, das Wachstum von Pflanzen der Gattung Amaryllis? Begründen Sie Ihre Antwort.

4. Der Luftstrom L beim Aus- und Einatmen wird in „bewegter Luftmenge pro Zeiteinheit" gemessen. Er ändert sich in Abhängigkeit von der Zeit näherungsweise nach einer Sinusfunktion.

(a) Stellen Sie den Luftstrom L eines Menschen als Funktion in Abhängigkeit von der Zeit dar. Gehen Sie davon aus, dass der maximale Luftstrom (sowohl beim Ein- als auch beim Ausatmen) 0,5 Liter pro Sekunde ist und ein Atemzyklus (das heißt einmal ein- und einmal ausatmen) ungefähr fünf Sekunden beträgt. Gehen Sie weiter davon aus, dass zum Zeitpunkt $t = 0$ die Lungen leer sind, also zunächst eingeatmet wird. Zeichnen Sie den Graphen Ihrer Funktion und geben Sie sowohl den Definitions- als auch den Wertebereich an.

(b) Drücken Sie die Funktion L näherungsweise durch eine Kosinusfunktion aus (anstatt wie im ersten Aufgabenteil die Funktion L näherungsweise durch eine Sinusfunktion auszudrücken).

5. Eine Bakterienkultur vermehrt sich in jeder Stunde um 50 Prozent. Zu Beginn des Experimentes sind es 1000 Bakterien. Wie viele Bakterien sind es nach 10,3 Stunden?

6. In dieser Aufgabe geht es um das Finden geeigneter Funktionen, die biologische Zusammenhänge beschreiben.

(a) Wir betrachten einen kugelförmigen Kaktus vom Radius r mit Volumen $V = \frac{4}{3}\pi r^3$ und Oberfläche $S = 4\pi r^2$. Drücken Sie das Volumen V als Funktion von S aus. Wie ändert sich das Volumen V, wenn die Oberfläche S verdoppelt wird? (Eine Kugel ist die Form mit der kleinstmöglichen Oberfläche bezogen auf das Volumen. Ein kugelförmiger Kaktus hält damit seinen Wasserverlust durch Verdunstung klein.)

(b) Die Bergmannsche Regel[4] beschreibt die Beobachtung, dass bei endothermen Tieren die Individuen einer Art in kälteren Regionen größer sind als in wärmeren Regionen. Können Sie dieses Phänomen mathematisch erklären? Wird das Verhältnis Oberfläche/Volumen mit steigender Körpergröße größer oder kleiner?

(c) Bei den Weibchen der Schlange *Lampropeltis polyzona* ist die Gesamtlänge l eine Funktion der Schwanzlänge s von der Form $l = as + b$ mit reellen Zahlen a und b. Die folgenden Messdaten sind gegeben:

s (in mm)	60	140
l (in mm)	455	1050

Können Sie aus diesen Messdaten eine Funktion $l(s)$ von obiger Form $l = as + b$ mit reellen Zahlen a und b bestimmen? Welche Gesamtlänge hat eine Schlange bei einer Schwanzlänge von 100 mm?

7. Für unsere geographische Breite (in Göttingen) ist der kürzeste Tag 7,82 Stunden lang, der längste Tag dauert dagegen 16,63 Stunden. Wir wollen die im einleitenden Beispiel 4.2 verwendete und in Abb. 4.10 dargestellte Funktion f herleiten. $f(t)$ ist eine Funktion (t in Tagen, $t = 0$ entspreche 0 Uhr am 1. Januar), mit deren Hilfe man für jeden Tag des Jahres dessen Länge in Stunden genähert berechnen kann.

(a) Zunächst ist es sinnvoll, den Graphen der Sinusfunktion auf dem Intervall $[0, 2\pi]$ zu zeichnen. Zeichnen Sie ebenfalls den Graphen der Funktion $f(x) = 4 \cdot \sin(x)$.

(b) Wie müssen Sie die Funktion $f(x)$ verändern, damit der Graph der neuen Funktion g den um 5 nach rechts verschobenen Graphen der ursprünglichen Funktion f besitzt? Geben Sie außerdem eine Funktion h an, deren Graph gleich dem um 3 nach oben verschobenen Graph der Funktion g ist.

(c) Wir machen nun den Ansatz

$$f(t) = m + A(\sin(wt + p))$$

[4] Begon, M., Harper, J., Townsend, C.: *Ökologie* S. 44

mit Konstanten m, A, w, p. Wir gehen davon aus, dass der längste Tag des Jahres auf den 21. Juni und der kürzeste Tag auf den 21. Dezember fällt. Weiter nehmen wir zur Vereinfachung an, dass ein Jahr 360 Tage lang ist und jeder Monat aus 30 Tagen besteht (damit ist der 21. Juni der 171. Tag des Jahres). Mit den oben angegebenen Daten sollen nun die Größen m, A,w und p in unserem Ansatz bestimmt werden. Gehen Sie dazu wie folgt vor:

- Bestimmen Sie zunächst die reelle Zahl A, indem Sie den Unterschied zwischen dem kürzesten und dem längsten Tag des Jahres berücksichtigen. (Hinweis: Hier ist der Aufgabenteil (a) hilfreich.)
- Bestimmen Sie w: Wie müssen Sie in einer Sinusfunktion den Faktor w ändern, um anstatt einer Periode von 2π eine Periode von 360 zu erhalten?
- Bestimmen Sie anschließend die reellen Zahlen m und p. (Hinweis: Hier ist es hilfreich, den Graphen der Funktion f zu zeichnen und den Aufgabenteil (b) zu benutzen.)

(d) Wir betrachten eine weitere Pflanze, die (in der Nacht) blüht, sobald die Nacht nach der Sommersonnenwende das erste Mal länger als 9,4 Stunden ist. Wie können Sie hier das Datum der Nacht der Blüte bestimmen?

8. Eine Population von Bakterien besteht zum Zeitpunkt $t = 0$ aus 25.000 Mitgliedern. Die Anzahl der Bakterien wächst exponentiell, so dass sich nach drei Stunden die Anzahl jeweils verdreifacht.

   (a) Geben Sie eine allgemeine Funktion $f : [0, \infty) \to [0, \infty)$ an, für die $f(t)$ die Größe der Bakterienpopulation nach t Stunden beschreibt.

   (b) Aus wie vielen Bakterien besteht die Population nach einer halben Stunde?

   (c) Nach welcher Zeit hat die Population die Größe von 100.000 überschritten?

   (d) Wie sieht das langfristige Verhalten der Population aus? Berechnen Sie hierzu $\lim_{t \to \infty} f(t)$. Ist dieses Ergebnis realistisch?

9. In einer biochemischen Reaktion, die durch ein Enzym gesteuert wird, ist die Umwandlungsgeschwindigkeit $y = f(x)$ näherungsweise von der Konzentration x des Substrats gemäß folgender Funktion abhängig:

$$f(x) := \frac{Bx}{x + K},$$

wobei B und K konstante reelle Zahlen sind. Diese Funktion wird nach Leonor Michaelis und Maud Leonora Menten als *Michaelis-Menten-Funktion* bezeichnet. Umkehrt kann man mithilfe der Funktion f von der Umwandlungsgeschwindigkeit auf die Substratkonzentration x schließen. Bestimmen Sie hierzu die Umkehrfunktion der Michaelis-Menten-Funktion $f(x)$ für $f : [0, \infty) \to [0, \infty)$ und positive $B, K \in \mathbb{R}$.

Differenzieren und Kurvendiskussion

5

Einleitendes Beispiel 5.1

In Kap. 4 haben wir in Anwendungsaufgabe 3 in Abschn. 4.9.3 das Wachstum einer Amaryllis untersucht und dieses während ihrer Wachstumsphase (also bis zum 10. Tag) näherungsweise durch die Funktion $f(t)$ mit $f(t) = t+4$ beschrieben, wobei t die Zeit in Tagen und $f(t)$ die Höhe der Pflanze in Zentimetern bezeichnet. Die Pflanze wächst dabei mit einer bestimmten Geschwindigkeit, zum Beispiel um 10 cm innerhalb von 10 Tagen. Wie hoch ist die Wachstumsrate der Pflanze am ersten Tag? Unterscheidet sie sich von der Wachstumsrate am 5. Tag, d. h. wächst sie zum Beispiel am Anfang schneller als zu einem späteren Zeitpunkt?

Einleitendes Beispiel 5.2

Galilei[1] untersuchte das Abrollen eines Balls auf einer schiefen Ebene. Dabei hat er jeweils gemessen, wie weit der Ball in welcher Zeitdauer rollte. Er schrieb „... bei wohl hundertfacher Wiederholung fanden wir stets, dass die Strecken sich verhielten wie die Quadrate der Zeiten...". Eine mögliche Messreihe war

Zeit t in Sekunden	0	1	2	3	4	5
vom Ball bis zur Zeit t zurückgelegte Strecke in Meter	0	0,5	2	4,5	8	12,5

Wie hoch ist die Geschwindigkeit eines solchen Balls zu einem festen Zeitpunkt, zum Beispiel zum Zeitpunkt $t = 2$? Ändert sich die Geschwindigkeit mit der Zeit?

Einleitendes Beispiel 5.3

Ein neues Medikament wird im Labor getestet. Seine Konzentration im Blut wird regelmäßig gemessen, die Angabe erfolgt in Milligramm pro Liter. Eine Versuchsreihe ergab nun, dass das Medikament nach der Funktion $A(t) = 5 \cdot 0{,}75^t$ abgebaut wird.

---

[1] siehe Feynman, R., Leighton, R., Sand, M.: *Feynman, Vorlesungen über Physik, Band I – Mechanik, Strahlung und Wärme*. Addison-Wesley.

A. Eickhoff-Schachtebeck, A. Schöbel, *Mathematik in der Biologie*,
DOI 10.1007/978-3-642-41844-0_5, © Springer-Verlag Berlin Heidelberg 2014

Dies bedeutet, dass zu Beginn die Konzentration $A(0) = 5$ Milligramm pro Liter, jedoch nach t Stunden nur noch $A(t)$ Milligramm pro Liter beträgt. Wie hoch ist die momentane Änderungsrate zu Beginn des Experiments, also zum Zeitpunkt $t = 0$, im Vergleich zum Zeitpunkt $t = 5$? Was bedeuten diese Änderungsraten biologisch?

Einleitendes Beispiel 5.4

Wir betrachten jetzt Forschungen zur Behandlung von Krebspatienten mit dem Mistelwirkstoff Lektin. Angenommen, für ein Präparat weiß man bereits, dass die Aktivität sogenannter „Natürlicher Killerzellen", die an der Tumorabwehr beteiligt sind, von der Dosis x in Mikroliter (µl) pro Kilogramm Körpergewicht gemäß der Funktion $f(x) = \frac{5}{9} \cdot (85 - 8x - \frac{50}{x})$ abhängt[2]. $f(x)$ gibt also an, wie hoch die Aktivität der Killerzellen ist. Es stellt sich die Frage nach der optimalen Dosis, also der Dosis, bei der die höchste Aktivität der Killerzellen erreicht wird. Außerdem ist es wichtig zu wissen, ob es Dosierungen gibt, die die Aktivität der Killerzellen negativ beeinflussen.

Die Wachstumsraten der Funktionen in den obigen Beispielen kann man jeweils mit der sogenannten Ableitung einer Funktion berechnen. Wir wollen in diesem Kapitel das Verhalten von Funktionen und ihren Ableitungen untersuchen und zeigen, wie man die Ergebnisse zur Bestimmung von Maxima nutzen kann.

▶ **Ziel:** Definition der Ableitung einer Funktion. Berechnung von lokalen Extremstellen und Wendepunkten.

5.1 Differenzieren

Anwendung: Wachstum einer Amaryllis

Beginnen wir mit dem einleitenden Beispiel 5.1. Der Graph der Wachstumsfunktion $f(t) = t + 4$ einer Amaryllis ist in Abb. 5.1 dargestellt. Am Graphen der Funktion erkennt man, dass die Funktion das Wachstum der Pflanze nur für einen kurzen Zeitraum beschreiben kann, sonst würde sie immer weiter in die Höhe wachsen. Wir interessieren uns aber nur für solch einen Zeitraum, nämlich die Wachstumsphase, also mathematisch für die auf das Intervall $D = [0, 10]$ eingeschränkte Funktion $f : D \to \mathbb{R}$. Die Amaryllis ist im Zeitraum von Tag $t = 0$ bis Tag $t = 5$ um 5 Zentimeter gewachsen, ihre durchschnittliche Wachstumsrate in diesem Zeitraum beträgt folglich $\frac{5\,\text{cm}}{5\,\text{Tage}} = 1\,\frac{\text{cm}}{\text{Tag}}$. Um die Wachstumsrate zwischen dem ersten und zweiten Tag zu bestimmen, rechnen wir

$$\frac{\text{Größe nach 2 Tagen} - \text{Größe nach 1 Tag}}{1\,\text{Tag}} = \frac{f(2) - f(1)}{1} = 1.$$

---

[2] siehe hierzu Brandt, D., Reinelt, G.: *Lambacher Schweizer Gesamtband Oberstufe mit CAS*, Klett.

Abb. 5.1 Höhe $f(x)$ in cm
einer Amaryllis nach x Tagen

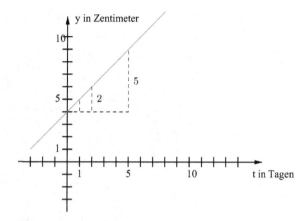

Die Wachstumsrate zwischen Tag t und Tag $t + 1$ beträgt analog

$$\frac{\text{Größe nach } t + 1 \text{ Tagen} - \text{Größe nach } t \text{ Tagen}}{1 \text{ Tag}} = \frac{f(t + 1) - f(t)}{1}$$

$$= \frac{t + 1 + 4 - (t + 4)}{1} = 1.$$

Also ändert sich die Wachstumsrate nicht; sie ist an allen Tagen gleich 1.

In der eben beschriebenen Anwendung war die Wachstumsrate konstant. Das gilt allerdings nicht allgemein: Wachstumsraten können sich durchaus ändern, und das kommt in der Natur auch oft vor.

Anwendungsbeispiel

In sogenannten *Somatogrammen* wird dargestellt, wie sich die Körpermaße (Länge, Gewicht, Kopfumfang) eines Säuglings, Kleinkindes oder Jugendlichen über die Zeit entwickeln. Dabei wird auf der x-Achse das Alter und auf der y-Achse der entsprechende Messwert aufgetragen. In dieses Koordinatensystem sind außerdem sogenannte *Perzentilkurven* mit der statistischen Normalverteilung des jeweiligen Messwertes für die unterschiedlichen Altersstufen eingezeichnet. Möchte man nun feststellen, ob sich ein Kind normal entwickelt, so trägt man die gemessenen Werte in das Koordinatensystem ein und kann anschließend ablesen, wie viel Prozent der gleichaltrigen Kinder kleiner oder leichter sind.

Ein Somatogramm, wie es in jedem Kinderuntersuchungsheft enthalten ist, wird in Abb. 5.2 dargestellt. Die Kreuze geben die konkreten Messwerte eines Kindes an. Die Perzentilkurven zeigen, dass die typische Wachstumsrate eines Kindes nicht konstant ist.

In der nun folgenden Diskussion des einleitende Beispiels 5.2 geht es nicht um Wachstum. Allerdings beschäftigt sich auch dieses Beispiel mit der Änderungsrate von Funktionen, und auch hier sind die Änderungsraten nicht konstant.

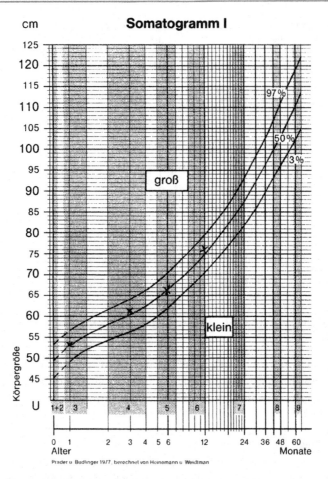

cm   **Somatogramm I**

Abb. 5.2 Das in den Kinderuntersuchungsheften enthaltene Somatogramm stellt dar, in welchem Korridor sich der typische Wachstumsverlauf von Kindern bis zum Alter von 60 Monaten bewegt. Man sieht, dass die Wachstumsrate nicht konstant ist

Anwendung: Abrollen eines Balles

Eine Funktion, die die zurückgelegte Strecke des Balls in Abhängigkeit von der Zeit beschreibt, ist gegeben durch

$$f(t) = 0{,}5t^2,$$

ihr Graph ist in Abb. 5.3 dargestellt.

Die durchschnittliche Geschwindigkeit des Balls im Zeitraum zwischen $t_1 = 2$ und $t_2 = 5$ beträgt

$$\frac{\text{zurückgelegte Strecke in m}}{\text{benötigte Zeit in s}} = \frac{f(5) - f(2)}{5 - 2}\frac{\text{m}}{\text{sec}} = \frac{10{,}5}{3}\frac{\text{m}}{\text{sec}} = 3{,}5\frac{\text{m}}{\text{sec}}.$$

Abb. 5.3 Zurückgelegte
Strecke eines Balls auf einer
schiefen Ebene nach t Sekunden in Metern

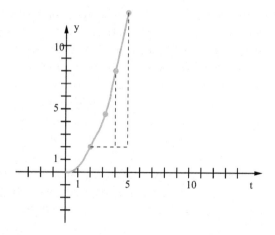

Dies entspricht geometrisch der Steigung der Geraden durch die Punkte $(2; f(2))$ und $(5; f(5))$ des Graphen der Funktion.

Dagegen ist die Durchschnittsgeschwindigkeit im Zeitraum zwischen $t_1 = 2$ und $t_2 = 4$ gegeben durch

$$\frac{f(4) - f(2)}{4 - 2} \frac{m}{sec} = \frac{8 - 2}{2} \frac{m}{sec} = \frac{6}{2\,sec} m = 3\frac{m}{sec}.$$

Dies entspricht geometrisch der Steigung der Geraden durch die Punkte $(2; f(2))$ und $(4; f(4))$.

Die Durchschnittsgeschwindigkeit in dem Zeitraum zwischen $t_1 = 2$ und $t_2 = 2 + h$ mit einer beliebigen Zahl $h > 0$ ist

$$\begin{aligned}
\text{Diff}(h) &:= \frac{f(2 + h) - f(2)}{2 + h - 2} \frac{m}{sec} \\
&= \frac{0{,}5 \cdot (2 + h)^2 - 2}{h} \frac{m}{sec} \\
&= \frac{0{,}5 \cdot (4 + 4h + h^2) - 2}{h} \frac{m}{sec} \\
&= \frac{2h + 0{,}5h^2}{h} \frac{m}{sec} \\
&= 2 + 0{,}5h \frac{m}{sec}.
\end{aligned}$$

Hierbei haben wir im letzten Schritt ausgenutzt, dass $h \neq 0$ ist, und den Zähler und den Nenner durch h gekürzt. Die Funktion Diff wird auch der *Differenzenquotient* (in unserem Fall an der Stelle $t = 2$) genannt.

Um die (momentane) Geschwindigkeit zu einem Zeitpunkt (und nicht die Durchschnittsgeschwindigkeit innerhalb eines Zeitraumes) zu bestimmen, verkleinern wir den Zeitraum, in dem wir die durchschnittliche Geschwindigkeit berechnen.

Die (momentane) Geschwindigkeit zum Zeitpunkt $t = 2$ erhalten wir, indem wir den Zeitraum h immer weiter (bis zu einem Moment) verkleinern. Wir suchen also den in Abschn. 4.4 eingeführten Grenzwert der Funktion Diff(h) an der Stelle $h = 0$. Dazu lassen wir die Zahl h gegen Null gehen und erhalten:

$$\lim_{h \to 0} \text{Diff}(h) = \lim_{h \to 0} 2 + 0{,}5h \, \frac{m}{\sec}$$
$$= 2 \frac{m}{\sec},$$

das heißt die Geschwindigkeit des Balls zum Zeitpunkt $t = 2$ beträgt $2\frac{m}{\sec}$. Um die Geschwindigkeit zu einem anderen Zeitpunkt, z. B. für $t = 5$, zu bestimmen, müssen wir ganz analog zum Fall $t = 2$ den Grenzwert $\lim\limits_{h \to 0} \frac{f(5+h)-f(5)}{h}$ berechnen. Wir erhalten

$$\lim_{h \to 0} \frac{f(5+h) - f(5)}{h} \frac{m}{\sec} = \lim_{h \to 0} \frac{0{,}5 \cdot (5+h)^2 - 12{,}5}{h} \frac{m}{\sec}$$
$$= \lim_{h \to 0} \frac{0{,}5 \cdot (25 + 10h + h^2) - 12{,}5}{h} \frac{m}{\sec}$$
$$= \lim_{h \to 0} \frac{10h + 0{,}5h^2}{h} \frac{m}{\sec}$$
$$= \lim_{h \to 0} 10 + 0{,}5h \frac{m}{\sec}$$
$$= 10 \frac{m}{\sec}.$$

Die Geschwindigkeit des Balls ändert sich also von Zeitpunkt zu Zeitpunkt (d. h. die Änderungsrate der Funktion ist nicht wie im einleitenden Beispiel 5.2 konstant). Der Ball wird auf einer schiefen Ebene mit der Zeit immer schneller.

Der Begriff der Differenzierbarkeit

In der folgenden Definition vereinheitlichen wir die beiden Begriffe „Wachstumsrate" aus Problem 1 und „Geschwindigkeit" aus dem einleitenden Beispiel 5.2:

Definition
Eine Funktion $f : D \to \mathbb{R}$ heißt *differenzierbar im Punkt* $x_0 \in D$, wenn der Grenzwert des Differenzenquotienten

$$\lim_{h \to 0} \frac{f(x_0 + h) - f(x_0)}{h}$$

Abb. 5.4 Man erhält die Tangente im Punkt $(x_0, f(x_0))$, indem man eine Sekante durch diesen Punkt so lange um diesen Punkt dreht, bis sie den Graphen berührt

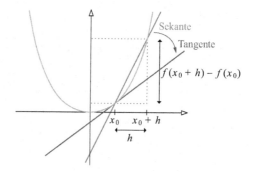

existiert. Ist dies der Fall, so heißt

$$f'(x_0) := \lim_{h \to 0} \frac{f(x_0 + h) - f(x_0)}{h}$$

Ableitung von f im Punkt x_0. Ist die Funktion f in jedem Punkt ihres Definitionsbereiches D differenzierbar, so heißt die gesamte Funktion f differenzierbar.

Geometrisch kann man den Wert des Differenzenquotienten

$$\mathrm{Diff}(h) = \frac{f(x_0 + h) - f(x_0)}{h}$$

als Steigung der Geraden durch die Punkte $(x_0, f(x_0))$ und $(x_0 + h, f(x_0 + h))$ interpretieren. Diese Gerade bezeichnet man auch als *Sekante*. Durch den Grenzprozess

$$\lim_{h \to 0} \frac{f(x_0 + h) - f(x_0)}{h}$$

nähern wir den Punkt $(x_0 + h, f(x_0 + h))$ immer weiter an den Punkt $(x_0, f(x_0))$ an. Das heißt, wir drehen die entsprechende Sekante bis sie den Graphen der Funktion nicht mehr schneidet, sondern im Punkt $(x_0, f(x_0))$ berührt und damit zur *Tangente* an den Graphen der Funktion wird. Dies wird in Abb. 5.4 verdeutlicht.

1. Sei $f : \mathbb{R} \to \mathbb{R}$ mit $f(x) = -x + 2$. Sei $x_0 \in \mathbb{R}$ beliebig. Dann gilt

$$
\begin{aligned}
f'(x_0) = \lim_{h \to 0} \frac{f(x_0 + h) - f(x_0)}{h} &= \lim_{h \to 0} \frac{(-(x_0 + h) + 2) - (-x_0 + 2)}{h} \\
&= \lim_{h \to 0} \frac{-x_0 - h + 2 + x_0 - 2}{h} \\
&= \lim_{h \to 0} -1 \\
&= -1.
\end{aligned}
$$

Die Ableitung der Funktion f ist also an jeder Stelle x_0 gleich -1, wir schreiben $f'(x_0) = -1$ für alle $x_0 \in \mathbb{R}$.

2. Sei nun $g : \mathbb{R} \to \mathbb{R}$ mit $g(x) = x^2$ und erneut $x_0 \in \mathbb{R}$ beliebig. Dann gilt

$$
\begin{aligned}
g'(x_0) = \lim_{h \to 0} \frac{g(x_0 + h) - g(x_0)}{h} &= \lim_{h \to 0} \frac{(x_0 + h)^2 - x_0^2}{h} \\
&= \lim_{h \to 0} \frac{x_0^2 + 2x_0 h + h^2 - x_0^2}{h} \\
&= \lim_{h \to 0} \frac{h^2 + 2x_0 h}{h} \\
&= \lim_{h \to 0} (h + 2x_0) \\
&= 2x_0.
\end{aligned}
$$

Die Ableitung der Funktion $g : \mathbb{R} \to \mathbb{R}$ mit $g(x) = x^2$ an einer Stelle x_0 ist also gleich $2x_0$, wir schreiben $g'(x_0) = 2x_0$ für alle $x_0 \in \mathbb{R}$.

3. Die Bedingung „wenn der Grenzwert $\lim_{h \to 0} \dfrac{f(x_0 + h) - f(x_0)}{h}$ existiert" ist wichtig: Es gibt Funktionen, bei denen das nicht der Fall ist, und die entsprechend nicht differenzierbar sind. Im folgenden Beispiel geben wir eine Funktion an, die an der Stelle $x_0 = 0$ nicht differenzierbar ist: Sei $f : \mathbb{R} \to \mathbb{R}$ mit

$$
f(x) = |x|
$$

und $x_0 = 0$. Wir betrachten den Differenzenquotienten an der Stelle $x_0 = 0$:

$$
\text{Diff}(h) = \frac{|0 + h| - |0|}{h} = \frac{|h|}{h}
$$

und bestimmen den Grenzwert von $\text{Diff}(h)$ an der Stelle $h = 0$.

Dazu wenden wir unsere Erkenntnisse aus Abschn. 4.4.1 an und bestimmen den rechtsseitigen und den linksseitigen Grenzwert von der Funktion $\text{Diff}(h)$:

Abb. 5.5 Graph der Funktion $f(x) = |x|$ (in blau). Diese ist im Punkt $x_0 = 0$ nicht differenzierbar, es gibt keine eindeutige Tangente in diesem Punkt. In rot, violett und grün sind beispielhaft drei Tangenten dargestellt

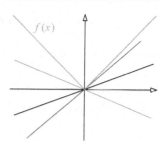

- Für die Folge (h_n) mit $h_n := \frac{1}{n}$ gilt $\lim\limits_{n\to\infty} h_n = 0$ und wir erhalten

$$\lim_{n\to\infty} \frac{|0 + h_n| - |0|}{h_n} = \lim_{n\to\infty} \frac{h_n}{h_n}$$
$$= \lim_{n\to\infty} \frac{|\frac{1}{n}|}{\frac{1}{n}}$$
$$= 1.$$

Das gleiche gilt für alle anderen Folgen „von rechts"; der rechtsseitige Grenzwert beträgt also 1.

- Genauso konvergiert die Folge $\widetilde{h}_n$ mit $\widetilde{h}_n := -\frac{1}{n}$ von links gegen 0. Es ist jedoch

$$\lim_{n\to\infty} \frac{|0 + \widetilde{h}_n| - |0|}{\widetilde{h}_n} = \lim_{n\to\infty} \frac{|\widetilde{h}_n|}{\widetilde{h}_n}$$
$$= \lim_{n\to\infty} \frac{\frac{1}{n}}{-\frac{1}{n}}$$
$$= -1.$$

Auch das gilt für alle sich von links an 0 annähernden Folgen, der linksseitige Grenzwert ist also -1.

Der Grenzwert von Diff(h) existiert an der Stelle $h = 0$ folglich nicht, und damit ist die Funktion f in diesem Punkt nicht differenzierbar. Anschaulich kann man sich dies mithilfe von Abb. 5.5 klar machen. Im Punkt $x_0 = 0$ gibt es nicht nur eine, sondern viele mögliche Tangenten. Damit ist nicht klar, welche der Tangenten man zur Bestimmung der Steigung in diesem Punkt wählen soll.

5.2 Beispiele für differenzierbare Funktionen

Im vorigen Abschnitt haben wir gesehen, dass die beiden Funktionen $f : \mathbb{R} \to \mathbb{R}$ mit $f(x) = -x + 2$ und $g : \mathbb{R} \to \mathbb{R}$ mit $g(x) = x^2$ differenzierbar sind. Wir wollen das nun für allgemeinere Funktionenklassen untersuchen.

Betrachten wir zuerst lineare Funktionen $f : \mathbb{R} \to \mathbb{R}$ mit

$$f(x) = mx + b$$

mit Steigung $m \in \mathbb{R}$ und y-Achsenabschnitt $b \in \mathbb{R}$. Der Differenzenquotient von f in einem Punkt $x_0 \in \mathbb{R}$ ist

$$\text{Diff}(h) = \frac{f(x_0 + h) - f(x_0)}{h} = \frac{m(x_0 + h) + b - (mx_0 + b)}{h} = \frac{mh}{h} = m.$$

Dieser Wert ist unabhängig von der Wahl des Punktes x_0, die Ableitung einer linearen Funktion ist also konstant und immer gleich dem Wert m ihrer Steigung. Wir schreiben

$$f'(x) = m \text{ für alle } x \in \mathbb{R}$$

Für konstante Funktionen $f(x) = b$ ist $m = 0$ und es ergibt sich als Spezialfall eine Ableitung von Null, d. h. $f'(x) = 0$ für alle x.

Für andere Funktionen kann man ihre Ableitungen nicht so schnell bestimmen. Der folgende Satz stellt uns die Ableitungen von $f(x) = x^n$, $f(x) = \exp(x)$ und von $f(x) = \sin(x)$ zur Verfügung. Mithilfe dieser Grundbausteine erhalten wir später viele weitere Ableitungsregeln. Im Rahmen eines Exkurses gehen wir auf die Herleitungen des Satzes ein.

Satz

Die folgenden Funktionen sind differenzierbar.

1. Die Funktion $f : \mathbb{R} \to \mathbb{R}$ mit $f(x) = x^n$ ist differenzierbar mit der Ableitung

$$f'(x) = n \cdot x^{n-1}.$$

2. Die Exponentialfunktion $\exp : \mathbb{R} \to \mathbb{R}$ ist differenzierbar mit der Ableitung

$$\exp'(x) = \exp(x).$$

3. Die Sinusfunktion $\sin : \mathbb{R} \to \mathbb{R}$ ist differenzierbar mit der Ableitung

$$\sin(x)' = \cos(x).$$

Exkurs

Dieser Satz ist wichtig und lässt sich anhand der bisher erarbeiteten Ergebnisse beweisen.

Beweis: Wir betrachten zunächst folgenden Ausdruck:

$$(x + h)^j = x^j + jx^{j-1}h + h^2 \cdot \text{Rest}(x, h),$$

wobei wir uns (wie wir gleich sehen werden) nicht die Mühe machen müssen, den $\text{Rest}(x, h)$ – der von x und von h abhängt – näher zu bestimmen. Wir stellen die Formel noch um und erhalten

$$(x + h)^j - x^j = jx^{j-1}h + h^2 \cdot \text{Rest}(x, h).$$

1. Wir bestimmen den Differenzenquotienten der Funktion $f(x) = x^n$.

$$\begin{aligned}
\frac{f(x + h) - f(x)}{h} &= \frac{(x + h)^n - x^n}{h} \\
&= \frac{x^n + nx^{n-1}h + h^2\text{Rest}(x, h) - x^n}{h} \\
&= nx^{n-1} + h\text{Rest}(x, h)
\end{aligned}$$

Für $h \to 0$ ergibt sich die Ableitung entsprechend zu

$$\lim_{h \to 0} \frac{f(x + h) - f(x)}{h} = \lim_{h \to 0} \left(nx^{n-1} + h\text{Rest}(x, h) \right) = nx^{n-1}$$

2. Um die Ableitung der Exponentialfunktion zu bestimmen, erinnern wir uns zunächst an ihre Definition:

$$\exp(x) = \sum_{n=0}^{\infty} x^n$$

und rechnen dann folgendermaßen:

$$\begin{aligned}
\lim_{h \to 0} \frac{\exp(x + h) - \exp(x)}{h} &= \lim_{h \to 0} \frac{\sum_{n=0}^{\infty} \frac{(x+h)^n}{n!} - \sum_{n=0}^{\infty} \frac{x^n}{n!}}{h} \\
&= \lim_{h \to 0} \frac{1 + \sum_{n=1}^{\infty} \left(\frac{x^n}{n!} + \frac{nx^{n-1}h}{n!} + \frac{h^2\,\text{Rest}(x,h)}{n!} \right) - \left(1 + \sum_{n=1}^{\infty} \frac{x^n}{n!} \right)}{h} \\
&= \lim_{h \to 0} \left(\sum_{n=1}^{\infty} \frac{nx^{n-1}}{n!} + h(\text{Rest}(x, h)) \right) \\
&= \sum_{n=1}^{\infty} \frac{x^{n-1}}{(n - 1)!} \\
&= \sum_{n=0}^{\infty} \frac{x^n}{n!} \\
&= \exp(x).
\end{aligned}$$

3. Der Teil über die Sinusfunktion kann mithilfe des Additionstheorems

$$\sin(x) - \sin(y) = 2 \cos\left(\frac{x+y}{2}\right) \sin\left(\frac{x-y}{2}\right)$$

(siehe Aufgabe 9 in Kap. 4.9.2) und $\lim\limits_{h \to 0} \dfrac{\sin(h)}{h} = 1$ gezeigt werden:

$$\lim_{h \to 0} \frac{\sin(x+h) - \sin(x)}{h} = \lim_{h \to 0} \left(\frac{2}{h} \cos\left(\frac{2x+h}{2}\right) \sin\left(\frac{h}{2}\right)\right)$$

$$= \cos(x) \lim_{h \to 0} \frac{2}{h} \sin(\frac{h}{2})$$

$$= \cos(x) \lim_{h \to 0} \frac{\sin(\frac{h}{2})}{\frac{h}{2}}$$

$$= \cos(x).$$

$\square$

5.3 Ableitungsregeln

Der vorherige Exkurs zeigt, dass es mühsam ist, für jede Funktion einzeln mithilfe der Definition der Differenzierbarkeit nachzuprüfen, ob sie differenzierbar ist und anschließend ihre Ableitung zu berechnen. In der Praxis sind daher die folgenden Ableitungsregeln sehr nützlich:

Satz
Seien $f : D \to \mathbb{R}$ und $g : D \to \mathbb{R}$ zwei differenzierbare Funktionen. Dann gilt

Summenregel: Die Summe $f + g : D \to \mathbb{R}$ der Funktionen f und g ist differenzierbar. Für ihre Ableitung $(f + g)'$ gilt

$$(f + g)'(x) = f'(x) + g'(x)$$

für alle $x \in D$.
Produktregel: Die Produktfunktion $f \cdot g : D \to \mathbb{R}$ mit $(f \cdot g)(x) = f(x) \cdot g(x)$ ist differenzierbar mit der Ableitung

$$(f \cdot g)'(x) = f'(x)g(x) + f(x)g'(x)$$

für alle $x \in D$. Insbesondere ist für eine Konstante c die Ableitung von $h(x) = cf(x)$ gegeben durch $h'(x) = cf'(x)$.

Quotientenregel: Ist $g(x) \neq 0$ für alle x aus dem Definitionsbereich D, so ist die Quotientenfunktion $\frac{f}{g} : D \to \mathbb{R}$ mit $\frac{f}{g}(x) = \frac{f(x)}{g(x)}$ differenzierbar mit der Ableitung

$$\left(\frac{f}{g}\right)'(x) = \frac{f'(x)g(x) - f(x)g'(x)}{(g(x))^2}$$

für alle $x \in D$.

Kettenregel: Sind $f : D \to E$ und $g : E \to \mathbb{R}$ differenzierbar, so ist die Kompositionsabbildung $g \circ f : D \to \mathbb{R}$ mit $(g \circ f)(x) = g(f(x))$ differenzierbar mit der Ableitung

$$(g \circ f)'(x) = g'(f(x)) \cdot f'(x)$$

für alle $x \in D$, die Ableitung der Komposition ist also gleich dem Produkt der äußeren Ableitung mit der inneren Ableitung.

Umkehrregel: Ist $f : D \to \mathbb{R}$ injektiv, so existiert eine Umkehrfunktion $g : f(D) \to D$ mit $g(f(x)) = x$ (siehe Abschn. 4.3). Dann ist die Ableitung g' der Umkehrfunktion gleich

$$g'(f(x)) = \frac{1}{f'(x)}$$

für alle $x \in D$.

Exkurs

Formal kann man alle diese Ableitungsregeln mithilfe der Definition der Differenzierbarkeit beweisen. Wir führen dies am Beispiel der Produktregel vor:

Beweis: Die Funktionen $f : D \to \mathbb{R}$ und $g : D \to \mathbb{R}$ sind differenzierbar, und es gilt

$$f'(x) = \lim_{h \to 0} \frac{f(x+h) - f(x)}{h}$$

sowie

$$g'(x) = \lim_{h \to 0} \frac{g(x+h) - g(x)}{h}.$$

Damit folgt

$$\lim_{h \to 0} \frac{f(x+h)g(x+h) - f(x)g(x)}{h}$$

$$= \lim_{h \to 0} \frac{f(x+h)g(x+h) \overbrace{- f(x+h)g(x) + f(x+h)g(x)}^{=0} - f(x)g(x)}{h}$$

$$= \lim_{h \to 0} \left(f(x+h)\frac{g(x+h) - g(x)}{h} + \frac{f(x+h) - f(x)}{h}g(x) \right)$$

$$= f(x)g'(x) + f'(x)g(x). \qquad \square$$

Wir demonstrieren die Ableitungsregeln an ein paar einfachen Beispielen.

Beispiele

1. Die Ableitung von $h(x) = x^2 + \sin(x)$ bestimmt man, indem man $f(x) = x^2$ und $g(x) = \sin(x)$ getrennt ableitet und die Ableitungen summiert. Wir erhalten also

$$h'(x) = f'(x) + g'(x) = 2x + \cos(x)$$

2. Die Funktion $h(x) = x^2 \cdot \sin(x)$ kann man nach der Produktregel ableiten: Wie eben verwenden wir $f(x) = x^2$ und $g(x) = \sin(x)$ und berechnen dann

$$h'(x) = f'(x)g(x) + f(x)g'(x) = 2x \sin(x) + x^2 \cos(x)$$

3. Für eine Konstante $c \in \mathbb{R}$ bestimmt man die Ableitung von $h(x) = c \cdot f(x)$ ebenfalls nach der Produktregel. Dabei ist $g(x) = c$, also $g'(x) = 0$. Man erhält:

$$h'(x) = 0 + c \cdot f'(x) = c \cdot f'(x).$$

Dies ist auch als *Konstantenregel* bekannt.

4. Zur Illustration der Quotientenregel betrachten wir $h : \mathbb{R} \to \mathbb{R}$ mit

$$h(x) = \frac{x^2}{\sin(x) + 2}.$$

Da $\sin(x) + 2 \neq 0$ für alle $x \in \mathbb{R}$ ist h überall differenzierbar. Wir setzen $f(x) = x^2$ und $g(x) = \sin(x) + 2$. Die Ableitung $g'(x) = \cos(x)$ von g ergibt sich nach der Summenregel. Die Ableitung von $h(x)$ lässt sich damit berechnen zu

$$h'(x) = \frac{f'(x)g(x) - f(x)g'(x)}{(g(x))^2} = \frac{2x(\sin(x) + 2) - x^2 \cos(x)}{(\sin(x) + 2)^2}$$

$$= \frac{2x \sin(x) + 4x - x^2 \cos(x)}{(\sin(x) + 2)^2}$$

5. Als Beispiel für die Kettenregel betrachten wir $h(x) = \sin(x^2)$. Die Funktion h lässt sich schreiben als Komposition $h = g \circ f$ mit $g(x) = \sin(x)$ und $f(x) = x^2$. Damit ergibt sich die Ableitung von h als

$$h'(x) = g'(f(x)) \cdot f'(x) = \cos(f(x)) \cdot f'(x) = 2x \cos(x^2).$$

6. $g(y) = \sqrt{y}$ mit Definitionsbereich $D = [0, \infty)$ ist die Umkehrfunktion der Funktion $f : [0, \infty) \to [0, \infty)$ mit $f(x) = x^2$. Das nutzen wir, um die Ableitung von g zu bestimmen:

$$g'(f(x)) = g'(x^2) = \frac{1}{2x}.$$

Ersetzen wir nun $y = x^2$ oder, nach x aufgelöst, $x = \sqrt{y}$, so erhalten wir die Ableitung von g für alle $y \in [0, \infty)$ als:

$$g'(y) = \frac{1}{2\sqrt{y}}.$$

Mithilfe obiger Ableitungsregeln können wir nun auch die Ableitungen von weiteren Typen von Funktionen bestimmen

Die Ableitung von Polynomen

Wir wollen die Ableitung eines Polynoms $f : \mathbb{R} \to \mathbb{R}$ mit

$$f(x) = a_n x^n + a_{n-1} x^{n-1} + \ldots + a_1 x + a_0$$

für reelle Zahlen $a_n, a_{n-1} \ldots, a_1, a_0$ bestimmen. Dazu leiten wir jeden Summanden getrennt ab. Wir kennen schon die Ableitung von $h(x) = x^j$, nämlich $h'(x) = j x^{j-1}$. Nach der Konstantenregel erhalten wir als Ableitung von $h(x) = a_j x^j$ also $h'(x) = a_j j x^{j-1}$. Setzen wir die einzelnen Ableitungen mit der Summenregel zusammen, so wissen wir, dass die Polynomfunktion $f(x)$ differenzierbar ist und ihre Ableitung durch

$$f'(x) = a_n n x^{n-1} + a_{n-1}(n-1)x^{n-2} + \ldots + a_1$$

gegeben ist.

Die Ableitung der Kosinusfunktion

Wir wollen die Ableitung der Kosinusfunktion bestimmen. Dabei benutzen wir, dass wir bereits die Ableitung der Sinusfunktion kennen: $\sin'(x) = \cos(x)$. Außerdem wissen wir aufgrund von Aufgabe 8 aus Kap. 4, dass

$$\cos(x) = \sin\left(x + \frac{\pi}{2}\right)$$

und

$$\sin(x) = \cos\left(x - \frac{\pi}{2}\right)$$

gilt. Hier können wir die Kettenregel verwenden. $\cos(x)$ ist nämlich gerade die Komposition der Funktion $f : \mathbb{R} \to \mathbb{R}$, $f(x) = x + \frac{\pi}{2}$ mit der Funktion $g : \mathbb{R} \to \mathbb{R}$, $g(x) = \sin(x)$, denn $g(f(x)) = g(x + \frac{\pi}{2}) = \sin(x + \frac{\pi}{2}) = \cos(x)$. Damit folgt

$$\begin{aligned}
\cos'(x) &= (g \circ f)'(x) \\
&= g'(f(x)) f'(x) \\
&= \cos\left(x + \frac{\pi}{2}\right) \cdot 1.
\end{aligned}$$

Nutzen wir jetzt noch $\cos(x) = \cos(-x)$ aus, erhalten wir

$$\cos'(x) = \cos\left(-x - \frac{\pi}{2}\right)$$
$$= \sin(-x)$$
$$= -\sin(x),$$

d. h. die Ableitung der Kosinusfunktion ist

$$\cos'(x) = -\sin(x).$$

Die Ableitung des natürlichen Logarithmus

Der natürliche Logarithmus $\ln : (0, \infty) \to \mathbb{R}$ ist die Umkehrfunktion der Exponentialfunktion. Die Ableitung der Exponentialfunktion ist die Exponentialfunktion selbst. Damit können wir die Ableitung des natürlichen Logarithmus mit der Umkehrregel berechnen:

$$\ln'(\exp(x)) = \frac{1}{\exp(x)}.$$

Um $\ln'(y)$ zu erhalten, ersetzen wir $y = \exp(x)$ und erhalten

$$\ln'(y) = \frac{1}{y}.$$

Die Ableitung der allgemeinen Potenzfunktion

Die allgemeine Potenzfunktion a^x mit positiver reeller Zahl a und $x \in \mathbb{R}$ spielt bei vielen Wachstumsvorgängen eine Rolle. Diese Funktion ist (siehe Kap. 4) definiert als $a^x = \exp(x \ln a)$, und damit ebenfalls differenzierbar. Mithilfe der Kettenregel erhalten wir

$$(a^x)' = (\exp(x \ln a))'$$
$$= \ln a \exp(x \ln a)$$
$$= \ln a \cdot a^x.$$

Anwendung: Abbaurate eines Medikamentes

Kommen wir nun zum einleitenden Beispiel 5.3. Gegeben ist ein Medikament, das gemäß der Funktion

$$A(t) = 5 \cdot 0{,}75^t$$

im Blut abgebaut wird (t steht hierbei für die Zeit in Stunden, $A(t)$ wird in Milligramm pro Liter Blut gemessen). Zu Beginn des Experiments ist die Abbaurate gegeben durch $A'(0)$, zum Zeitpunkt $t = 5$ ist sie gegeben durch $A'(5)$.

Um diese Abbaurate zu bestimmen, berechnen wir zunächst allgemein die Ableitung der Funktion $A(t)$. Gemäß der Ableitungsregel für die allgemeine Potenzfunktion a^x erhalten wir mit $a = 0{,}75$ die Ableitung

$$A'(x) = 5 \cdot \ln(0{,}75) \cdot 0{,}75^t.$$

- Zum Zeitpunkt $t = 0$ beträgt die Abbaurate folglich $5 \cdot \ln(0{,}75) \approx -1{,}4384 \frac{\text{mg}}{\text{l}\cdot\text{h}}$. Das negative Vorzeichen der Ableitung bedeutet, dass die Steigung der Funktion A im Punkt $t = 0$ negativ ist, die Konzentration des Medikamentes (wie erwartet) also sinkt.
- Zum Zeitpunkt $t = 5$ beträgt die momentane Abbaurate $5 \cdot \ln(0{,}75) \cdot 0{,}75^5 \approx -0{,}3413 \frac{\text{mg}}{\text{l}\cdot\text{h}}$. Auch hier ist die Ableitung negativ, das Medikament wird weiterhin abgebaut. Jedoch ist der Betrag der Ableitung und damit der Betrag der Abbaurate deutlich kleiner als zum Zeitpunkt $t = 0$. Dies bedeutet, dass zu diesem Zeitpunkt das Medikament nicht mehr so schnell wie zu Beginn des Experimentes im Blut abgebaut wird.

5.4 Anwendungen des Differenzierens

5.4.1 Die Regel von l'Hospital

In Abschn. 4.4 haben wir Grenzwerte von Funktionen berechnet, um dadurch beispielsweise festzustellen, ob eine Funktion an einer Stelle $x := a$ ihres Definitionsbereiches stetig ist. Wie z. B. die Übungsaufgabe 2 in Abschn. 4.9.2 zeigt, steht man dabei oft vor folgendem Problem: Der Grenzwert einer rationalen Funktion lässt sich nur schwierig berechnen, wenn sowohl Zähler als auch Nenner entweder beide gegen Null oder beide gegen unendlich konvergieren. Auch die Grenzwertsätze für Folgen aus Abschn. 3.1.3 schließen diesen Fall aus. Um dennoch Aussagen über den Grenzwert

$$\lim_{x \to a} \frac{f(x)}{g(x)}$$

treffen zu können, kann man die *Regel von L'Hospital* anwenden. Diese besagt das folgende: Gilt entweder

$$\lim_{x \to a} f(x) = 0 \text{ und } \lim_{x \to a} g(x) = 0$$

oder gilt

$$\lim_{x \to a} f(x) = \infty \text{ und } \lim_{x \to a} g(x) = \infty$$

dann gilt für den Grenzwert des Quotienten

$$\lim_{x \to a} \frac{f(x)}{g(x)} = \lim_{x \to a} \frac{f'(x)}{g'(x)},$$

falls der rechte Grenzwert existiert. Wir formulieren diese Regel nicht formal, sondern demonstrieren sie an einigen Beispielen:

Beispiele

1. Wir suchen

$$\lim_{x \to \infty} \frac{x^2 + 3x + 1}{x^2}.$$

Es gilt sowohl $\lim\limits_{x \to \infty} x^2 + 3x + 1 = \infty$ als auch $\lim\limits_{x \to \infty} x^2 = \infty$, also leiten wir Zähler und Nenner ab und betrachten den neuen Ausdruck

$$\lim_{x \to \infty} \frac{2x + 3}{2x}.$$

Erneut konvergieren Zähler und Nenner beide gegen unendlich, also wiederholen wir die Regel und erhalten im nächsten Schritt durch erneutes Ableiten

$$\lim_{x \to \infty} \frac{2}{2} = 1.$$

Dieser Grenzwert existiert und ist daher gleich dem ursprünglich gesuchten Grenzwert, es gilt also

$$\lim_{x \to \infty} \frac{x^2 + 3x + 1}{x^2} = 1.$$

2. Nun betrachten wir den Grenzwert

$$\lim_{x \to 2} \frac{x^2 - 4}{\ln (x - 1)}.$$

Sowohl der Zähler als auch der Nenner haben eine Nullstelle für $x = 2$, also leiten wir wieder beide Funktionen ab und erhalten

$$\lim_{x \to 2} \frac{2x}{\frac{1}{x-1}} = \lim_{x \to 2} 2x(x - 1) = 4.$$

Wir erhalten also

$$\lim_{x \to 2} \frac{x^2 - 4}{\ln (x - 1)} = 4.$$

5.4.2 Lokale Extremstellen

Das vorhergehende Beispiel deutet bereits an, wie wichtig in der Biologie oder der Medizin die Untersuchung von Funktionen ist. Wir beschäftigen uns in diesem Abschnitt mit Minima und Maxima von Funktionen. Eine Anwendung, in der diese Fragestellung von

Bedeutung ist, wird im einleitenden Beispiel 5.4 geschildert. Dort nehmen wir an, dass die Wirkung eines Medikaments gemäß der Funktion

$$f(x) = \frac{5}{9} \cdot \left(85 - 8x - \frac{50}{x}\right)$$

von der verabreichten Dosis x in µl pro Kilogramm Körpergewicht abhängt. Wir interessieren uns für zwei Fragen:

- Bei welcher Dosierung ist die Wirkung am größten? Gesucht ist also das Maximum der Funktion $f(x)$.
- Gibt es Dosierungen, für die das Präparat schädlich ist? Gesucht sind also die Stellen x für die $f(x) < 0$ ist.

Wir beginnen mit der Definition von Extremstellen.

Definition

Sei $f : D \to \mathbb{R}$ eine Funktion und sei $x \in D$.

- x heißt *lokales Maximum*, falls es zwei Werte $a, b \in D$ gibt mit $a < x < b$, so dass für alle y mit $a < y < b$ gilt: $f(x) \geq f(y)$. Mit anderen Worten: Kein Punkt y zwischen a und b führt zu einem größeren Funktionswert als x.
  x ist ein *globales Maximum*, falls sogar für alle $y \in D$ gilt: $f(x) \geq f(y)$. Mit anderen Worten: Kein Punkt $y \in D$ führt zu einem größeren Funktionswert als x.
- Analog heißt x *lokales Minimum*, falls es zwei Werte $a, b \in D$ gibt mit $a < x < b$, so dass für alle y mit $a < y < b$ gilt: $f(x) \leq f(y)$.
  x ist ein *globales Minimum* falls für alle $y \in D$ gilt: $f(x) \leq f(y)$.
- x ist eine *lokale (globale) Extremstelle*, falls x entweder ein lokales (globales) Maximum oder ein lokales (globales) Minimum ist.

Beispiel

Wir betrachten die Funktion $f : \mathbb{R} \to \mathbb{R}$ mit

$$f(x) = \frac{1}{4}x^4 - \frac{2}{3}x^3 - \frac{1}{2}x^2 + 2x.$$

Der Graph der Funktion ist in Abb. 5.6 dargestellt.

Anhand des Graphen erkennt man, dass ungefähr an der Stelle $x = 1$ ein lokales Maximum vorliegt: In der Tat sind im Intervall $[0, 2]$ alle Funktionswerte $f(y)$ von Punkten $y \in [0, 2]$ für $y \neq 1$ kleiner als der Funktionswert $f(1) = \frac{13}{12}$. Dieses Maximum ist nur lokal: Es gibt (sogar unendlich viele) Punkte x im Definitionsbereich

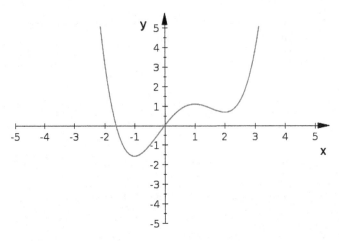

Abb. 5.6 Graph der Funktion $f(x) = \frac{1}{4}x^4 - \frac{2}{3}x^3 - \frac{1}{2}x^2 + 2x$

$\mathbb{R}$ der Funktion f, deren Funktionswerte $f(x)$ größer als $f(1)$ sind, z. B. alle Punkte $x \geq 3$.

Ebenfalls kann man anhand der Zeichnung erkennen, dass ungefähr an den Stellen $x = -1$ und $x = 2$ lokale Minima vorliegen: Auch hier gibt es Teilintervalle von $\mathbb{R}$, in denen alle übrigen Funktionswerte größer als $f(-1)$ beziehungsweise $f(2)$ sind. Der Punkt $x = -1$ ist ein *globales* Minimum, denn alle anderen Funktionswerte der Funktion f sind größer als $f(-1)$.

Monotonie von Funktionen

Manchmal möchte man gerne wissen, wie sich eine Funktion verändert, wenn man einen gegebenen Wert x (z. B. die Dosierung eines Medikamentes) vergrößert oder verkleinert. Dazu ist die folgende Definition nützlich:

Definition
Sei $f : D \to \mathbb{R}$ eine Funktion.

- f ist *monoton wachsend* auf D, wenn für alle $x, y \in D$ mit $x < y$ gilt: $f(x) \leq f(y)$. Die Funktion wächst also, wenn sich die Funktionswerte bei Erhöhung von x vergrößern.
- f ist *monoton fallend* auf D, wenn für alle $x, y \in D$ mit $x < y$ gilt: $f(x) \geq f(y)$. Die Funktion fällt also, wenn sich die Funktionswerte bei Erhöhung von x verkleinern.

Beispiele

- Die Funktion $f : \mathbb{R} \to \mathbb{R}$ mit $f(x) = x - 3$ ist monoton steigend. Ist nämlich $x < y$, so gilt $f(x) = x - 3 < y - 3 = f(y)$.
- Die Funktion $f : \mathbb{R} \to \mathbb{R}$ mit $f(x) = -x + 2$ ist monoton fallend. Ist nämlich $x < y$, so gilt $f(x) = -x + 2 > -y + 2 = f(y)$.
- Die Funktion $f : \mathbb{R} \to \mathbb{R}$ mit $f(x) = \frac{1}{4}x^4 - \frac{2}{3}x^3 - \frac{1}{2}x^2 + 2x$ ist insgesamt weder monoton steigend noch monoton fallend: Anhand des in Abb. 5.6 gezeigten Graphen erkennt man, dass die Funktionswerte zunächst fallen, ungefähr im Intervall $[-1, 1]$ dann steigen, anschließend erst wieder fallen und dann weiter steigen.

Das Monotonieverhalten einer differenzierbaren Funktion lässt sich anhand ihrer Ableitung bestimmen.

Satz

Sei die Funktion $f : D \to \mathbb{R}$ differenzierbar. Wenn für alle $x \in D$ gilt $f'(x) \geq 0$, so ist f monoton steigend auf D. Analog ist die Funktion f in D monoton fallend, wenn für alle $x \in D$ gilt $f'(x) \leq 0$.

Eine negative Ableitung einer Funktion an einer Stelle bedeutet geometrisch, dass die Steigung der Tangente an dieser Stelle negativ ist, die Funktionswerte werden also kleiner. Analog bedeutet eine positive Ableitung, dass die Steigung der Tangente an dieser Stelle positiv ist, und die Funktion wächst.

Notwendige und hinreichende Bedingungen für lokale Extremstellen

Am Beispiel der Abb. 5.6 haben wir die (lokalen) Extremstellen am Graphen der Funktion abgelesen. Dies ist zum einen ungenau, zum anderen für kompliziertere Funktionen mühsam. Weiterhin können wir immer nur einen Ausschnitt aus dem Graphen einer Funktion zeichnen, in Abb. 5.6 war das beispielsweise das Intervall $[-5, 5]$. Das wirft weitere Fragen auf: Gibt es noch weitere lokale Extremstellen außerhalb des gezeichneten Intervalls? Ist das in diesem Intervall gefundene globale Minimum (im Beispiel bei $x = -1$) wirklich ein globales Minimum? Erfreulicherweise liefert bei differenzierbaren Funktionen die Ableitung eine einfache Weise, diese Fragen zu beantworten.

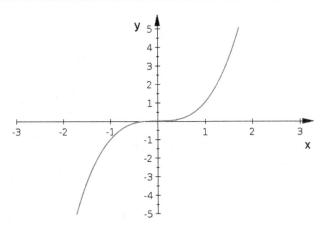

Abb. 5.7 Graph der Funktionen $f : \mathbb{R} \to \mathbb{R}$ mit $f(x) = x^3$

> **Satz**
> Sei $f : [a,b] \to \mathbb{R}$ eine differenzierbare Funktion mit Definitionsbereich $D = [a,b]$ und sei x eine lokale Extremstelle von f mit $a < x < b$. Dann gilt $f'(x) = 0$.

Anschaulich kann man sich folgendes vorstellen: Hat eine Funktion ein Maximum, dann gibt es ein kleines Intervall um das Maximum, so dass die Funktion links von dem Maximum steigt und rechts von dem Maximum fällt. Ihre Ableitung ist also links von dem Maximum größer Null und rechts von dem Maximum kleiner Null. Am Maximum muss die Ableitung also gleich Null sein.

Der Satz liefert eine *notwendige* Bedingung (siehe hierzu Abschn. 1.1). Das bedeutet, dass diese Bedingung auf jeden Fall erfüllt sein muss, damit im Punkt x eine Extremstelle vorliegen kann. Sie bedeutet jedoch nicht, dass jeder Punkt x mit $a < x < b$ und $f'(x) = 0$ auch wirklich eine Extremstelle ist. Ein Gegenbeispiel liefert die Funktion $f : \mathbb{R} \to \mathbb{R}$ mit

$$f(x) = x^3,$$

ihr Graph ist in Abb. 5.7 dargestellt. Die Ableitung der Funktion f ist die Funktion $f' : \mathbb{R} \to \mathbb{R}$ mit $f'(x) = 3x^2$. Hier verschwindet zwar die erste Ableitung an der Stelle 0, d. h. $f'(0) = 0$, jedoch liegt in $x = 0$ weder ein lokales Minimum noch ein lokales Maximum vor, denn jedes Intervall um die Null enthält sowohl Punkte, deren Funktionswerte größer als Null sind als auch Punkte, deren Funktionswerte kleiner als Null sind.

Bemerkung. Wir haben mit gutem Grund in obigem Satz die Intervallgrenzen a und b ausgeschlossen, denn für sie gilt die Aussage des Satzes nicht, d. h. es kann sein, dass a oder b lokale Extremstellen sind, obwohl die Ableitung an diesen Stellen nicht Null ist.

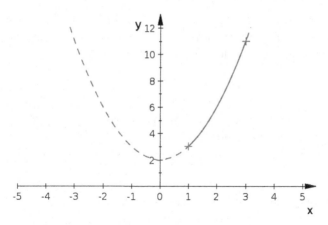

Abb. 5.8 Graph der Funktionen $f : [1, 3] \to \mathbb{R}$ mit $f(x) = x^2 + 2$ (durchgezogene Linie) und $g : \mathbb{R} \to \mathbb{R}$ mit $g(x) = x^2 + 2$ (gestrichelte Linie)

Ein Beispiel hierfür ist die Funktion $f : [1, 3] \to \mathbb{R}$ mit

$$f(x) = x^2 + 2.$$

Der Graph der Funktion ist zusammen mit dem Graphen der Funktion $g : \mathbb{R} \to \mathbb{R}$ mit $g(x) = x^2 + 2$ in Abb. 5.8 dargestellt, der Unterschied der beiden Funktionen ist lediglich ihr Definitionsbereich. Für die Ableitungen der Funktionen gilt $f' : [1, 3] \to \mathbb{R}$ mit $f'(x) = 2x$ und $g' : \mathbb{R} \to \mathbb{R}$ mit $g'(x) = 2x$. Die einzige Nullstelle der Ableitung g' ist im Punkt $x = 0$, der nicht im Definitionsbereich der Funktion f liegt. Trotzdem hat die Funktion f ein Minimum und ein Maximum. Im Punkt $x = 1$ ist $f(x)$ kleiner als alle anderen Funktionswerte der Funktion f, also liegt ein Minimum vor. Im Punkt $x = 3$ ist $f(x)$ größer als alle Funktionswerte der Funktion f, hier liegt folglich ein Maximum der Funktion f vor. Die Intervallgrenzen sind in diesen Fällen also Extremstellen.

Bisher kennen wir nur eine notwendige Bedingung für das Vorliegen einer Extremstelle. Um entscheiden zu können, ob in einem Punkt $x \in D$ auch sicher ein lokales Extremum vorliegt, benötigen wir höhere Ableitungen:

Definition

Sei $f : D \to \mathbb{R}$ eine differenzierbare Funktion mit Ableitung $f' : D \to \mathbb{R}$. Ist f' selbst wieder differenzierbar, so nennt man ihre Ableitung die *zweite Ableitung* von f und bezeichnet sie mit f''. Ist auch f'' differenzierbar, so ist ihre Ableitung die dritte Ableitung von f, die man mit f''' bezeichnet. Kann man die Funktion f k−mal ableiten, so erhält man ihre k.te Ableitung $f^{(k)}$.

Mithilfe der zweiten Ableitung einer Funktion erhalten wir eine sogenannte *hinrei-chende* Bedingung (siehe auch hierzu Abschn. 1.1). Dies ist eine Bedingung, die „reicht", um zu klären, ob tatsächlich eine lokale Extremstelle vorliegt.

Satz

Sei $f : (a, b) \to \mathbb{R}$ eine differenzierbare Funktion und ihre Ableitung $f' : (a, b) \to \mathbb{R}$ ebenfalls differenzierbar. Sei $x \in (a, b)$ mit $f'(x) = 0$. Dann ist x ein lokales Maximum, wenn $f''(x) < 0$ gilt. Ist $f''(x) > 0$, so ist x ein lokales Minimum.

Bemerkung. In obigem Satz verlangen wir, dass $f'(x) = 0$ für den zu überprüfenden Punkt $x \in (a, b)$ gilt. Die *notwendige* Bedingung dafür, dass x ein lokales Extremum ist, ist also erfüllt.

Gilt zusätzlich, dass $f''(x) < 0$ ist, so kann man dann sicher sein, dass ein lokales Maximum vorliegt, bzw. ein lokales Minimum falls $f''(x) > 0$. Im Fall dass $f''(x) = 0$ gilt, liefert der Satz keine Aussage, ob eine Extremstelle vorliegt oder nicht.

Exkurs

Anschaulich kann man die hinreichende Bedingung so erklären:

Ist $f''(x) > 0$, so heißt das nach der Definition der Ableitung, dass

$$f''(x) = \lim_{h \to 0} \frac{f'(x + h) - f'(x)}{h} > 0$$

gelten muss. Weil nach Voraussetzung $f'(x) = 0$ gilt, folgt daraus zunächst, dass

$$\lim_{h \to 0} \frac{f'(x + h)}{h} > 0.$$

Den Grenzwert einer Funktion an der Stelle 0 haben wir in Kap. 4 in Abschn. 4.4.1 definiert. Wir wissen daher: Wenn der Grenzwert existiert, dann ist er gleich dem linksseitigen Grenzwert und gleich dem rechtsseitigen Grenzwert. In unserem Fall existiert der Grenzwert, weil wir vorausgesetzt haben, dass die Funktion zwei mal differenzierbar ist. Also folgt damit für den linksseitigen Grenzwert, d. h. für jedes nicht zu kleine $h < 0$, dass

$$\frac{f'(x + h)}{h} > 0$$

gilt. Für solche negativen h muss also die Ableitung $f'(x + h)$ negativ sein, die Funktion f damit für $y = x + h < x$ streng monoton fallend. Für den rechtsseitigen Grenzwert, d. h. nicht zu kleine $h > 0$, gilt ebenfalls

$$\frac{f'(x + h)}{h} > 0.$$

Für $y = x + h > x$ ist die Ableitung $f'(y) = f'(x + h)$ damit positiv, die Funktion f also streng monoton steigend. Wir haben damit gesehen, dass wenn die Voraussetzung $f'(x) = 0$ erfüllt ist und $f''(x) > 0$ gilt, wir ein Intervall $E \in D$ finden, so dass die Funktion f für $y \in E$ mit $y < x$ streng monoton fallend und für $y > x$ streng monoton steigend ist. Folglich muss f an der Stelle x ein lokales Minimum haben.

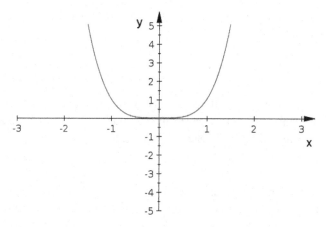

Abb. 5.9 Graph der Funktionen $f : \mathbb{R} \to \mathbb{R}$ mit $f(x) = x^4$

Bemerkung. Wir weisen an dieser Stelle noch einmal auf den Unterschied zwischen notwendigen und hinreichenden Bedingungen hin. Ist $f : (a, b) \to \mathbb{R}$ eine differenzierbare Funktion und ist $x \in (a, b)$ ein lokales Minimum der Funktion f, so folgt daraus, dass $f'(x) = 0$ gelten muss. Dies ist eine notwendige Bedingung - damit eine lokale Extremstelle vorliegt, muss notwendigerweise die Ableitung in diesem Punkt verschwinden. Umgekehrt reicht diese Bedingung aber nicht, um zu garantieren, dass eine lokale Extremstelle vorliegt. Das haben wir am Beispiel der Funktion $f : \mathbb{R} \to \mathbb{R}$ mit $f(x) = x^3$ gesehen.

Ist die notwendige Bedingung $f'(x) = 0$ für ein x erfüllt, so reicht die Tatsache $f''(x) > 0$ als Begründung dafür, dass im Punkt x ein lokales Minimum vorliegt. Diese Bedingung wird daher hinreichend genannt. Allerdings kann auch ein lokales Minimum vorliegen, wenn diese Bedingung nicht erfüllt ist. Dies sieht man zum Beispiel an der Funktion $f : \mathbb{R} \to \mathbb{R}$ mit $f(x) = x^4$ im Punkt $x = 0$, ihr Graph ist in Abb. 5.9 dargestellt. Es gilt $f'(x) = 4x^3$ und $f''(x) = 12x^2$. Die notwendige Bedingung $f'(0) = 0$ ist für $x = 0$ erfüllt, die hinreichende Bedingung für ein lokales Minimum jedoch nicht, denn es gilt $f''(0) = 0$. Trotzdem liegt in $x = 0$ ein lokales Minimum vor.

5.4.3 Wendestellen

In den vorherigen Abschnitten haben wir die Nullstellen der ersten Ableitung einer Funktion betrachtet, und gesehen, wann diese Punkte Extremstellen sind. Hier betrachten wir nun Punkte, an denen die zweite Ableitung der Funktion Null ist. Liegt in einem solchen Punkt eine Extremstelle der ersten Ableitung vor, so wird er *Wendestelle* genannt. In einer Wendestelle erfolgt beim Durchlaufen des Graphen ein Wechsel seines *Krümmungsverhaltens*. Die Wendestelle markiert also den Übergang von einer Linkskurve in

eine Rechtskurve oder umgekehrt von einer Rechtskurve in eine Linkskurve. Die genaue
Definition einer Wendestelle ist die folgende:

Definition

Sei $f : (a, b) \to \mathbb{R}$ eine differenzierbare Funktion und x ein Punkt des Intervalls (a, b). Dann ist x eine Wendestelle der Funktion f, wenn die Ableitung
$f' : (a, b) \to \mathbb{R}$ im Punkt x eine lokale Extremstelle besitzt.

Aus der Definition einer Wendestelle folgt sofort die folgende notwendige Bedingung
an eine Wendestelle x im Definitionsbereich einer Funktion f: Da die Ableitung f' in x
eine lokale Extremstelle haben muss, muss für x gelten $(f')'(x) = 0$. Insgesamt gilt

---

Satz

Ist $f : (a, b) \to \mathbb{R}$ eine differenzierbare Funktion, deren (höhere) Ableitungen auch
jeweils differenzierbar sind, und gilt für ein $x \in (a, b)$

$$f''(x) = 0,$$
$$\text{und } f'''(x) \neq 0,$$

so liegt an der Stelle x eine *Wendestelle* vor.

In Abb. 5.10 ist erneut der Graph der Funktion $f : \mathbb{R} \to \mathbb{R}$ mit $f(x) = x^3$ dargestellt.
Die Ableitungen dieser Funktion sind jeweils auch wieder differenzierbar und es gilt

$$f' : \mathbb{R} \to \mathbb{R}, \ f'(x) = 3x^2$$
$$f'' : \mathbb{R} \to \mathbb{R}, \ f''(x) = 6x$$
$$f''' : \mathbb{R} \to \mathbb{R}, \ f'''(x) = 6.$$

Wir haben bereits gesehen, dass an der Stelle $x = 0$ die erste Ableitung $f'(0)$ verschwindet, in 0 jedoch kein lokales Extremum vorliegt. Es gilt

$$f''(0) = 0$$
$$f'''(0) = 6 \neq 0,$$

der Graph hat an der Stelle Null also eine Wendestelle. Anhand von Abb. 5.10 können
wir die Steigung der ersten Ableitung untersuchen: Beginnen wir z. B. mit $x = -1{,}5$ und
vergrößern x, so fällt zunächst die Steigung der Funktion f, bis sie im Punkt $x = 0$

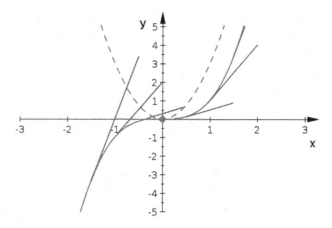

Abb. 5.10 Graph der Funktionen $f : \mathbb{R} \to \mathbb{R}$ mit $f(x) = x^3$. An der Stelle $x = 0$ sind die erste und die zweite Ableitung Null; es liegt ein Sattelpunkt vor

ganz verschwindet. Anschließend nimmt die Steigung wieder zu. Die Ableitung f' hat demnach im Punkt $x = 0$ ein lokales Extremum. Die Abbildung zeigt auch, wie sich das Krümmungsverhalten des Graphen ändert: Links von der Wendestelle nimmt die Steigung des Graphen ab, der Graph ist daher *rechtsgekrümmt*. Rechts von der Wendestelle ist der Graph *linksgekrümmt*.

Der abgebildete Graph hat dabei eine weitere Besonderheit: Nicht nur seine zweite Ableitung verschwindet an der Stelle $x = 0$, sondern auch seine erste Ableitung erfüllt $f'(0) = 0$. Treffen diese beiden Bedingungen zusammen, so nennt man die Wendestelle auch *Sattelpunkt*.

5.5 Kurvendiskussion

Wir haben nun das Rüstzeug für eine allgemeine Kurvendiskussion. Hier diskutiert man, wie der Name schon sagt, alle wichtigen Eigenschaften einer Funktion f:

Ist $f : D \to \mathbb{R}$ eine differenzierbare Funktion, so gehören die folgenden Untersuchungen zu einer Kurvendiskussion der Funktion f.

1. Die Untersuchung der Funktion f auf Stetigkeit. Lässt sich die Funktion f unter Umständen stetig fortsetzen, d. h. gibt es eine stetige Funktion $g : \widetilde{D} \to \mathbb{R}$ mit einem größeren Definitionsbereich $\widetilde{D} \supset D$ und $f(x) = g(x)$ für alle Elemente aus D?
2. Die Bestimmung aller Nullstellen der Funktion f.
3. Die Bestimmung aller lokalen Minima und Maxima der Funktion f.
4. Die Bestimmung aller Wendestellen der Funktion f.

5. Die Untersuchung des Verhaltens der Funktion f am Rand des Definitionsbereiches
   D (damit sind auch „Lücken" im Definitionsbereich, wie sie z. B. bei rationalen Funktionen auftreten, gemeint). Ist $D = \mathbb{R}$, die Bestimmung der Grenzwerte $\lim\limits_{x \to \pm\infty} f(x)$.
6. Die Darstellung des Graphen der Funktion.

Beispiel

Sei $f : \mathbb{R} \to \mathbb{R}$ mit $f(x) = xe^x$. Dann gilt

ad 1: Da sowohl die lineare Funktion $g : \mathbb{R} \to \mathbb{R}$ mit $g(x) = x$ als auch die Exponentialfunktion $\exp : \mathbb{R} \to \mathbb{R}$ mit $\exp(x) = e^x$ stetig sind, ist auch die
Produktfunktion $f = g \cdot \exp : \mathbb{R} \to \mathbb{R}$ stetig.

ad 2: Wir suchen alle Nullstellen der Funktion f. Dazu lösen wir die Gleichung

$$f(x) = xe^x = 0.$$

Da die Exponentialfunktion keine Nullstellen hat, ist die einzige Nullstelle der
Funktion f der Punkt $x_n = 0$.

ad 3: Die erste Ableitung der Funktion f bestimmen wir mit der Produktregel. Es gilt

$$f' : \mathbb{R} \to \mathbb{R} \text{ mit}$$
$$f'(x) = 1 \cdot e^x + x \cdot (e^x)'$$
$$= e^x + xe^x$$
$$= (1 + x)e^x.$$

Ist x_m eine Extremstelle der Funktion f, so muss x_m die notwendige Bedingung
$f'(x_m) = 0$ erfüllen. Wir bestimmen also alle Nullstellen der Ableitung f'.
Da die Exponentialfunktion keine Nullstellen hat, ist die einzige Nullstelle der
Funktion f' der Punkt x_m mit $1 + x_m = 0$, also

$$x_m = -1.$$

Die zweite Ableitung der Funktion f bestimmen wir erneut mit der Produktregel. Es gilt

$$f'' : \mathbb{R} \to \mathbb{R} \text{ mit}$$
$$f''(x) = 1 \cdot e^x + (1 + x) \cdot e^x$$
$$= (2 + x)e^x.$$

Da

$$f''(x_m) = f''(-1) = e^{-1} = \frac{1}{e} > 0$$

gilt, liegt im Punkt $x_m = -1$ ein lokales Minimum vor. Die Funktion f besitzt
keine weiteren lokalen Extremstellen.

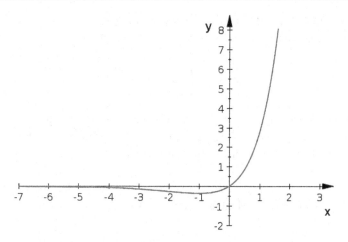

Abb. 5.11 Graph der Funktionen $f : \mathbb{R} \to \mathbb{R}$ mit $f(x) = xe^x$

ad 4: Die notwendige Bedingung an eine Wendestelle x_w lautet $f''(x_w) = 0$. Die einzige Nullstelle der zweiten Ableitung $f''(x) = (2 + x)e^x$ ist $x_w = -2$. Für die dritte Ableitung der Funktion f gilt

$$f''' : \mathbb{R} \to \mathbb{R} \text{ mit}$$
$$f'''(x) = e^x + (2 + x)e^x$$
$$= (3 + x)e^x.$$

Da

$$f'''(x_w) = f'''(-2) = e^{-2} \neq 0$$

gilt, liegt in $x_w = -2$ eine Wendestelle der Funktion f vor. Dies ist die einzige Wendestelle.

ad 5: Wir untersuchen nun das Verhalten der Funktion f am Rand des Definitionsbereiches. Es gilt

$$\lim_{x \to \infty} xe^x = \infty$$

und

$$\lim_{x \to -\infty} xe^x = 0.$$

(Das Verhalten der Funktion für $x \to -\infty$ lässt sich durch Überprüfen einiger Werte mit dem Taschenrechner erkennen. Auf die exakte Begründung dafür wird an dieser Stelle verzichtet.)

ad 6: Der Graph der Funktion f ist in Abb. 5.11 dargestellt.

Anwendung: Dosierung des Mistelwirkstoffs Lektin

Abschließend diskutieren wir noch die Funktion $f : (0, \infty) \to \mathbb{R}$

$$f(x) = \frac{5}{9}\left(85 - 8x - \frac{50}{x}\right)$$

aus dem einleitenden Beispiel 5.4 und beantworten die dort gestellten Fragen. Die Funktion ist für $x = 0$ nicht definiert und macht für negative Werte keinen Sinn, da wir das Medikament dem Körper nur zufügen, aber nicht entziehen können.

ad 1: Die Funktion f ist stetig, da sie die Summe einzelner stetiger Funktionen ist.

ad 2: Bestimmung aller Nullstellen der Funktion: Wir suchen also Werte für x, so dass

$$\frac{5}{9}\left(85 - 8x - \frac{50}{x}\right) = 0$$

gilt. Dazu formen wir die Gleichung um und erhalten

$$\frac{5}{9}\left(85 - 8x - \frac{50}{x}\right) = 0$$
$$\Longleftrightarrow 85 - 8x - \frac{50}{x} = 0$$
$$\Longleftrightarrow 85x - 8x^2 - 50 = 0$$

Die Lösung dieser quadratischen Gleichung führt zu den beiden Nullstellen

$$x_{n1} = \frac{5}{8} = 0{,}625 \text{ und } x_{n2} = 10.$$

Für alle $x \in \left[\frac{5}{8}, 10\right]$ ist die Funktion $f(x) \geq 0$. Ist dagegen $x < 0{,}625$ oder ist $x > 10$ so nimmt $f(x)$ negative Werte an. Eine Dosierung von weniger als $0{,}625$ oder mehr als $10\,\mu\mathrm{l}$ pro Kilogramm Körpergewicht würde also die Aktivität der Killerzellen negativ beeinflussen.

ad 3: Die Bestimmung aller lokalen Minima und Maxima der Funktion f: Dazu bilden wir die erste und zweite Ableitung der Funktion. Wir überlegen zunächst, wie man die Funktion

$$h_1(x) = \frac{1}{x}$$

ableitet. Nach der Quotientenregel erhalten wir

$$h_1'(x) = \frac{0 \cdot x - 1 \cdot 1}{x^2} = -\frac{1}{x^2}.$$

Analog errechnen wir für

$$h_2(x) = \frac{1}{x^2}$$

die Ableitung

$$h_2'(x) = \frac{0 \cdot x^2 - 1 \cdot 2x}{x^4} = -\frac{2}{x^3}.$$

Damit können wir nun die Funktion f ableiten und erhalten:

$$f'(x) = \frac{5}{9}\left(0 - 8 + \frac{50}{x^2}\right) = \frac{5}{9}\left(-8 + \frac{50}{x^2}\right),$$
$$f''(x) = \frac{5}{9}\left(-\frac{50 \cdot 2}{x^3}\right) = -\frac{500}{9}\frac{1}{x^3}.$$

Um Extremstellen zu bestimmen, setzen wir $f'(x) = 0$ und erhalten

$$\frac{5}{9}\left(-8 + \frac{50}{x^2}\right) = 0$$
$$\Longleftrightarrow -8 + \frac{50}{x^2} = 0$$
$$\Longleftrightarrow x^2 = \frac{50}{8},$$

woraus sich rein rechnerisch die beiden Lösungen

$$x_1 = \sqrt{\frac{50}{8}}, \quad x_s = -\sqrt{\frac{50}{8}}$$

ergeben. Da wir uns nur für Werte $x > 0$ interessieren, ist die einzige Extremstelle unserer Funktion gegeben durch

$$x_n = \sqrt{\frac{50}{8}} = 2{,}5.$$

Einsetzen in $f''(x)$ ergibt

$$f''(2{,}5) < 0,$$

folglich liegt ein lokales Maximum vor. Dieses ist die einzige lokale Extremstelle. Der an diesem Punkt erreichte Aktivitätszugewinn beträgt $f(2{,}5) = 25$.

ad 4: Die Bestimmung aller Wendestellen der Funktion f: Die zweite Ableitung der Funktion erfüllt

$$f''(x) < 0 \text{ für alle } x \in (0, \infty),$$

entsprechend kann es keine Wendestellen geben. Die Funktion ist durchgehend rechtsgekrümmt.

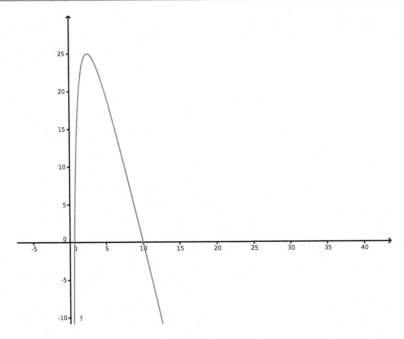

Abb. 5.12 Der Graph veranschaulicht die Wirkung von Lektin in Abhängigkeit von der gegebenen Dosis

ad 5: Die Untersuchung des Verhaltens der Funktion f am Rand des Definitionsbereiches D: Weil $\dfrac{50}{x}$ gegen Null geht für $x \to \infty$ erhalten wir

$$\lim_{x \to \infty} f(x) = -\infty,$$

und $\dfrac{50}{x} \to \infty$ für $x \to 0$ führt zu

$$\lim_{x \to \pm 0} f(x) = -\infty.$$

Weil die Funktion an ihren beiden Rändern gegen minus unendlich geht, ist das unter 3. berechnete lokale Maximum also ein globales Maximum. Die Wirkung ist also bei einer Dosierung von

$$x_{\text{opt}} = 2{,}5 \ \mu\text{l pro Kilogramm Körpergewicht}$$

optimal.

ad 6: Mit den hergeleiteten Eigenschaften kann man den Graphen der Funktion skizzieren; siehe Abb. 5.12.

5.6 Zusammenfassung

- Eine Funktion $f : D \to \mathbb{R}$ heißt *differenzierbar im Punkt* $x_0 \in D$, wenn der Grenzwert

$$\lim_{h \to 0} \frac{f(x_0 + h) - f(x_0)}{h}$$

existiert. Ist dies der Fall, so heißt

$$f'(x_0) := \lim_{h \to 0} \frac{f(x_0 + h) - f(x_0)}{h}$$

Ableitung von f *im Punkt* x_0. Ist die Funktion f in jedem Punkt ihres Definitionsbereiches D differenzierbar, so heißt die gesamte Funktion f differenzierbar.
- Polynomfunktionen sind differenzierbar: Sei $f : \mathbb{R} \to \mathbb{R}$ mit

$$f(x) = a_n x^n + \ldots + a_1 x + a_0,$$

wobei $a_n, \ldots, a_0$ reelle Zahlen sind. Dann ist f an jeder Stelle x differenzierbar mit Ableitung

$$f'(x) = a_n n x^{n-1} + \ldots + a_1.$$

- Die Funktionen exp, ln, sin und cos sind differenzierbar und haben die folgenden Ableitungen:

$$\exp'(x) = \exp(x)$$
$$\ln'(x) = \frac{1}{x}$$
$$\sin'(x) = \cos(x)$$
$$\cos'(x) = -\sin(x)$$

- Seien $f : D \to \mathbb{R}$ und $g : D \to \mathbb{R}$ zwei differenzierbare Funktionen. Dann gilt
  Summenregel: Die Summe $f + g : D \to \mathbb{R}$ der Funktionen f und g ist differenzierbar. Für ihre Ableitung $(f + g)'$ gilt

$$(f + g)'(x) = f'(x) + g'(x) \text{ für alle } x \in D.$$

Produktregel: Die Produktfunktion $f \cdot g : D \to \mathbb{R}$ mit $(f \cdot g)(x) = f(x) \cdot g(x)$ ist differenzierbar mit der Ableitung

$$(f \cdot g)'(x) = f'(x)g(x) + f(x)g'(x) \text{ für alle } x \in D.$$

Insbesondere ist für eine Konstante c die Ableitung von $h(x) = cf(x)$ gegeben durch $h'(x) = cf'(x)$.

Quotientenregel: Ist $g(x) \neq 0$ für alle x aus dem Definitionsbereich D, so ist die Quotientenfunktion $\frac{f}{g} : D \rightarrow \mathbb{R}$ mit $\frac{f}{g}(x) = \frac{f(x)}{g(x)}$ differenzierbar mit der Ableitung

$$\left(\frac{f}{g}\right)'(x) = \frac{f'(x)g(x) - f(x)g'(x)}{(g(x))^2} \text{ für alle } x \in D.$$

Kettenregel: Sind $f : D \rightarrow E$ und $g : E \rightarrow \mathbb{R}$ differenzierbar, so ist die Kompositionsabbildung $g \circ f : D \rightarrow \mathbb{R}$ mit $(g \circ f)(x) = g(f(x))$ differenzierbar mit der Ableitung

$$(g \circ f)'(x) = g'(f(x)) \cdot f'(x) \text{ für alle } x \in D,$$

die Ableitung der Komposition ist also gleich dem Produkt der äußeren Ableitung mit der inneren Ableitung.

Umkehrregel: Ist $f : D \rightarrow \mathbb{R}$ injektiv, so existiert eine Umkehrfunktion $g : f(D) \rightarrow D$ mit $g(f(x)) = x$. Die Ableitung g' der Umkehrfunktion ist

$$g'(f(x)) = \frac{1}{f'(x)} \text{ für alle } x \in D.$$

- Sei $f : D \rightarrow \mathbb{R}$ eine Funktion und sei $x \in D$.
  - x heißt *lokales Maximum*, falls es zwei Werte $a, b \in D$ gibt mit $a < x < b$, so dass für alle y mit $a < y < b$ gilt: $f(x) \geq f(y)$.
    x ist ein *globales Maximum* falls für alle $y \in D$ gilt: $f(x) \geq f(y)$.
  - Analog heißt x *lokales Minimum*, falls es zwei Werte $a, b \in D$ gibt mit $a < x < b$, so dass für alle y mit $a < y < b$ gilt: $f(x) \leq f(y)$.
    x ist ein *globales Minimum,* falls für alle $y \in D$ gilt: $f(x) \leq f(y)$.
- Sei $f : [a, b] \rightarrow \mathbb{R}$ eine differenzierbare Funktion mit Definitionsbereich $D = [a, b]$ und sei x eine lokale Extremstelle von f mit $a < x < b$. Dann gilt $f'(x) = 0$.
- Sei $f : (a, b) \rightarrow \mathbb{R}$ eine differenzierbare Funktion und ihre Ableitung $f' : (a, b) \rightarrow \mathbb{R}$ ebenfalls differenzierbar. Sei $x \in (a, b)$ mit $f'(x) = 0$. Dann ist x ein lokales Maximum, wenn $f''(x) < 0$ gilt. Ist $f''(x) > 0$, so ist x ein lokales Minimum.
- Sei $f : (a, b) \rightarrow \mathbb{R}$ eine differenzierbare Funktion und x ein Punkt des Intervall es (a, b). Dann ist x eine Wendestelle der Funktion f, wenn die Ableitung $f' : (a, b) \rightarrow \mathbb{R}$ im Punkt x eine lokale Extremstelle besitzt.
- Ist $f : (a, b) \rightarrow \mathbb{R}$ eine differenzierbare Funktion, deren (höhere) Ableitungen auch jeweils differenzierbar sind, und gilt für ein $x \in (a, b)$

$$f''(x) = 0,$$
$$\text{und } f'''(x) \neq 0,$$

so liegt an der Stelle x eine *Wendestelle* vor.

- Ist $f : D \to \mathbb{R}$ eine differenzierbare Funktion, so gehört zu einer Kurvendiskussion
  1. Die Untersuchung der Funktion f auf Stetigkeit. Lässt sich die Funktion f unter Umständen stetig fortsetzten?
  2. Die Bestimmung aller Nullstellen der Funktion f.
  3. Die Bestimmung aller lokalen Minima und Maxima der Funktion f.
  4. Die Bestimmung aller Wendestellen der Funktion f.
  5. Die Untersuchung des Verhaltens der Funktion f am Rand des Definitionsbereiches D. Ist $D = \mathbb{R}$, die Bestimmung der Grenzwerte $\lim\limits_{x \to \pm\infty} f(x)$.
  6. Die Darstellung des Graphen der Funktion.

5.7 Aufgaben

5.7.1 Kurztest

Kreuzen Sie die richtigen Antworten an:

1. Wir betrachten die Funktionen $f : \mathbb{R} \to \mathbb{R}$ mit $f(x) = \exp(x)$ und $g : \mathbb{R} \to \mathbb{R}$ mit $g(x) = -x$.
   (a) ☐ Die Funktion f ist differenzierbar.
   (b) ☐ Es ist $f(g(x)) = \frac{1}{\exp(x)}$.
   (c) ☐ Die Funktion f besitzt ein (lokales) Maximum.
   (d) ☐ Die Funktion f besitzt keine Nullstellen.
   (e) ☐ Die Funktion g besitzt keine Nullstellen.
   (f) ☐ Ist $h : (0, \infty) \to \mathbb{R}$ mit $h(x) = \ln(x)$ so ist $f(h(x)) = x$.
   (g) ☐ Die Funktion f ist monoton steigend.
   (h) ☐ Die Funktion f ist monoton fallend.
   (i) ☐ Die Funktion g ist monoton steigend.
   (j) ☐ Die Funktion g ist monoton fallend.
2. Wir betrachten die Funktion $f : \mathbb{R} \to \mathbb{R}$ mit $f(x) = x \sin(x)$
   (a) ☐ Die Funktion f ist monoton steigend.
   (b) ☐ Die Funktion f ist monoton fallend.
   (c) ☐ Die Ableitung von f lautet $x \cos x$.
   (d) ☐ Die Ableitung von f lautet $\sin x + x \cos x$.
3. Wir betrachten die Funktion f mit $f(x) = \frac{x^2 - 1}{x^3 + x^2}$.
   (a) ☐ Die Funktion f ist an der Stelle $x = 0$ nicht definiert.
   (b) ☐ Die Funktion f hat an der Stelle $x = 0$ eine Nullstelle.

(c) □ Die Funktion f ist an der Stelle $x = 1$ nicht definiert.

(d) □ Die Funktion f hat an der Stelle $x = 1$ eine Nullstelle.

(e) □ Die Ableitung von f lautet $f'(x) = \frac{2x}{x^3 + x^2}$.

(f) □ Die Ableitung von f lautet $f'(x) = \frac{-x + 2}{x^3}$.

4. Angenommen, eine Funktion f hat an einer Stelle x ein lokales Minimum.

(a) □ Dann gilt $f'(x) = 0$.

(b) □ Dann gilt $f''(x) > 0$.

(c) □ Wenn $f'(y) = 0$ und $f''(y) > 0$ gilt, hat f in y ein lokales Minimum.

(d) □ Wenn $f'(y) = 0$ und $f''(y) > 0$ gilt, hat f in y ein lokales Maximum.

(e) □ Jedes lokale Minimum ist gleichzeitig auch ein globales Minimum.

(f) □ Jedes globale Minimum ist gleichzeitig auch ein lokales Minimum.

(g) □ Wenn x sowohl ein globales Minimum als auch ein globales Maximum ist, ist f konstant.

(h) □ Es kann niemals passieren, dass x sowohl globales Minimum als auch globales Maximum ist.

5.7.2 Rechenaufgaben

1. Bestimmen Sie die erste, zweite und dritte Ableitung der folgenden Funktionen.

(a) $f(x) = x \cdot e^x$

(b) $f(x) = (2x + 1)^3$

(c) $f(x) = (a^2 + x^2)(a^2 - x^2)$

(d) $f(x) = \dfrac{x^2 - 1}{x + 1}$

(e) $f(x) = \dfrac{2}{3x^6}$

(f) $f(x) = ax^4 + bx^4 + cx^2 - 2x^2 + a + 2c$

(g) $f(x) = \sqrt[3]{x}$

(h) $f(x) = \sqrt{x^3}$

(i) $f(x) = x^2 + \dfrac{2}{3}x - \dfrac{1}{6} - \dfrac{4}{x}$

(j) $f(x) = x \cdot \ln x$

(k) $f(x) = \sin x \cdot \cos x$

(l) $f(x) = \dfrac{1}{x + 2}$

2. Bestimmen Sie die erste Ableitung der folgenden Funktionen.

(a) $f(x) = \dfrac{1}{x(x^2 + 1)}$

(b) $f(x) = \sin^4 x$

(c) $f(x) = x \cdot \sin x + \cos x$

(d) $f(x) = \sqrt{1 - x^2}$

(e) $f(x) = \sin(\cos x)$

(f) $f(x) = \left(x^2 + \cos x\right)^2$

(g) $f(x) = \sqrt{\dfrac{x^2 + x + 1}{x - 2}}$

(h) $f(x) = e^{\frac{1}{\sqrt{x}}}$

(i) $f(x) = \left(\left(x + x^2\right)^3 + x^4\right)^5$

3. Untersuchen Sie die folgenden Funktionen auf Nullstellen, Maxima, Minima und Wendepunkte und fertigen Sie jeweils eine Skizze an.

(a) $f(x) = \dfrac{x^2 - 1}{x^2 - 4x + 4}$

(b) $f(x) = x^3 - 6x^2 + 9x$

(c) $f(x) = -x^3 + 3x^2 + 9x - 27$

(d) $f(x) = x^2 + \dfrac{1}{x^2}$

(e) $f(x) = x^3 + 3x^2 - 4$

(f) $f(x) = x^3 - 3x - 2$

(g) $f(x) = x + 2 + \dfrac{1}{x}$

(h) $f(x) = x^2 - 4x + 3$

(i) $f(x) = x^3 - 12x^2 + 36x$

5.7.3 Anwendungsaufgaben

1. Die Anzahl $K(t)$ von Graugänsen in einem fest vorgegebenen Gebiet zum Zeitpunkt t sei durch die folgende Funktion

$$K(t) = \frac{120}{1 + 2e^{-0,2t}}$$

für positives t beschrieben, wobei t die Zeit in Jahren seit der ersten Zählung angibt.

(a) Bestimmen Sie den Anfangsbestand ($t = 0$) und den Endbestand ($t \to \infty$).

(b) Steigt die Anzahl der Graugänse oder fällt sie? Geben Sie einen geeigneten mathematischen Begriff an, der das Verhalten der Anzahl der Graugänse mit steigender Jahreszahl t beschreibt. Begründen Sie mathematisch, warum sich die Funktion K so verhält.

2. Von einer Stelle A geht eine Luftverunreinigung aus, die als durchschnittliche Zahl von SO_2-Molekülen pro cm^3 gemessen wird. Sie nimmt mit der Entfernung x von A nach der Formel $U(x) = 4 \cdot 10^4 e^{-bx}$ ab, wobei b eine positive Konstante ist. Eine zweite Verunreinigung geht von der Stelle B aus und nimmt mit der Entfernung y von B nach der Formel $V(y) = 10^4 e^{-by}$ ab. Beide Verunreinigungen addieren sich. Die Distanz zwischen den Punkten A und B sei d. Es sei $U(d) < V(0)$, also die von A kommende Verunreinigung sei in B kleiner als die dort von B erzeugte.

Die Gesamtverunreinigung an einem Punkt, der x Einheiten von A und y Einheiten von B entfernt ist, beträgt $G(x, y) = U(x) + V(y)$. Wir betrachten nun Punkte auf der Verbindungsstrecke von A nach B. Für diese Punkte gilt $x + y = d$. Zeigen Sie, dass $G(x, y) = U(x) + V(d - x)$ auf der Verbindungsstrecke von A nach B dort extremal ist, wo $U(x) = V(y)$ gilt.

3. In einer biochemischen Reaktion, die durch ein Enzym gesteuert wird, ist die Umwandlungsgeschwindigkeit $y = f(x)$ näherungsweise von der Konzentration x des Substrats gemäß folgender Funktion abhängig:

$$f(x) := \frac{Bx}{x + K},$$

wobei B und K konstante reelle Zahlen sind. Diese Funktion wird nach Leonor Michaelis und Maud Leonora Menten als *Michaelis-Menten-Funktion* bezeichnet.

Zeigen Sie, dass die Michaelis-Menten-Funktion $f(x)$ die Differentialgleichung

$$f(x)' = \frac{K}{B} \frac{1}{x^2} (f(x))^2$$

erfüllt.

4. In der Natur sind wenige Wachstumsvorgänge ungehemmt. Äußere Umstände schränken das Wachstum ein. Logistische Funktionen sind Wachstumsfunktionen, die diese äußeren Umstände mit berücksichtigen. Ist $f(t)$ eine Funktion, die die Größe einer Population in Abhängigkeit von der Zeit beschreibt, so ist in diesen Fällen die Wachstumsrate $f'(t)$ proportional zum aktuellen Bestand $f(t)$ und der noch vorhandenen Kapazität $B - f(t)$ mit einer konstanten $B \in \mathbb{R}$. Wir erhalten damit die Differentialgleichung

$$f'(t) = af(t)(B - f(t))$$

mit einer konstanten reellen Zahl a.

(a) Geben Sie alle konstanten Funktionen $f(t)$ an, die die Differentialgleichung lösen. Interpretieren Sie diese Funktionen biologisch.

(b) Zeigen Sie, dass für festes $k \in \mathbb{R}$ die sogenannte logistische Funktion

$$f(t) = \frac{B}{1 - k \exp(-aBt)}$$

die Differentialgleichung erfüllt. Was ist der Definitionsbereich der Funktion f?

(c) Angenommen, die Anzahl der Feldsperlinge in einem fest vorgegebenem Gebiet wird durch die Funktion

$$f(t) = \frac{200}{1 + 3 \exp(-\frac{t}{2})}$$

gegeben, wobei t die Zeit in Jahren seit der ersten Zählung angibt. Wie groß ist die (momentane) Wachstumsrate nach zehn Jahren?

Integralrechnung

6

Einleitendes Beispiel 6.1

Man geht davon aus, dass die Abbaurate von Alkohol im Blut eines Menschen konstant ist, und bei Männern ungefähr bei 0,1 Promille pro Stunde liegt. Alkohol wird damit linear abgebaut. Ein Student fährt Fahrrad und wird von Polizisten angehalten. Diese nehmen einen starken Alkoholgeruch wahr und veranlassen vorsichtshalber eine Blutentnahme zur Bestimmung der Blutalkoholkonzentration. Diese findet zwei Stunden nach der „Tatzeit" statt und ergibt eine Blutalkoholkonzentration von 0,5 Promille. Welche Blutalkoholkonzentration hatte der Student höchstwahrscheinlich zum Zeitpunkt der Polizeikontrolle?

Einleitendes Beispiel 6.2

Angenommen, wir kennen den Körpertemperaturverlauf einer (fiktiven) Krankheit Influenza Mathematicae. Dieser sei durch die Funktion

$$f : [0,7] \rightarrow [35,42]$$

mit

$$f(x) = -\frac{8}{49}x(x-7) + 37$$

gegeben. Dies bedeutet, dass die Körpertemperatur eines Kranken bei Ausbruch der Krankheit (zum Zeitpunkt $x = 0$) 37° beträgt, nach dreieinhalb Tagen bei 39° am höchsten ist, und zum Zeitpunkt, in dem die schlimmsten Symptome abgeklungen sind, erneut auf 37° abgesunken ist (siehe Abb. 6.1). Wie hoch ist die durchschnittliche Körpertemperatur während der Krankheit?[1]

---

[1] Dass bei einer Krankheit zunächst der Temperaturverlauf modelliert wird, ist nicht ungewöhnlich. Hierzu fertigt man möglichst viele Messreihen an und versucht, den Verlauf mittels einer Funktion genauer zu beschreiben.

A. Eickhoff-Schachtebeck, A. Schöbel, *Mathematik in der Biologie*,
DOI 10.1007/978-3-642-41844-0_6, © Springer-Verlag Berlin Heidelberg 2014

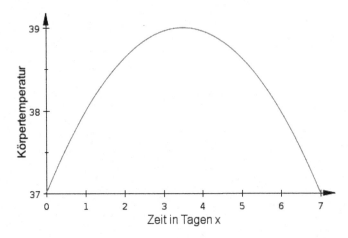

Abb. 6.1 Verlauf der Körpertemperatur bei der fiktiven Krankheit Influenza Mathematica

Die Zellen einer sich exponentiell vermehrenden Population durchlaufen in der Zeit $T > 0$ jeweils einen Zellzyklus. Der mittlere RNA-Gehalt aller Zellen während des Zeitintervalls $[0, T]$ ist bis auf einen konstanten Faktor gegeben durch das Integral

$$\int_0^T \left(\frac{x}{T} + 1\right) \cdot \exp(-kx)\,dx$$

mit der gemäß

$$kT = \ln(2)$$

definierten Konstanten k.[2]

▶ **Ziele:** Einführung des Integralbegriffs. Berechnung von Stammfunktionen. Hauptsatz der Differential- und Integralrechnung. Uneigentliche Integrale.

6.1 Unbestimmte Integrale

6.1.1 Definition der Stammfunktion und Beispiele

In Kap. 5 haben wir differenzierbare Funktionen und die Berechnung ihrer Ableitungen kennengelernt. In vielen Fällen lässt sich der Prozess des Differenzierens umkehren. In

---

[2] aus Erich Bohl: Mathematik in der Biologie, Springer Verlag Heidelberg, 2006. Beginn Abschnitt 3.5.2

Tab. 6.1 Einfache Funktionen und ihre Stammfunktionen

$f(x)$	$\int f(x)dx$
$c,\ c \in \mathbb{R}$	cx
$x^n,\ n \in \mathbb{N}$	$\frac{1}{n+1}x^{n+1}$
$\exp(x)$	$\exp(x)$
$\sin(x)$	$-\cos(x)$
$\cos(x)$	$\sin(x)$
$\frac{1}{x}$	$\ln|x|$
$x^\alpha,\ \alpha \in \mathbb{R},\ \alpha \neq -1$	$\frac{1}{\alpha+1}x^{\alpha+1}$

diesem Kapitel betrachten wir hierzu Funktionen, die auf Intervallen $I = [a, b] \subseteq \mathbb{R}$ definiert sind. Wir bezeichnen daher den Definitionsbereich nicht wie in den letzten Kapiteln mit D sondern mit I.

Definition

Sei $f : I \to \mathbb{R}$ eine (stetige) Funktion auf einem reellen Intervall I. Gibt es eine Funktion $F : I \to \mathbb{R}$ mit $F' = f$ über I, so heißt die Funktion F *Stammfunktion von f auf dem Intervall I*. Man schreibt auch

$$F = \int f(x)dx$$

und bezeichnet F als *unbestimmtes Integral der Funktion f über dem Intervall I*.

Eine erste Beobachtung ist, dass Stammfunktionen nicht eindeutig sind. Dies liegt daran, dass die Ableitung einer konstanten Funktion $g(x) = c$ mit einer reellen Zahl c immer verschwindet, $g'(x) = 0$. Ist also $F(x)$ eine Stammfunktion von f, so auch $F(x) + c$. Bis auf so eine Konstante ist die Stammfunktion einer (stetigen) Funktion f aber eindeutig.

Die unbestimmte Integration ist damit eine Umkehrung der Differentiation: Ist F eine Stammfunktion von f, so gilt $F'(x) = f(x)$. Mit unserer neu eingeführten Schreibweise für unbestimmte Integrale lässt sich das auch ausdrücken durch:

$$\left(\int f(x)dx\right)' = f(x) \text{ und } \int f'(x)dx = f(x) + c \qquad (6.1)$$

wobei die zweite Gleichung für alle $c \in \mathbb{R}$ richtig ist.

Aufgrund unserer Kenntnisse über das Differenzieren können wir schon eine erste Tabelle von (einfachen) Funktionen und ihren Stammfunktionen (bzw. unbestimmten Integralen) angeben (siehe Tab. 6.1). Stammfunktionen komplizierterer Funktionen können in Formelsammlungen nachgeschlagen werden.

Die letzte Zeile zeigt, dass die Regeln für $f(x) = x^n$ auch für reelle Exponenten gelten.

Anwendung: Konzentration des Blutalkohols beim Mann

Mit diesen Kenntnissen können wir das einleitende Beispiel 6.1 bearbeiten. Wir suchen eine Funktion f von einem Intervall $[0, T] \to \mathbb{R}$, die die Blutalkoholkonzentration des Studenten in Abhängigkeit von der Zeit wiedergibt. Wir wissen, dass die Abbaurate konstant ist und bei 0,1 Promille pro Stunde liegt. Das bedeutet, dass die Steigung der gesuchten Funktion f konstant bei 0,1 liegt, d. h. $f'(x) = -0,1$ für alle $x \in \mathbb{R}$. Daraus ergibt sich als Stammfunktion das unbestimmte Integral

$$f(x) = \int -0,1 dx = -0,1x + c.$$

Die von uns gesuchte Funktion ist also eine lineare Funktion, die bis auf eine Konstante c eindeutig bestimmt ist. Mit der zusätzlichen Bedingung $f(2) = 0,5$ aufgrund des nach zwei Stunden gemessenen Promillewertes von 0,5 erhalten wir folglich

$$f(2) = -0,1 \cdot 2 + c = 0,5$$

und damit $c = 0,7$. Der Graph der Funktion f ist in Abb. 6.2 dargestellt. Die Blutalkoholkonzentration des Studenten zum „Tatzeitpunkt" war also wahrscheinlich $f(0) = 0,7$ Promille.

6.1.2   Partielle Integration und Substitution

Gleichung (6.1) kann man nutzen, um aus den uns schon bekannten Ableitungsregeln nun Regeln für das Integrieren von Funktionen herzuleiten. Seien im Folgenden $f : I \to \mathbb{R}$ und $g : I \to \mathbb{R}$ sind zwei differenzierbare Funktionen.

Summenregel
Die Summenableitungsregel

$$(f + g)'(x) = f'(x) + g'(x)$$

für alle $x \in I$ ergibt die *Summenregel für unbestimmte Integrale*:

$$\int (f(x) + g(x)) dx = \int f(x) dx + \int g(x) dx.$$

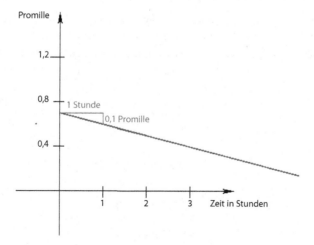

Abb. 6.2 Blutalkoholabbau von 0,1 Promille pro Stunde, bei einer gemessenen Blutalkoholmenge von 0,5 Promille nach zwei Stunden

Produktregel – partielle Integration

Mithilfe der Produktableitungsregel

$$(f \cdot g)'(x) = f'(x)g(x) + f(x)g'(x)$$

für alle $x \in I$ erhalten wir

$$
\begin{aligned}
f(x) \cdot g(x) &= \int (f \cdot g)'(x)dx \\
&= \int f'(x)g(x) + f(x)g'(x)dx \\
&= \int f'(x)g(x)dx + \int f(x)g'(x)dx
\end{aligned}
$$

und damit die sogenannte *partielle Integrationsregel*:

$$\int f'(x)g(x)dx = f(x) \cdot g(x) - \int f(x)g'(x)dx.$$

Im folgenden Beispiel zeigen wir, wie man diese Regel nutzen kann, um Stammfunktionen zu bestimmen.

Beispiel
Wir wollen das unbestimmte Integral $\int x \ln(x)dx$ berechnen. Der Integrand $x \ln(x)$ besteht aus dem Produkt zweier Funktionen, x und $\ln(x)$. Deshalb bietet sich zur Berechnung die partielle Integrationsregel an. Hierbei ist es sinnvoll, vorher genau zu

überlegen, welche der beiden Funktionen die Rolle der Funktion „f'" und welche die Rolle der Funktion g spielt, d. h. für welche der beiden Funktionen man bereits eine (einfache) Stammfunktion kennt. Dies ist in unserem Beispiel für die Funktion x der Fall, d. h. wir setzen $f'(x) = x$ und damit $f(x) = \frac{1}{2}x^2$, sowie $g(x) = \ln(x)$ und damit $g'(x) = \frac{1}{x}$. Damit erhalten wir

$$\int x \ln(x) dx = \int f'(x)g(x)dx$$

$$= f(x) \cdot g(x) - \int f(x)g'(x)dx$$

$$= \frac{1}{2}x^2 \cdot \ln(x) - \int \frac{1}{2}x^2 \cdot \frac{1}{x}dx$$

$$= \frac{1}{2}x^2 \cdot \ln(x) - \int \frac{1}{2}x dx$$

$$= \frac{1}{2}x^2 \ln(x) - \frac{1}{4}x^2.$$

Probe: Zur Probe leiten wir $\frac{1}{2}x^2 \ln(x) - \frac{1}{4}x^2$ ab. Es gilt

$$\left(\frac{1}{2}x^2 \ln(x) - \frac{1}{4}x^2\right)' = x \ln(x) + \frac{1}{2}x^2\frac{1}{x} - \frac{1}{2}x = x \ln(x).$$

Kettenregel – Substitutionsregel

Integrieren wir die Kettenregel

$$(f(g(x)))' = f'(g(x))g'(x) \text{ für alle } x \in I$$

auf beiden Seiten, erhalten wir

$$f(g(x)) = \int f'(g(x))g'(x)dx.$$

Ist $F : I \to \mathbb{R}$ eine Stammfunktion von f, so können wir die Formel statt mit f und f' auch mit F und f notieren. Damit erhalten wir

$$F(g(x)) = \int f(g(x))g'(x)dx.$$

Die so hergeleitete Formel nennt man auch die Substitutionsregel für das Integrieren.

Beispiel

Wir wollen das unbestimmte Integral $\int \exp(\sin(x)) \cos(x) dx$ berechnen. Im Integranden $\exp(\sin(x)) \cos(x) dx$ taucht eine verkettete Funktion, nämlich $\exp(\sin(x))$ auf. Deswegen bietet sich hier die Substitutionsregel zur Berechnung des unbestimmten Integrals an. In diesem Fall ist $f(x) = \exp(x)$ mit Stammfunktion $F(x) = \exp(x)$ und $g(x) = \sin(x)$ mit $g'(x) = \cos(x)$. Wir erhalten

$$\int \exp(\sin(x)) \cos(x) dx = \int f(g(x)) g'(x) dx$$
$$= F(g(x))$$
$$= \exp(\sin(x)).$$

Probe: Zur Probe leiten wir $\exp(\sin(x))$ ab. Es gilt

$$(\exp(\sin(x)))' = \exp(\sin(x)) \cos(x).$$

6.2 Bestimmte Integrale und ihre geometrische Bedeutung

In diesem Abschnitt definieren wir integrierbare Funktionen und ihre Integrale. Wir zeigen, dass die dabei berechneten Werte genutzt werden können, um Flächeninhalte zu berechnen.

6.2.1 Definition des bestimmten Integrals

Der Flächeninhalt eines Rechtecks ist gegeben durch das Produkt seiner Grundseite und seiner Höhe. Zum Beispiel ist der Flächeninhalt des in Abb. 6.3 gegebenen Rechtecks gleich $4 \cdot 1 = 4$.

Elementargeometrisch können wir auch etwas kompliziertere Flächeninhalte berechnen. Zum Beispiel ist der Flächeninhalt des in Abb. 6.4 gegebenen Dreiecks gleich $\frac{1}{2} \cdot$ Grundseite $\cdot$ Höhe und damit gleich $\frac{1}{2} \cdot 2 \cdot 2 = 2$. Oder der Flächeninhalt eines Viertelkreises ist allgemein $\frac{1}{4} \cdot \pi \cdot$ (Radius)^2, d. h. der Flächeninhalt des Viertelkreises in Abb. 6.5 ist $\frac{1}{4} \cdot \pi \cdot 4 = \pi$.

Die elementargeometrische Berechnung von Flächen stößt jedoch schnell an ihre Grenzen. Wie kann man zum Beispiel den Flächeninhalt der von der x-Achse und dem Graphen der Funktion $f : [0, 2] \to \mathbb{R}$ mit $f(x) = x^2 + 2$ (siehe Abb. 6.6) eingeschlossenen Fläche berechnen?

Eine erste Näherung an die Fläche erhalten wir, indem wir die Fläche durch zwei Rechtecke überdecken, siehe Abb. 6.7. Hierzu unterteilen wir das Grundintervall $[0, 2]$ in zwei Teilintervalle $[0, 1]$ und $[1, 2]$, wählen zwei beliebige x-Werte aus diesen Intervallen (in diesem Beispiel 0,5 und 1,7), deren Funktionswerte dann die Höhen der entsprechenden

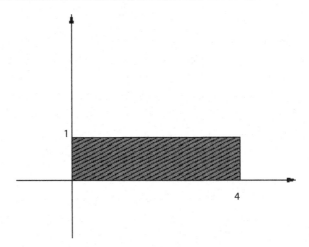

Abb. 6.3 Flächeninhalt eines Rechtecks

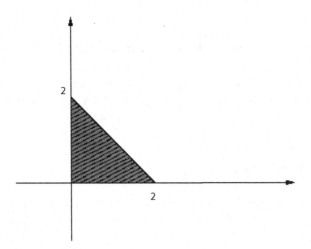

Abb. 6.4 Flächeninhalt eines Dreiecks

Rechtecke bilden. Je feiner wir unser Ausgangsintervall unterteilen, desto genauer wird unsere Näherung an die gesamte Fläche, siehe Abb. 6.8 und Abb. 6.9.

Dies können wir formalisieren:

Definition

Seien $a < b$ zwei reelle Zahlen und $[a,b] \subset \mathbb{R}$ ein Intervall. Sei $f : [a,b] \to \mathbb{R}$ eine Funktion. Eine *Unterteilung U_n der Ordnung n* des Intervalls $[a,b]$ ist gegeben

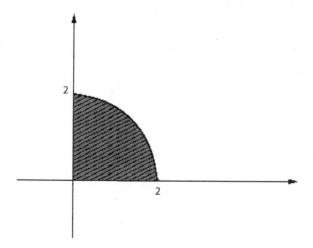

Abb. 6.5 Flächeninhalt eines Viertelkreises

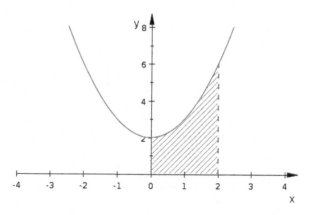

Abb. 6.6 Flächeninhalt unter einer Parabel

durch $n + 1$ Punkte x_i mit

$$x_0 = a < x_1 < \ldots < x_i < x_{i+1} < \ldots < x_{n-1} < b = x_n,$$

die eine Unterteilung des Intervalls $[a, b]$ in n Teilintervalle $[a, x_1], [x_1, x_2], \ldots, [x_{n-1}, b]$ definieren.

Sind c_i für $i = 1, \ldots, n$ jeweils Punkte des Intervalls $[x_{i-1}, x_i]$, so definieren wir die *Riemannsche Summe* $R(U_n, f)$ der Unterteilung U_n der Ordnung n durch

$$R(U_n, f) := \sum_{i=1}^{n} f(c_i)(x_i - x_{i-1}).$$

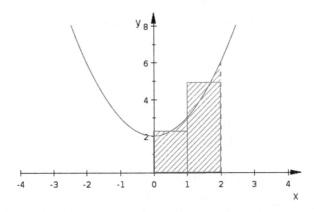

Abb. 6.7 Näherung des Flächeninhalts durch zwei Stützstellen

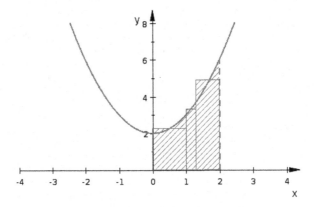

Abb. 6.8 Näherung des Flächeninhalts durch drei Stützstellen

Bemerkung. Die Riemannsche Summe ist negativ, wenn der Graph der Funktion f komplett unterhalb der x-Achse verläuft.

Beispiele

Sei $a := 0$ und $b := 2$. Wir betrachten das Intervall $[a, b] = [0, 2]$ und die Funktion $f : [0, 2] \to \mathbb{R}$ mit $f(x) = x^2 + 2$.

- In Abb. 6.7 ist eine Unterteilung von $[0, 2]$ der Ordnung 2 durch die drei Punkte $0 < 1 < 2$ skizziert. Wir haben dort zwei Punkte $c_1 = 0{,}5 \in [0, 1]$ und $c_2 = 1{,}7 \in [1, 2]$ gewählt. Die zugehörige Riemannsche Summe

$$R(U_2, f) = f(0{,}5)(1 - 0) + f(1{,}7)(2 - 1) = 7{,}14$$

  ist dann gerade gleich der Summe der Flächeninhalte der beiden Rechtecke.

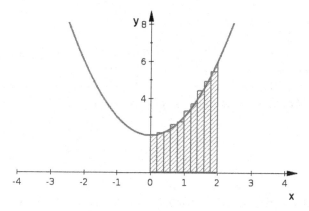

Abb. 6.9 Näherung des Flächeninhalts durch 10 Stützstellen

- In Abb. 6.8 ist eine Unterteilung von $[0, 2]$ der Ordnung 3 durch die vier Punkte $0 < 1 < 1{,}3 < 2$ gegeben. Dazu haben wir drei Punkte $c_1 = 0{,}5$, $c_2 = 1{,}15$ und $c_3 = 1{,}7$ gewählt. Die zugehörige Riemannsche Summe

$$R(U_3, f) = f(0{,}5)(1 - 0) + f(1{,}15)(1{,}3 - 1) + f(1{,}7)(2 - 1{,}3) = 6{,}66975$$

  der Unterteilung U_3 ist dann gleich der Summe der Flächeninhalte der drei Rechtecke.
- Schließlich haben wir in Abb. 6.9 eine Unterteilung von $[0, 2]$ der Ordnung 10 skizziert; die Länge aller Intervalle ist gleich und beträgt 0,2. Nach Wahl von Punkten $c_1 \in [0; 0{,}2], \ldots, c_{10} \in [1{,}8; 2]$ erhalten wir eine zugehörige Riemannsche Summe

$$R(U_{10}, f) = 6{,}66758.$$

Indem wir das Ausgangsintervall $[a, b]$ immer weiter unterteilen, jeweils Punkte c_i in den kleineren Teilintervallen wählen und die zugehörigen Riemannschen Summen berechnen, können wir also den vom Funktionsgraphen der Funktion f definierten Flächeninhalt immer genauer annähern. Hierbei haben wir das Ausgangsintervall *vollständig* immer weiter unterteilt, d. h. die Länge eines größten Teilintervalls in der nächsthöheren Unterteilung immer weiter verkleinert. Dies führt zu folgenden Definitionen:

Definition

Sei U_n eine Unterteilung des Intervalls $[a, b]$. Dann definieren wir die *Länge* $L(U_n)$ *der Unterteilung* U_n als die Länge eines größten Teilintervalls der Unterteilung U_n.

Definition

Eine Funktion $f : [a, b] \to \mathbb{R}$ heißt *(Riemann-)integrierbar*, wenn für jede Folge von Unterteilungen U_n, deren zugehörige Folge der Längen $L(U_n)$ eine Nullfolge ist, die Folge der Riemannschen Summen $R(U_n, f)$ gegen einen festen Grenzwert konvergiert. Wir bezeichnen dann diesen Grenzwert mit

$$\int\limits_a^b f(x)dx$$

und nennen ihn *bestimmtes Integral der Funktion f über dem Intervall $[a, b]$.*

6.2.2 Eigenschaften bestimmter Integrale

Sehr viele Funktionen (die meisten, die Ihnen begegnen werden) sind (Riemann-)integrierbar. Allgemein gilt der folgende Satz.

Satz
Jede stetige Funktion ist integrierbar. Genauso ist jede monotone Funktion integrierbar.

Weil wir den Flächeninhalt eines achsenparallelen Rechtecks auch durch Folgen von Unterteilungen ausrechnen könnten, gilt:

Satz
Ist $f : [a, b] \to \mathbb{R}$ eine konstante Funktion, d. h. $f(x) = c$ für alle $x \in [a, b]$, so ist

$$\int\limits_a^b f(x)dx = \int\limits_a^b c\,dx = c(b - a).$$

Aufgrund der Definition des bestimmten Integrals wissen wir außerdem, dass für alle Funktionen $g : [a,b] \to \mathbb{R}$ gilt

$$\int\limits_{a}^{a} g(x)dx = 0.$$

Auch die im folgenden zusammengestellten Eigenschaften lassen sich leicht aus der Definition des bestimmten Integrals ableiten:

Satz

Seien f und g zwei integrierbare Funktionen $f, g : [a,b] \to \mathbb{R}$ und $\lambda \in \mathbb{R}$ eine reelle Zahl.

1. Dann sind die Funktionen $f + g$ und λf ebenfalls integrierbar und es gilt
   - $\int\limits_{a}^{b}(f + g)(x)dx = \int\limits_{a}^{b} f(x)dx + \int\limits_{a}^{b} g(x)dx$
   - $\int\limits_{a}^{b}(\lambda f)(x)dx = \lambda \int\limits_{a}^{b} f(x)dx$
2. Ist für alle $x \in [a,b]$ der Funktionswert $f(x)$ kleiner oder gleich dem Funktionswert $g(x)$, d. h. $f \leq g$, so gilt $\int\limits_{a}^{b} f(x)dx \leq \int\limits_{a}^{b} g(x)dx$.
3. Summenregel für Intervallgrenzen: Sei $a < c < b$, so gilt $\int\limits_{a}^{b} f(x)dx = \int\limits_{a}^{c} f(x)dx + \int\limits_{c}^{b} f(x)dx$.

Diese Sätze sind sehr nützlich bei der Berechnung von bestimmten Integralen.

Angenommen, $f : [a,b] \to \mathbb{R}$ ist eine stetige Funktion. Bezeichnen wir mit m das Minimum der Funktionswerte $f(x)$ mit $x \in [a,b]$ und mit M das Maximum der Funktionswerte $f(x)$ mit $x \in [a,b]$, so ist die konstante Funktion $m : [a,b] \to \mathbb{R}$ mit $m(x) := m$ immer kleiner oder gleich der Funktion f, d. h. $m \leq f$. Analog erhalten wir $f \leq M$. Nun können wir obige Sätze anwenden und erhalten

$$m(b - a) = \int\limits_{a}^{b} m\,dx \leq \int\limits_{a}^{b} f(x)dx \leq \int\limits_{a}^{b} M\,dx = M(b - a).$$

Die Zahl $\int\limits_{a}^{b} f(x)dx$ ist demnach gleich einer Zahl $C(b - a)$ mit einem geeigneten $C \in [m, M]$.

Wir haben vorausgesetzt, dass f eine stetige Funktion ist. Deswegen können wir den zugehörigen Funktionsgraphen von f von $f(a)$ nach $f(b)$ „ohne Absetzen des Stiftes in einem Stück durchzeichnen". Anschaulich ist deswegen sofort klar, dass jeder Funktionswert C zwischen dem Minimum m und dem Maximum M der Funktionswerte $f(x)$ auch wirklich von der Funktion f angenommen wird, d. h. zu jedem solchen C gibt es ein $t \in [a, b]$ mit $f(t) = C$. Das ist die Aussage des nächsten Satzes.

Satz (Mittelwertsatz der Integralrechnung)
Sei $f : [a, b] \to \mathbb{R}$ eine stetige Funktion. Dann gibt es ein $t \in [a, b]$, für das gilt

$$\int_a^b f(x)dx = f(t)(b - a).$$

6.3 Hauptsatz der Differential- und Integralrechnung

Bisher können wir nur bestimmte Integrale von konstanten Funktionen exakt berechnen. Wie aber berechnet man beliebige bestimmte Integrale? Gibt es einen Zusammenhang zwischen bestimmten und unbestimmten Integralen? Hier ist der Hauptsatz der Differential- und Integralrechnung ein wichtiges Resultat. Er zeigt die Beziehung zwischen den beiden Begriffen „bestimmtes Integral" und „unbestimmtes Integral". Insbesondere gibt er an, wie man bestimmte Integrale der Funktion f über einem Intervall $[a, b]$ (also die entsprechende Fläche) berechnen kann, wenn man das unbestimmte Integral von f (also eine Stammfunktion von f) kennt.

Satz (Hauptsatz der Differential- und Integralrechnung)
Sei $[a, b] \subset \mathbb{R}$ ein Intervall und $f : [a, b] \to \mathbb{R}$ eine stetige Funktion. Dann gilt für jede Stammfunktion F von f:

$$\int_a^b f(x)dx = F(b) - F(a).$$

Als Abkürzung schreiben wir im Folgenden $[F(x)]_a^b := F(b) - F(a)$.

Exkurs

Wir wollen als Exkurs den Hauptsatz der Differential- und Integralrechnung beweisen.

Beweis:

• Wir zeigen zunächst, dass die Funktion

$$G(x) := \int\limits_a^x f(y)dy$$

eine Stammfunktion der Funktion f ist. Dazu müssen wir die Ableitung der Funktion G berechnen und nachweisen, dass $G' = f$ gilt. Die Ableitung einer Funktion haben wir über den Grenzwert des Differenzenquotienten definiert, siehe Kap. 5. Wir rechnen also:

$$\frac{G(x+h) - G(x)}{h} = \frac{\int\limits_a^{x+h} f(y)dy - \int\limits_a^x f(y)dy}{h}$$

$$= \frac{1}{h} \int\limits_x^{x+h} f(y)dy.$$

Dabei haben wir die Summenregel für Intervallgrenzen aus Abschn. 6.2.2 verwendet. Aus dem Mittelwertsatz der Integralrechnung folgern wir weiter, dass es ein $t_h \in [x, x+h]$ gibt, so dass:

$$\frac{G(x+h) - G(x)}{h} = \frac{1}{h} f(t_h)h = f(t_h).$$

Wenn wir jetzt h gegen Null gehen lassen, ist $\lim\limits_{h\to 0} t_h = x$ und es folgt

$$G'(x) = \lim\limits_{h\to 0} \frac{G(x+h) - G(x)}{h}$$

$$= \lim\limits_{h\to 0} f(t_h)$$

$$= f(x).$$

• Nun zeigen wir $\int\limits_a^b f(x)dx = F(b) - F(a)$. Wir haben ja bereits gesehen, dass die Funktion $G(x) = \int\limits_a^x f(y)dy$ eine Stammfunktion von f ist. Insbesondere gilt

$$G(a) = 0 \text{ und } G(b) = \int\limits_a^b f(y)dy.$$

Unsere Funktion F ist nach Voraussetzung ebenfalls eine Stammfunktion der Funktion f. Sie unterscheidet sich also von der Funktion G höchstens um eine Konstante c, d. h. es gilt

$F = G + c$. Damit folgt

$$\begin{aligned}
F(b) - F(a) &= G(b) + c - (G(a) + c) \\
&= G(b) - G(a) \\
&= \int_a^b f(y)dy - 0 \\
&= \int_a^b f(y)dy.
\end{aligned}$$

$\square$

Mithilfe des Hauptsatzes der Differential- und Integralrechnung können wir nun be-stimmte Integrale ganz konkret berechnen.

Beispiele

Wir berechnen die Flächeninhalte der in Abb. 6.3, 6.4 und 6.6 gegebenen Flächen dar-gestellt durch bestimmte Integrale:

- Abb. 6.3: $\int_0^4 1 dx = [x]_0^4 = 4 - 0 = 4$.

- Abb. 6.4: $\int_0^2 (-x + 2)dx = [-\frac{1}{2}x^2 + 2x]_0^2 = -\frac{1}{2} \cdot 4 + 4 - (-\frac{1}{2} \cdot 0^2 + 2 \cdot 0) = 2$.

- Abb. 6.6: $\int_0^2 (x^2 + 2)dx = [\frac{1}{3}x^3 + 2x]_0^2 = \frac{1}{3} \cdot 8 + 2 \cdot 2 - 0 = \frac{20}{3} = 6,666\ldots$

Bemerkung. Der Hauptsatz der Differential- und Integralrechnung liefert einen Zusam-menhang zwischen bestimmten und unbestimmten Integralen. Er besagt, dass Funktionen, die eine Stammfunktion besitzen (also deren unbestimmtes Integral existiert), integrierbar sind. Die Umkehrung dieser Aussage gilt aber nicht. Eine Funktion kann auf einem Inter-vall integrierbar sein, ohne dass sie eine Stammfunktion besitzt. Ein Beispiel hierfür ist die Funktion $f : [0, 4] \to \mathbb{R}$ mit

$$f(x) = \begin{cases} 1 & \text{falls } x \in [0, 2] \\ 5 & \text{falls } x \in [2, 4] \end{cases}$$

Diese Funktion ist nicht stetig und sie besitzt keine Stammfunktion. Trotzdem ist f integrierbar und es gilt

$$\int\limits_0^4 f(x)dx = \int\limits_0^2 1 dx + \int\limits_2^4 5 dx$$

$$= [x]_0^2 + [5x]_2^4$$

$$= 2 + 10 = 12.$$

Anwendung: Durchschnittliche Körpertemperatur während einer Krankheit

Widmen wir uns nun dem einleitenden Beispiel 6.2. Der Körpertemperaturverlauf unserer fiktiven Krankheit wird durch die Funktion $f : [0, 7] \rightarrow \mathbb{R}$ mit $f(x) = -\frac{8}{49}x(x-7)+37$ beschrieben. Wir interessieren uns für die durchschnittliche Körpertemperatur während dieser Zeit. Um sie näherungsweise zu berechnen, können wir zu festen Zeitpunkten, z. B. jeweils nach einem Tag, die Temperatur messen und den Durchschnitt dieser Temperaturen berechnen. Als Näherung der Durchschnittstemperatur erhalten wir damit

$$\frac{1}{7} \sum_{i=1}^{7} f(i) \approx 38{,}3.$$

Stattdessen können wir auch nach einer beliebigen gleich bleibenden Zeit die Körpertemperatur messen und einen entsprechenden Durchschnitt berechnen. Wir unterteilen also unsere Zeit, d. h. das Ausgangsintervall $[0, 7]$, in n gleich große Teilintervalle und erhalten so eine Unterteilung des Intervalls $[0, 7]$ der Ordnung n. Der Durchschnitt der entsprechenden Temperaturen am Ende t_i eines Teilintervalls wird dann durch die Summe

$$\frac{1}{n} \sum_{i=1}^{n} f(t_i)$$

berechnet. Je häufiger wir messen, d. h. je größer n wird, desto genauer wird unsere Näherung der Durchschnittstemperatur. Die so berechneten Summen ähneln den Riemannschen Summen:

- Unsere Unterteilungen U_n bestehen aus den Intervallen $[0, t_1], [t_1, t_2], \ldots, [t_{n-1}, t_n]$. Es sind also Unterteilungen der Ordnung n. Weil die einzelnen Intervalle dieser Unterteilungen alle die gleiche Länge $\frac{7}{n}$ haben, nennt man sie auch „äquidistante Unterteilungen".
- Die für die Riemannschen Summen noch benötigten frei wählbaren Punkte c_i der Teilintervalle sind in diesem Beispiel jeweils die Endpunkte t_i der Intervalle.

Die zugehörigen Riemannschen Summen sind also durch

$$R(U_n, f) = \sum_{i=1}^{n} f(t_i) \cdot \frac{7}{n}$$

gegeben. Auch hier gilt, je größer unser n ist, desto genauer ist die Riemannsche Summe $R(U_n, f)$ eine Näherung des Integrals $\int_0^7 f(x)dx$. Insgesamt ist die exakte durchschnittliche Körpertemperatur folglich gegeben durch den Wert des bestimmten Integrals, also

$$\lim_{n \to \infty} \frac{1}{n} \sum_{i=1}^{n} f(t_i) = \lim_{n \to \infty} \frac{1}{7} R(f, U_n)$$

$$= \frac{1}{7} \int_0^7 f(x)dx$$

$$= \frac{1}{7} \int_0^7 -\frac{8}{49}x(x-7) + 37 dx$$

$$= \frac{1}{7} \int_0^7 -\frac{8}{49}x^2 + \frac{8}{7}x + 37 dx$$

$$= \frac{1}{7}[-\frac{8}{147}x^3 + \frac{4}{7}x^2 + 37x]_0^7$$

$$= \frac{1}{7}\left(-\frac{56}{3} + 28 + 259\right)$$

$$= \frac{115}{3}$$

$$\approx 38{,}333\ldots.$$

Bemerkung. Allgemein kann man den Mittelwert von Funktionswerten einer stetigen Funktion $f : \mathbb{R} \to \mathbb{R}$ innerhalb eines Intervalls $[a,b] \subset \mathbb{R}$ durch das Integral

$$\frac{1}{b-a} \int_a^b f(x)dx$$

berechnen.

6.4   Berechnung einiger Integrale

In diesem Abschnitt übertragen wir die Rechenregeln für unbestimmte Integrale auf bestimmte Integrale.

6.4.1 Partielle Integration und Substitution

Partielle Integration Sei $a < b$ und $f, g : [a, b] \rightarrow \mathbb{R}$ differenzierbare Funktionen, deren Ableitungen stetig sind. Dann gilt die partielle Integrationsregel

$$\int_a^b f'(x)g(x)dx = [f(x)g(x)]_a^b - \int_a^b f(x)g'(x)dx.$$

Beispiel

Wir berechnen nun das Integral

$$\int_0^1 x \exp(x)dx = \int_0^1 xe^x dx.$$

Der Integrand xe^x ist das Produkt zweier Funktionen, x und e^x. Hier bietet sich die Verwendung der partiellen Integrationsregel an. Wir kennen zu beiden Funktionen eine Stammfunktion, zunächst kann also sowohl x als auch e^x die Rolle der Funktion $f'(x)$ spielen. Es gilt also

$$\int_0^1 xe^x dx = [xe^x]_0^1 - \int_0^1 e^x dx$$

und auch

$$\int_0^1 xe^x dx = [\frac{1}{2}x^2 e^x]_0^1 - \int \frac{1}{2}x^2 e^x dx.$$

Wir sehen, dass das Integral in der zweiten Variante komplizierter geworden ist, während wir eine Stammfunktion zu dem Integral $\int e^x dx$ schon kennen. Deswegen setzen wir $f'(x) = e^x$ und berechnen

$$\int_0^1 xe^x dx = [xe^x]_0^1 - \int_0^1 e^x dx$$

$$= [xe^x]_0^1 - [e^x]_0^1$$
$$= (e - 0) - (e - 1)$$
$$= 1.$$

Substitution Sei $a < b$ und $g : [a,b] \to \mathbb{R}$ eine differenzierbare Funktion mit Ableitung g'. Sei $f : g([a,b]) \to \mathbb{R}$ integrierbar mit Stammfunktion F. Dann erhalten wir mit der Substitutionsregel

$$F(g(x)) = \int f(g(x))g'(x)dx.$$

und dem Hauptsatz der Differential- und Integralrechnung die Substitutionsregel für bestimmte Integrale

$$\int_a^b f(g(x))g'(x)dx = F(g(b)) - F(g(a))$$

$$= \int_{g(a)}^{g(b)} f(x)dx.$$

Beispiel

Wir wollen nun das Integral

$$\int_0^2 2xe^{x^2}dx$$

berechnen. Auch hier besteht der Integrand aus dem Produkt zweier Funktionen, nämlich $2x$ und e^{x^2}. Es gilt jedoch die Besonderheit, dass einer der beiden Faktoren, nämlich die Funktion e^{x^2}, eine Verkettung der Funktionen e^x und x^2 ist, und dass der zweite Faktor $2x$ gerade die Ableitung von x^2 ist. Ist $f : \mathbb{R} \to \mathbb{R}$ gegeben durch $f(x) = e^x$ und $g : \mathbb{R} \to \mathbb{R}$ gegeben durch $g(x) = x^2$, so erhalten wir

$$\int_0^2 2xe^{x^2}dx = \int_0^2 f(g(x))g'(x)dx$$

$$= \int_{g(0)}^{g(2)} f(x)dx$$

$$= \int_0^4 e^x dx$$

$$= [e^x]_0^4$$

$$= e^4 - 1.$$

Anwendung: Mittlerer RNA-Gehalt einer Zellpopulation

Wir lösen nun die im einleitenden Beispiel 6.3 gestellte Aufgabe. Die Zellen einer sich exponentiell vermehrenden Population durchlaufen in der Zeit $T > 0$ jeweils einen Zellzyklus. Der mittlere RNA-Gehalt aller Zellen während des Zeitintervalls $[0, T]$ ist bis auf einen konstanten Faktor gegeben durch das Integral

$$I := \int_0^T \left(\frac{x}{T} + 1\right) \cdot \exp(-kx)dx$$

mit der gemäß

$$kT = \ln(2)$$

definierten Konstanten k. Den Wert dieses Integrals wollen wir nun berechnen. Hierzu verwenden wir die partielle Integration, wobei wir wie im Beispiel zur partiellen Integration $g(x) = (\frac{x}{T} + 1)$ und $f'(x) = e^{-kx}$ setzen. Dann ist $f(x) = -\frac{1}{k}e^{-kx}$ und es gilt

$$
\begin{aligned}
\int_0^T \left(\frac{x}{T} + 1\right) \cdot \exp(-kx)dx &= \left[-\frac{1}{k}\left(\frac{x}{T} + 1\right)e^{-kx}\right]_0^T + \int_0^T \frac{1}{k}e^{-kx}\frac{1}{T}dx \\
&= \left[-\frac{1}{k}\left(\frac{x}{T} + 1\right)e^{-kx}\right]_0^T + \left[-\frac{1}{k^2}e^{-kx}\frac{1}{T}\right]_0^T \\
&= -\frac{2}{k}e^{-kT} + \frac{1}{k} - \frac{1}{Tk^2}e^{-kT} + \frac{1}{Tk^2} \\
&= -\frac{2}{k}\frac{1}{2} + \frac{1}{k} - \frac{1}{Tk^2}\frac{1}{2} + \frac{1}{Tk^2} \\
&= \frac{1}{2Tk^2} \\
&= \frac{1}{2\ln(2)k}.
\end{aligned}
$$

6.4.2 Partialbruchzerlegung

Mithilfe obiger Integrationsregeln können wir schon viele bestimmte und unbestimmte Integrale berechnen. Sind a, b, c positive reelle Zahlen und ist $a < b$, so wissen wir zum Beispiel, dass

$$\int_a^b \frac{1}{x + c}dx = [\ln(x + c)]_a^b = \ln(b + c) - \ln(a + c).$$

gilt. In diesem Abschnitt geben wir ein Verfahren an, mit dessen Hilfe allgemeinere Integrale von rationalen Funktionen berechnet werden können. Die sogenannte *Partialbruchzerlegung* führen wir beispielhaft an der Berechnung des folgenden bestimmten Integrals vor:

$$\int_2^3 \frac{1}{x^2 - 1}.$$

Der Trick der Partialbruchzerlegung besteht darin, den Nenner der Funktion in Linearfaktoren zu zerlegen, deren Stammfunktionen man bereits kennt. In unserem Fall gilt nach der dritten binomischen Formel $(x^2 - 1) = (x - 1)(x + 1)$. Weiter kennen wir die Stammfunktionen von $(x - 1)$ und von $(x + 1)$. Wenn wir also den Integranden $\frac{1}{x^2-1}$ als Summe $\frac{A}{x-1} + \frac{B}{x+1}$ mit reellen Zahlen A und B darstellen könnten, dann könnten wir die Summenregel aus Abschn. 6.1.2 anwenden und $\int_2^3 \frac{1}{x^2 - 1}$ berechnen.

Wir suchen also reelle Zahlen A und B, für die

$$\frac{A}{x - 1} + \frac{B}{x + 1} = \frac{1}{x^2 - 1}$$

gilt. Diese Gleichung formen wir folgendermaßen um:

$$\frac{A}{x - 1} + \frac{B}{x + 1} = \frac{1}{x^2 - 1}$$

$$\Longleftrightarrow \quad \frac{A(x + 1)}{(x - 1)(x + 1)} + \frac{B(x - 1)}{(x - 1)(x + 1)} = \frac{1}{x^2 - 1}$$

$$\Longleftrightarrow \quad \frac{Ax + A + Bx - B}{(x - 1)(x + 1)} = \frac{1}{x^2 - 1}$$

$$\Longleftrightarrow \quad \frac{(A + B)x + (A - B)}{x^2 - 1} = \frac{1}{x^2 - 1}$$

$$\Longleftrightarrow \quad A + B = 0 \text{ und } A - B = 1.$$

Wegen $A + B = 0$ muss $A = -B$ gelten. Dies können wir in $A - B = 1$ einsetzen und erhalten so $A + A = 1 \Longrightarrow A = \frac{1}{2}$, $B = -\frac{1}{2}$. Insgesamt gilt also:

$$\int_2^3 \frac{1}{x^2 - 1} dx = \int_2^3 \frac{\frac{1}{2}}{x - 1} + \int_2^3 \frac{-\frac{1}{2}}{x + 1}$$

$$= \frac{1}{2} \left(\int_2^3 \frac{1}{x - 1} - \int_2^3 \frac{1}{x + 1} \right)$$

$$= \frac{1}{2} \left([\ln(x - 1)]_2^3 - [\ln(x + 1)]_2^3 \right)$$

$$= \frac{1}{2} \left(\ln(2) - \ln(1) - \ln(4) + \ln(3) \right)$$

$$= \frac{1}{2} \ln \left(\frac{2 \cdot 3}{1 \cdot 4} \right) = \frac{1}{2} \ln \left(\frac{3}{2} \right).$$

6.5 Uneigentliche Integrale

Bei der Berechnung von bestimmten Integralen $\int_a^b f(x) dx$ haben wir immer vorausgesetzt, dass $[a, b]$ ein geschlossenes reelles Intervall ist und $f[a, b] \to \mathbb{R}$ eine auf dem ganzen Intervall definierte stetige Funktion. Dies wollen wir nun verallgemeinern.

Integrale über halboffenen Intervallen

Sei $f : [a, \infty) \to \mathbb{R}$ eine stetige Funktion auf einem halboffenen Intervall $[a, \infty)$. Die Schreibweise $[a, \infty)$ gibt an, dass f für alle reelle Zahlen $x \geq a$ definiert ist. Streng genommen bedeutet $[a, \infty)$ also $\lim_{b \to \infty} [a, b]$. Möchten wir f über dem Intervall $[a, b)$ integrieren, müssen wir also untersuchen, ob der Grenzwert

$$\lim_{b \to \infty} \int_a^b f(x) dx$$

existiert. Ist dies der Fall und der Grenzwert gleich einer reellen Zahl G, so schreiben wir $\int_a^\infty f(x) dx = G$ und nennen dieses Integral ein *uneigentliches Integral*.

1. Wir wollen untersuchen, ob der Grenzwert

$$\lim_{R \to \infty} \int_1^R \frac{1}{x^2} dx$$

existiert und ihn gegebenenfalls berechnen. Dazu berechnen wir

$$\lim_{b \to \infty} \int_1^b \frac{1}{x^2} dx = \lim_{b \to \infty} \int_1^b x^{-2} dx$$

$$= \lim_{b \to \infty} \left[-x^{-1} \right]_1^b$$

$$= \lim_{b \to \infty} \left(-\frac{1}{b} + 1 \right)$$

$$= 1.$$

Damit folgt $\int_1^\infty \frac{1}{x^2} dx = 1$. Diese Aussage kann man auch geometrisch deuten (siehe Abb. 6.10: Die Fläche unter der Kurve von $f(x) = \frac{1}{x^2}$ ab dem Wert $x = 1$ ist beschränkt; der gesamte Flächeninhalt beträgt genau eine Einheit.

2. Nun möchten wir untersuchen, ob der Grenzwert

$$\lim_{R \to \infty} \int_1^R \frac{1}{x} dx$$

ebenfalls existiert. Dazu gehen wir ganz analog vor und berechnen

$$\lim_{b \to \infty} \int_1^b \frac{1}{x} dx = \lim_{b \to \infty} \left[\ln(x) \right]_1^b$$

$$= \lim_{b \to \infty} \left(\ln(b) - \ln(1) \right)$$

$$= \lim_{b \to \infty} \ln(b)$$

$$= \infty$$

Der Grenzwert existiert nicht und die Fläche unter der Kurve $f(x) = \frac{1}{x}$ wird (ab dem Wert $x = 1$) folglich unendlich groß (siehe Abb. 6.11)

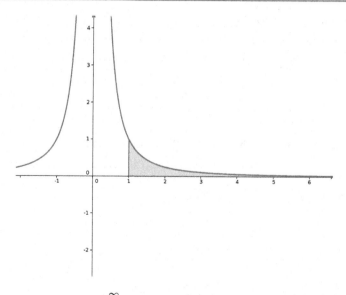

Abb. 6.10 Uneigentliches Integral $\int\limits_{1}^{\infty} \frac{1}{x^2} dx$: der markierte Flächeninhalt beträgt genau eine Einheit

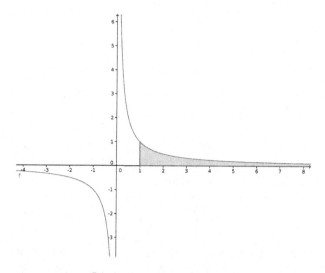

Abb. 6.11 Der Grenzwert $\lim\limits_{R \to \infty} \int\limits_{1}^{R} \frac{1}{x} dx$ existiert nicht, die markierte Fläche wird unendlich groß

Integrale über Definitionslücken

Sei nun $f\,(a,b\,] \to \mathbb{R}$ eine stetige Funktion, die nur auf dem halboffenen Intervall $(a,b\,]$ definiert ist (d. h. sie hat z. B. in a eine Polstelle). Auch hier können wir untersuchen, ob der Grenzwert

$$\lim_{r \to a} \int_r^b f(x)dx$$

existiert. Ist dies der Fall, sprechen wir wie oben von einem uneigentlichen Integral.

Beispiel

Wir wollen untersuchen, ob der Grenzwert

$$\lim_{r \to 0} \int_r^4 \frac{1}{\sqrt{x}}dx$$

existiert und ihn gegebenenfalls berechnen. Es gilt

$$\lim_{r \to 0} \int_r^4 \frac{1}{\sqrt{x}}dx = \lim_{r \to 0}\left[2\sqrt{x}\right]_r^4$$

$$= \lim_{r \to 0}\left(4 - 2\sqrt{r}\right)$$

$$= 4.$$

Damit folgt $\int_0^4 \frac{1}{\sqrt{x}}dx = 4$.

6.6 Zusammenfassung

- Sei $f : I \to \mathbb{R}$ eine (stetige) Funktion auf einem reellen Intervall I. Gibt es eine Funktion $F : I \to \mathbb{R}$ mit $F' = f$ über I, so heißt die Funktion F *Stammfunktion von f auf dem Intervall I*. Man schreibt auch

$$F = \int f(x)dx$$

und bezeichnet F als *unbestimmtes Integral der Funktion f über dem Intervall I*.
- Die unbestimmte Integration ist eine Umkehrung der Differentiation. Es gilt für alle $c \in \mathbb{R}$, dass

$$\left(\int f(x)dx\right)' = f(x) \text{ und } \int f'(x)dx = f(x) + c.$$

- Summenregel für unbestimmte Integrale:

$$\int (f(x) + g(x))dx = \int f(x)dx + \int g(x)dx.$$

- Partielle Integrationsregel für unbestimmte Integrale:

$$\int f'(x)g(x)dx = f(x) \cdot g(x) - \int f(x)g'(x)dx.$$

- Substitutionsregel für unbestimmte Integrale: Ist $F : I \to \mathbb{R}$ eine Stammfunktion von f, so gilt

$$F(g(x)) = \int f(g(x))g'(x)dx.$$

- Seien $a < b$ zwei reelle Zahlen und $[a, b] \subset \mathbb{R}^2$ ein Intervall. Sei $f : [a, b] \to \mathbb{R}$ eine Funktion. Eine *Unterteilung* U_n der Ordnung n des Intervalls $[a, b]$ ist gegeben durch $n + 1$ Punkte x_i mit $x_0 = a < x_1 < \ldots < x_{n-1} < b = x_n$, die eine Unterteilung des Intervalls $[a, b]$ in n Teilintervalle $[a, x_1], [x_1, x_2], \ldots, [x_{n-1}, b]$ definieren. Sind c_i für $i = 1, \ldots, n$ Punkte des Intervalls $[x_{i-1}, x_i]$, so definieren wir die *Riemann-sche Summe* $R(U_n, f)$ der Unterteilung U_n der Ordnung n durch

$$R(U_n, f) := \sum_{i=1}^{n} f(c_i)(x_i - x_{i-1}).$$

- Sei U_n eine Unterteilung des Intervalls $[a, b]$. Dann definieren wir die *Länge* $L(U_n)$ der Unterteilung U_n als die Länge eines größten Teilintervalls der Unterteilung U_n.
- Eine Funktion $f : [a, b] \to \mathbb{R}$ heißt *(Riemann-)integrierbar*, wenn für jede Folge von Unterteilungen U_n, deren zugehörige Folge der Längen $L(U_n)$ eine Nullfolge ist, die Folge der Riemannschen Summen $R(U_n, f)$ gegen einen festen Grenzwert konvergiert. Wir bezeichnen dann diesen Grenzwert mit

$$\int_a^b f(x)dx$$

und nennen ihn *bestimmtes Integral der Funktion f über dem Intervall* $[a, b]$.
- Jede stetige und jede monotone Funktion ist integrierbar.
- Für alle Funktionen $g : [a, b] \to \mathbb{R}$ gilt $\int_a^a f(x)dx = 0$.
- Seien f und g zwei integrierbare Funktionen $f, g : [a, b] \to \mathbb{R}$ und $\lambda \in \mathbb{R}$ eine reelle Zahl. Dann sind die Funktionen $f + g$ und λf ebenfalls integrierbar und es gilt

$$\int_a^b (f + g)(x)dx = \int_a^b f(x)dx + \int_a^b g(x)dx$$

$$\int\limits_a^b (\lambda f)(x)dx = \lambda \int\limits_a^b f(x)dx$$

- Seien f und g zwei integrierbare Funktionen $f, g : [a, b] \rightarrow \mathbb{R}$. Ist für alle $x \in [a, b]$ der Funktionswert $f(x)$ kleiner oder gleich dem Funktionswert $g(x)$, d.h. $f \leq g$, so gilt $\int\limits_a^b f(x)dx \leq \int\limits_a^b g(x)dx$.

- Summenregel für Intervallgrenzen: Sei $f : [a, b] \rightarrow \mathbb{R}$ eine integrierbare Funktion und sei $a < c < b$. Dann gilt $\int\limits_a^b f(x)dx = \int\limits_a^c f(x)dx + \int\limits_c^b f(x)dx$.

- Mittelwertsatz der Integralrechnung: Sei $f : [a, b] \rightarrow \mathbb{R}$ eine stetige Funktion. Dann gibt es ein $t \in [a, b]$, so dass $\int\limits_a^b f(x)dx = f(t)(b - a)$.

- Hauptsatz der Integralrechnung: Sei $[a, b] \subset \mathbb{R}$ ein Intervall und $f : [a, b] \rightarrow \mathbb{R}$ eine stetige Funktion. Dann gilt für jede Stammfunktion F von f:

$$\int\limits_a^b f(x)dx = F(b) - F(a).$$

- Partielle Integrationsregel für bestimmte Integrale: Sei $a < b$ und $f, g : [a, b] \rightarrow \mathbb{R}$ differenzierbare Funktionen, deren Ableitungen stetig sind. Dann gilt

$$\int\limits_a^b f'(x)g(x)dx = [f(x)g(x)]_a^b - \int\limits_a^b f(x)g'(x)dx.$$

- Substitutionsregel für bestimmte Integrale: Sei $a < b$ und $g : [a, b] \rightarrow \mathbb{R}$ eine differenzierbare Funktion mit Ableitung g'. Sei $f : g([a, b]) \rightarrow \mathbb{R}$ integrierbar mit Stammfunktion F. Dann gilt:

$$\int\limits_a^b f(g(x))g'(x)dx = F(g(b)) - F(g(a)) = \int\limits_{g(a)}^{g(b)} f(x)dx.$$

- Mit Hilfe der Partialbruchzerlegung kann man rationale Funktionen integrieren.
- Uneigentliche Integrale: Existiert der Grenzwert

$$G = \lim\limits_{b \to \infty} \int\limits_a^b f(x)dx$$

$\int\limits_a^\infty f(x)dx = G$ und nennen dieses Integral ein *uneigentliches Integral*. Ebenso kann man untersuchen, ob Funktionen mit Lücken in ihrem Definitionsbereich integrierbar sind.

6.7 Aufgaben

6.7.1 Kurztest

1. Aussagen über Stammfunktionen

   (a) ☐ Hat eine Funktion f eine Stammfunktion, so ist diese eindeutig.

   (b) ☐ Jede Funktion $f : \mathbb{R} \to \mathbb{R}$ besitzt eine Stammfunktion.

   (c) ☐ Ist F eine Stammfunktion von f so gilt $F' = f$.

   (d) Ist F eine Stammfunktion von f und G eine Stammfunktion von g, so ist $F + G$ eine Stammfunktion von $f + g$.

   (e) Ist F eine Stammfunktion von f und G eine Stammfunktion von g, so ist $F \cdot G$ eine Stammfunktion von $f \cdot g$.

   (f) Ist F eine Stammfunktion von f und G eine Stammfunktion von g, so ist $F \circ G$ eine Stammfunktion von $f \circ g$.

2. Stammfunktionen von speziellen Funktionen.

   (a) ☐ Eine Stammfunktion von x^2 ist $\frac{1}{3}x^3 + 5$.

   (b) ☐ Eine Stammfunktion von x^2 ist $\frac{1}{3}x^3 - 5$.

   (c) ☐ Eine Stammfunktion von $\sin(x)$ ist $\cos(x)$.

   (d) ☐ Eine Stammfunktion von $\ln(x)$ ist $\frac{1}{x}$.

   (e) ☐ Eine Stammfunktion von $\frac{1}{x}$ ist $\ln(x)$.

   (f) ☐ Eine Stammfunktion von $\exp(x)$ ist $\exp(x)$.

   (g) ☐ Eine Stammfunktion von $\exp(x)$ ist $\ln(x)$.

3. Bestimmte Integrale und Integrierbarkeit

   (a) ☐ Eine Riemannsche Summe ist eine Summe von Flächeninhalten von Rechtecken.

   (b) ☐ Jede stetige Funktion ist integrierbar.

   (c) ☐ Ist die Funktion f nicht stetig, so ist sie nicht integrierbar.

   (d) ☐ Ist f integrierbar und ist g integrierbar, so ist auch $f + g$ integrierbar.

   (e) ☐ Ist $\int\limits_a^b f(x)dx \leq \int\limits_a^b g(x)dx$ dann gilt für alle $x \in [a, b]$ $f \leq g$.

   (f) ☐ Ist $f \leq g$ auf $[a, b]$ dann gilt $\int\limits_a^b f(x)dx \leq \int\limits_a^b g(x)dx$.

4. Der Hauptsatz der Differential- und Integralrechnung

   (a) ☐ kann verwendet werden, um bestimmte Integrale zu berechnen, wenn man eine Stammfunktion kennt.

(b) ☐ kann verwendet werden, um Stammfunktionen zu bestimmen, wenn man den Wert eines bestimmten Integrals kennt.

(c) ☐ besagt, dass jede integrierbare Funktion eine Stammfunktion besitzt.

(d) ☐ besagt, dass jede Funktion, die eine Stammfunktion besitzt, integrierbar ist.

(e) ☐ darf nur auf stetige Funktionen angewendet werden.

5. Die Funktion $f(x) := xe^x$

(a) ☐ ist stetig auf ganz $\mathbb{R}$ und damit integrierbar.

(b) ☐ besitzt keine Stammfunktion.

(c) ☐ besitzt die Stammfunktion $F(x) = (x-1)e^x + e$.

(d) ☐ besitzt die Stammfunktion $F(x) = xe^x + x$.

6. Integrationsregeln.

(a) ☐ Die partielle Integrationsregel dient zum Integrieren von Produkten von stetigen Funktionen.

(b) ☐ Die Substitutionsregel ist die Umkehrung der Quotientenregel aus der Differentialrechnung.

(c) ☐ Die Substitutionsregel ist die Umkehrung der Kettenregel aus der Differentialrechnung.

(d) ☐ Das bestimmte Integral der Summe $f + g$ zweier integrierbarer Funktionen f, g kann man berechnen, indem man die Summe der Einzelintegrale ausrechnet und sie addiert.

6.7.2 Rechenaufgaben

1. Bestimmen Sie eine Stammfunktionen folgender Funktionen.

(a) $f(x) = 4x + 7x^2$

(b) $f(x) = (e^x + 1)^2$

(c) $f(x) = \cos(x) - \sin(x)$

(d) $f(x) = 3^{-x}$

(e) $f(x) = \dfrac{\sqrt{x}}{t}$

(f) $f(x) = ax^4 + bx^4 - 2x^{-2} + a + 2c$

(g) $f(x) = \sqrt[3]{x} + 4$

(h) $f(x) = \sqrt{x^{-3}}$

(i) $f(x) = x^2 + \dfrac{2}{3}x - \dfrac{1}{6} - \dfrac{4}{x}$

(j) $f(x) = \ln(2x)$

(k) $f(x) = \left(\frac{1}{2}\right)^{x+2}$

(l) $f(x) = \dfrac{1}{5x + 7}$

2. Bestimmen Sie folgende unbestimmte Integrale.

(a) $\int \left(x^{\frac{2}{3}} + 7\right) \cdot \left(x^3 + x^{-\frac{1}{6}}\right) dx$

(b) $\int e^x \cdot x\, dx$

(c) $\int x^4 e^{7x^5 + 2} dx$

(d) $\int e^{2x} x^2 dx$

(e) $\int e^{\sqrt{2s}} ds$

(f) $\int \dfrac{3}{(x - 2)^2} dx$

(g) $\int \frac{1}{2 + 2x^2} dx$

(h) $\int \cos(x)^2 dx$

(i) $\int \sqrt{1 - x^2} dx$

3. Berechnen Sie folgende (bestimmte) Integrale.

(a) $\int\limits_{0}^{5} e^{ax} dx$

(b) $\int\limits_{0}^{1} 0\, dx$

(c) $\int\limits_{2}^{4} 2x^2 + 5x + 3x^{-2} dx$

(d) $\int\limits_{-1}^{1} |x|\, dx$

(e) $\int\limits_{a}^{3} \sqrt{bx}\, dx$

(f) $\int\limits_{t_0}^{t_1} (x^3 + e^{x^2}) \cdot 100t\, dt$

(g) $\int\limits_{1}^{2} \frac{1}{5x-2} dx$

(h) $\int\limits_{\frac{1}{2}}^{1} \frac{1}{101x} dx$

(i) $\int\limits_{0}^{\pi} \cos(2x) \cdot \sin(3x) dx$

(j) $\int\limits_{0}^{1} e^{3t} \cos(t) dt$

(k) $\int\limits_{1}^{4} \frac{dx}{(ax+b)^3}$

(l) $\int\limits_{-\frac{b}{a}}^{\pi-\frac{b}{a}} 7 \cos(ax+b) dx$

(m) $\int\limits_{-2}^{0} \frac{1}{\sqrt{-x^2-2x}} dx$

(n) $\int\limits_{-1}^{1} \frac{e^x}{e^x+1} dx$

(o) $\int\limits_{0}^{\frac{1}{5}} \frac{1}{5} \cdot e^{5x} dx$

(p) $\int\limits_{0}^{7} f(x) dx$ mit $f(x) = \begin{cases} 1 & \text{für } x < 2 \\ x-1 & \text{für } 2 \leq x \leq 4 \\ 3 & \text{für } 4 \leq x \end{cases}$

(q) $\int\limits_{1}^{4} f(t) dt$ mit $f(t) = \begin{cases} e^t - 1 & \text{für } t < 2 \\ e^{6-2t} - 1 & \text{für } t \geq 2 \end{cases}$

4. Stellen Sie fest, ob die folgenden uneigentlichen Integrale existieren, und bestimmen Sie in diesem Fall ihren jeweiligen Wert.

(a) $\int\limits_{1}^{\infty} x^{-2} dx$

(b) $\int\limits_{0}^{2} \frac{1}{\sqrt{x}} dx$

(c) $\int\limits_{100}^{\infty} \frac{1}{x} dx$

(d) $\int\limits_{-\infty}^{z} e^x dx$

5. Berechnen Sie den Flächeninhalt der von folgenden Funktionen eingeschlossenen Flächen.

   (a) $f(x) = x^3 - 5x^2 + 1, g(x) = 1$

   (b) $f(x) = x^2 - 1, g(x) = 1 - x^2$

   (c) $f(x) = \cos(x), g(x) = |\frac{2}{\pi}x| - 1$

6.7.3 Anwendungsaufgaben

1. Eine Bakterienkultur $P(t)$ wächst mit einer Rate von

$$P'(t) = \frac{1000}{1 + 0{,}5t},$$

   wobei t die Zeit in Tagen ist. Zum Zeitpunkt $t = 0$ ist der Bestand der Kultur gleich 400. Bestimmen Sie den Bestand P als eine Funktion abhängig von t.

2. Pflanzen verdunsten über ihren Blattoberflächen Wasser. Je nach Tageszeit variiert die momentane Verlustrate, die in Gramm pro Stunde gemessen wird. So ist z. B. während der Nacht die Verdunstungsrate relativ niedrig, während sie tagsüber steigt. In einem Versuch wurde der Wasserverlust einer Sonnenblume im Verlauf eines Sommertages bestimmt und dabei folgende Werte gemessen:

Zeit	0	2	4	6	8	10	12	14	16	18	20	22
mom. Verlust $\frac{g}{h}$	0,2	0,2	0,8	2,2	4,8	9,7	14,7	15,6	7,2	3,0	1,5	0,6

   Wie groß ist näherungsweise die gesamte verdunstete Wassermenge an diesem Tag?

3. Kultursorten des Hopfens werden landwirtschaftlich angebaut und beim Brauen von Bier verwendet. Diese Pflanzen werden relativ groß. Angenommen, man hat experimentell die folgenden Geschwindigkeiten für das Wachstum von Hopfen festgestellt: die Wachstumsgeschwindigkeit $w(t)$ in Zentimeter pro Tag steigt innerhalb von 40 Tagen linear von $0\frac{cm}{Tag}$ auf $40\frac{cm}{Tag}$ und nimmt anschließend innerhalb von 30 Tagen wieder auf $0\frac{cm}{Tag}$ ab. Wie viel ist die Pflanze dann insgesamt gewachsen?

4. [3]Pflanzen wandeln tagsüber Kohlendioxid in Sauerstoff um. Die dabei pro Quadratmeter Blattfläche verbrauchte Kohlendioxidmenge $k(t)$ (in $\frac{ml}{h}$) hängt von der Tageszeit ab. Der Kohlendioxidverbrauch von einem Quadratmeter Buchenblätter während eines Tages kann beschrieben werden durch

$$k(t) = 600 - \frac{600}{36}t^2$$

---

[3] nach Lambacher Schweizer Gesamtband Oberstufe mit CAS Niedersachsen, Klett Verlag

mit $-6 \le t \le 6$, t beschreibt hierbei die Zeit in Stunden. Eine Buche hat etwa 200.000 Blätter, ein mittelgroßes Blatt hat eine Oberfläche von etwa 25 Quadratzentimeter. Wie hoch ist der Kohlendioxidverbrauch während eines Tages?

5. [4]Ein ausgewachsener Ahornbaum hat etwa 100.000 Blätter und jedes Blatt hat eine Oberfläche von 55 cm^2. Die Blätter produzieren abhängig von der Sonneneinstrahlung Sauerstoff. 1 m^2 Blattoberfläche liefert maximal 500 ml Sauerstoff pro Stunde. Die Sauerstoffproduktion $s(t)$ (in $\frac{ml}{h \cdot m^2}$) pro m^2 und Stunde während eines Sommertages zwischen 6 Uhr und 21 Uhr kann näherungsweise durch die Funktion

$$s(t) = 500 \cdot e^{-\frac{t^4}{360}}, \qquad (-6 \le t \le 9)$$

beschrieben werden.

(a) Erläutern Sie, woher man weiß, dass ein ausgewachsener Ahornbaum etwa 100.000 Blätter hat.

(b) Skizzieren Sie den Graphen von s.

(c) Berechnen Sie näherungsweise die an einem Tag produzierte Sauerstoffmenge.

---

[4] die Grundidee stammt aus Lambacher Schweizer Gesamtband Oberstufe mit CAS Niedersachsen, Klett Verlag

Differentialgleichungen

Einleitendes Beispiel 7.1

Fruchtfliegen vermehren sich im Sommer unter idealen Bedingungen besonders schnell. Ein Biologe stellt fest, dass für die Wachstumsrate $y'(t)$ von Fruchtfliegen zum Zeitpunkt t

$$y'(t) = 1{,}5y(t)$$

gilt. Hierbei bezeichnet $y(t)$ die Anzahl der Fruchtfliegen nach t Tagen. Am ersten Tag (zum Zeitpunkt $t = 0$) zählt er 20 Fruchtfliegen. Mit wie vielen Fruchtfliegen muss er nach einer Woche rechnen?

Einleitendes Beispiel 7.2

Eine Biologin stellt einige plausible Annahmen zur Wachstumsgeschwindigkeit y' einer bestimmten Population y auf. Sie nimmt an, dass die Geschwindigkeit proportional zum Bestand y ist. Außerdem geht sie aufgrund zunehmend schlechterer Umwelteinflüsse davon aus, dass die Wachstumsgeschwindigkeit y' antiproportional zur Zeit t ist. Gesucht ist eine mathematische Modellierung dieses Sachverhaltes und eine Funktion $y(t)$, die den Bestand der Population näherungsweise beschreibt.

Einleitendes Beispiel 7.3

In Abb. 7.1 ist das Wachstum einer Pantoffeltierchenpopulation in einer kleinen Laborkultur mit konstanten Umweltbedingungen grafisch dargestellt[1]. Die Population wird durch die Gleichung

$$y' = 1{,}1 \cdot y \cdot \left(\frac{900 - y}{900} \right)$$

beschrieben. Welche Funktion y beschreibt die Anzahl der Pantoffeltierchen annähernd genau?

---

[1] Campbell N. A., Reece, J. B.: *Biologie* S. 1388

A. Eickhoff-Schachtebeck, A. Schöbel, *Mathematik in der Biologie*,
DOI 10.1007/978-3-642-41844-0_7, © Springer-Verlag Berlin Heidelberg 2014

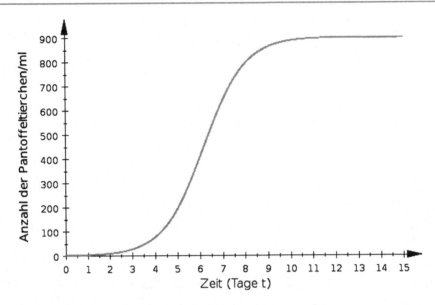

Abb. 7.1 Eine Pantoffeltierchenpopulation im Labor

Einleitendes Beispiel 7.4

[2] In Kalifornien schädigt eine Wildlausart die dortigen Orangenplantagen. Sie dient als Wirt für verschiedene Wespenarten der Gattung Aphytis. Die Art A. chrysomphali wurde um 1900 aus dem Mittelmeergebiet eingeschleppt und breitete sich schnell in Kalifornien aus. 1949 wurde eine zweite Art, A. lingnaensis, aus China eingeführt. Sie verdrängte die erste Art innerhalb weniger Jahre völlig. 1957-1959 wurde eine dritte Art, A. melinus, aus Indien importiert. Diese Art verdrängte die zweite Art bis auf die Küstenregion fast überall, so dass nun zwei Wespenarten geographisch getrennt voneinander vorkommen. Gesucht ist eine mathematische Modellierung der Konkurrenzbeziehungen der Wespenarten.

▶   **Ziel:** Differentialgleichungen - Lösungsverfahren und Modellierung.

7.1 Differentialgleichungen 1. Ordnung

Wir haben bereits in den Anwendungsaufgaben von Kap. 5 sogenannte Differentialgleichungen kennengelernt. In diesem Abschnitt definieren wir, was genau eine Differentialgleichung erster Ordnung ist, und geben Lösungsverfahren hierzu an.

---

[2] vgl. z. B. Czihak, G., Lange, H., Ziegler, H. (Hrsg.): Biologie – ein Lehrbuch, Springer, Weltbild, Augsburg, 1990, S. 803

7.1.1 Definition von Differentialgleichungen 1. Ordnung

Eine *Differentialgleichung* ist eine Gleichung, in der eine unbekannte Funktion y und (unter Umständen auch höhere) Ableitungen von y vorkommen. Eine *Differentialgleichung 1. Ordnung* ist eine Gleichung, in der eine unbekannte Funktion y und nur ihre erste Ableitung vorkommen. Anstatt von einer Differentialgleichung zu sprechen verwendet man häufig auch den Begriff *DGL*.

Beispiele

1. Die Gleichung

$$y' = y$$

 ist eine Differentialgleichung, genauer eine Differentialgleichung 1. Ordnung, da in ihr nur die unbekannte Funktion y und ihre erste Ableitung vorkommen. Präziser müsste man schreiben $f(x) = f'(x)$ für alle $x \in \mathbb{R}$. Um aber anzudeuten, dass die Funktion f variabel ist, schreiben wir in diesem Kapitel statt f immer y, also $y(x) = y'(x)$ für alle $x \in \mathbb{R}$. Weil in einer Differentialgleichung y und nicht die Variable x gesucht ist, lässt man in der Kurzform einer Differentialgleichung wie oben das x einfach weg.

2. Die Gleichung

$$y' = yx^2$$

 ist ebenfalls eine Differentialgleichung 1. Ordnung. (Präziser müsste man auch hier $y'(x) = y(x)x^2$ für alle $x \in \mathbb{R}$ schreiben.)

3. Die Gleichung

$$y'' - 3y' + 2y = 0$$

 ist ebenfalls eine Differentialgleichung. Sie ist im Gegensatz zum ersten Beispiel jedoch keine Differentialgleichung 1. Ordnung. Die höchste Ableitung in der Gleichung ist hier y'', wir sprechen daher von einer Differentialgleichung 2. Ordnung.

Bemerkung. Es gibt einen großen Unterschied zwischen Gleichungen für Zahlen und Differentialgleichungen. Lösungen algebraischer Gleichungen wie zum Beispiel $x^2 - 3x + 2 = 0$ sind Zahlen. Bei Differentialgleichungen wie zum Beispiel $y'' - 3y' + 2y = 0$ sind Funktionen gesucht, die diese Gleichungen lösen.

7.1.2 Differentialgleichungen exponentieller Prozesse

Die Differentialgleichung $y' = y$ ist besonders einfach zu lösen: eine Lösung ist die Exponentialfunktion $\exp(x)$. Für sie gilt stets $\exp(x)' = \exp(x)$. Dies kann man sich zunutze machen, wenn man allgemeinere Differentialgleichungen, die einen exponentiellen

Wachstumsprozess beschreiben, lösen möchte. Sei dazu die Differentialgleichung

$$y' = ky$$

mit einer Wachstumskonstante k gegeben. Diese Differentialgleichung beschreibt eine proportionale Abhängigkeit der momentanen Wachstumsgeschwindigkeit y' vom aktuellen Bestand y. Alle Lösungen der Differentialgleichung haben die Form

$$y(x) = a \cdot \exp(k \cdot x)$$

wobei a eine beliebige reelle Zahl ungleich Null sein kann. Man kann diese Lösung leicht überprüfen, indem man $y(x)$ ableitet und dann feststellt, ob $y'(x) = ky(x)$ gilt. In unserem Fall ist das richtig:

$$y'(x) = k \cdot a \cdot \exp(kx) = k \cdot y(x).$$

Den freien Parameter a können wir ohne eine zusätzliche Bedingung nicht bestimmen.

Anwendung: Vermehrung von Fruchtfliegen

Beginnen wir mit dem einleitenden Beispiel 7.1. Der Wachstumsfaktor k beträgt dort 1,5. Außerdem gilt die sogenannte *Anfangswertbedingung* $y(0) = 20$. Da wie oben ein exponentieller Wachstumsprozess vorliegt, erhält man als Lösung der Differentialgleichung $y'(t) = 1{,}5y(t)$ die Funktionsgleichung

$$y(t) = a \cdot \exp(1{,}5t).$$

Um a zu bestimmen verwendet man die Anfangswertbedingung $y(0) = 20$. Man erhält:

$$20 = y(0) = a \cdot \exp(1{,}5t) = a \cdot 1 = a,$$

also $a = 20$, und die gesuchte Lösung des Problems lautet

$$y(t) = 20 \cdot \exp(1{,}5t).$$

Nach einer Woche muss der Biologe bei idealen Bedingungen also bereits mit ungefähr 725.000 Fruchtfliegen rechnen.

Trennung der Variablen

Für eine gegebenen Funktion y lässt sich immer leicht überprüfen, ob sie tatsächlich eine Differentialgleichung erfüllt. Dieses Prinzip haben wir in den Aufgaben zu Kap. 5 benutzt. Allgemein sieht man einer Differentialgleichung jedoch oft nicht so einfach eine Lösung an.

Eine Methode zur Lösung einer Differentialgleichung 1. Ordnung ist die sogenannte *Trennung der Variablen*. Sei hierzu eine Differentialgleichung

$$y' = h(x)g(y)$$

mit stetigen Funktionen h und g gegeben. (Präziser lautet die Differentialgleichung hier also $y'(x) = h(x)g(y(x))$ für alle $x \in \mathbb{R}$.) Für die Ableitung y' gilt

$$y' = \frac{dy}{dx},$$

d. h. die gesuchte Funktion y ist nach der Variablen x abgeleitet worden. dy und dx sind sogenannte *Differentialformen*, mit denen man wie mit Variablen rechnen kann. Wir können folglich die gesamte Differentialgleichung mit der Differentialform dx multiplizieren und erhalten somit die Gleichung

$$dy = h(x)g(y)dx.$$

Suchen wir nun eine Lösung der Differentialgleichung, für die $g(y)$ nirgends verschwindet, so können wir die Gleichung $dy = h(x)g(y)dy$ durch $g(y)$ dividieren und erhalten die Gleichheit

$$\frac{1}{g(y)}dy = h(x)dx$$

von Differentialen. Dann muss auch für die unbestimmten Integrale gelten

$$\int \frac{1}{g(y)}dy = \int h(x)dx.$$

Durch Berechnung der entsprechenden unbestimmten Integrale und anschließender Auflösung der Gleichung nach der Unbestimmten y erhält man die gesuchte Funktion y.

Beispiel

Wir betrachten die Differentialgleichung

$$y' = yx^2.$$

In der obigen Notation ist also $h(x) = x^2$ und $g(y) = y$. Um die Differentialgleichung zu lösen, nehmen wir an, dass die gesuchte Funktion y nirgends verschwindet. Mittels der Methode der Trennung der Variablen erhalten wir

$$\frac{dy}{dx} = yx^2$$

$$\implies \quad dy = yx^2dx$$

$$\implies \qquad \frac{1}{y}dy = x^2 dx$$

$$\implies \qquad \int \frac{1}{y}dy = \int x^2 dx$$

$$\implies \qquad \ln(y) = \frac{1}{3}x^3 + C' \qquad \text{mit einer Konstanten } C'$$

Diese Gleichung lösen wir nun nach y auf:

$$\ln(y) = \frac{1}{3}x^3 + C'$$

$$\implies \qquad y = \exp\left(\frac{1}{3}x^3 + C'\right)$$

$$= \exp\left(\frac{1}{3}x^3\right) C \qquad \text{mit einer neuen Konstanten } C = \exp(C') > 0.$$

C ist zunächst beliebig, die gesuchte Differentialgleichung hat also die Form

$$y(x) = C \cdot \exp\left(\frac{1}{3}x^3\right).$$

Wenn wir eine Anfangswertbedingung an die Funktion y vorgegeben haben, können wir C explizit bestimmen: In unserem Beispiel folgt aus der Bedingung $y(0) = 2$, dass

$$2 = C \cdot \exp\left(\frac{1}{3} \cdot 0\right) = C$$

gilt, also ist $C = 2$ und wir erhalten

$$y(x) = 2 \cdot \exp\left(\frac{1}{3}x^3\right).$$

Anwendung: Auswirkung negativer Umwelteinflüsse

Ideale Bedingungen wie bei der Fruchtfliegenpopulation angenommen sind in der Realität selten. Meistens gibt es irgendwelche äußeren Faktoren, die sich limitierend auf die Vermehrung einer Population auswirken. Kommen wir also zum einleitenden Beispiel 7.2. Die erste Annahme, dass die Geschwindigkeit proportional zum Bestand ist, kennen wir schon vom exponentiellen Wachstum: $y' \sim k \cdot y$. Die Antiproportionalität zur Zeit erhält man mittels Division:

$$y' = \frac{k \cdot y}{x}$$

Je mehr Zeit vergeht, desto größer wird der Nenner und folglich desto kleiner die Wachstumsgeschwindigkeit. Diese allgemeine Differentialgleichung können wir mithilfe einer Trennung der Variablen wie oben lösen:

$$\frac{dy}{dx} = \frac{k \cdot y}{x}$$

$$\implies \quad \frac{1}{y}dy = \frac{k}{x}dx$$

$$\implies \quad \int \frac{1}{y}dy = \int \frac{k}{x}dx$$

$$\implies \quad \ln(y) = k\ln(x) + C' \qquad \text{mit einer Konstanten } C'$$

Auflösen dieser Gleichung nach y ergibt:

$$y = \exp(k\ln(x) + C') = Cx^k \text{ mit einer neuen Konstanten } C = \exp(C') > 0.$$

Die Konstante C könnte man mithilfe einer Anfangswertbedingung bestimmen.

7.1.3 Differentialgleichung zu begrenztem Wachstum

Bei vielen Wachstumsprozessen in der Natur ist die Zu- oder Abnahme eines Bestands durch eine natürliche Grenze beschränkt. Beispielsweise kann ein Teich nicht unendlich viele Fische aufnehmen oder kann sich eine warme Flüssigkeit nicht unendlich stark abkühlen. Eine solche Grenze wird Sättigungsgrenze oder Kapazität genannt. Die Wachstumsgeschwindigkeit ist in diesen Fällen proportional zur Differenz aus Sättigungsgrenze und Bestand. Wir erhalten damit Differentialgleichungen der Art

$$y' = k(S - y)$$

mit einer Wachstumskonstanten $k > 0$ und einer Sättigungsgrenze S. Wir sprechen von *begrenztem Wachstum*. Auch diese Differentialgleichung kann man mithilfe der Trennung der Variablen lösen (siehe Aufgabe 2 in Abschn. 7.5.2). Ihre Lösungen sind von der Form

$$y(x) = S + a \cdot \exp(-k \cdot x).$$

Ist zusätzlich eine Anfangswertbedingung für $y(0)$ gegeben, so ist die Differentialgleichung eindeutig lösbar durch

$$y(x) = S + (y(0) - S) \cdot \exp(-k \cdot t).$$

Das Vorzeichen von $a = y(0) - S$ hängt davon ab, ob es sich um einen Wachstums- oder um einen Zerfallsprozess handelt.

Anwendungsbeispiel

Frisch aufgebrühter Kaffee hat meistens eine Temperatur um die $80°$ Celsius. Viele Menschen empfinden eine Trinktemperatur von ca. $45°$ Celsius als angenehm. Angenommen, man lässt den Kaffee in einem $20°$ warmen Zimmer stehen. Pro Minute kühlt der Kaffee um 15 Prozent der aktuellen Temperaturdifferenz zur Raumtemperatur ab. Diesen Sachverhalt kann man durch die folgende Differentialgleichung ausdrücken:

$$y' = -0{,}15 \cdot (y - 20) \quad \text{(negatives Vorzeichen für die Verringerung der Temperatur)}$$
$$= 0{,}15 \cdot (20 - y) \quad \text{(umgeformt in Formel für begrenztes Wachstum)}$$

mit der Anfangswertbedingung $y(0) = 80$. Hierbei ist also eine Funktion $y = k(x)$ gesucht, die die Temperatur y in $°$ Celsius nach x Minuten beschreibt. Die eindeutige Lösung ist demnach die Funktion

$$k(x) = 20 + (80 - 20) \cdot \exp(-0{,}15 \cdot x)$$
$$= 20 + 60 \cdot \exp(-0{,}15x).$$

Die optimale Trinktemperatur von $45°$ erhält man nun durch Lösen der algebraischen Gleichung $k(x) = 45$. Das Ergebnis ist $x \approx 6$, d. h. der Kaffee ist bereits nach ungefähr sechs Minuten trinkbar.

7.1.4 Differentialgleichung zu logistischem Wachstum

Wachstumsprozesse können zu verschiedenen Zeitpunkten unterschiedlich verlaufen. So kann es zum Beispiel sein, dass eine Population zunächst exponentiell wächst, da die Sättigungsgrenze zunächst noch kein Hindernis für die noch kleine Population darstellt. Irgendwann ist sie jedoch so groß, dass die Kapazität eine immer größere Rolle spielt und wir dann von begrenztem Wachstum sprechen. Eine Kombination dieser beiden Wachstumsprozesse stellt das *logistische Wachstum* dar. Hier ist die Wachstumsgeschwindigkeit proportional zum Produkt von dem Bestand und der Differenz aus Sättigungsgrenze und Bestand. Wir erhalten eine Differentialgleichung der Art

$$y' = k \cdot y \cdot (S - y).$$

Zunächst ist der Term $(S - y)$ nahezu konstant, da die Population y „klein" im Verhältnis zur Sättigungsgrenze S ist. Je mehr sich y der Sättigungsgrenze S nähert, desto kleiner wird $S - y$ und entsprechend geringer wird auch die Änderungsrate von y. Jetzt dominiert die Proportionalität zur Differenz. Lösungen dieser Differentialgleichung sind von der Form

$$y(x) = \frac{S}{1 + a \exp(-Skx)}.$$

Ist zusätzlich eine Anfangswertbedingung $y(0) = y_0$ gegeben, so ist die Lösung eindeutig:

$$y(x) = \frac{S}{1 + \left(\dfrac{S}{y_0} - 1\right) \exp(-kSx)}.$$

Anwendung: Logistisches Wachstum bei einer Population von Pantoffeltierchen

Kommen wir nun zum einleitenden Beispiel 7.3. Die dort beschriebene Differentialgleichung beschreibt ein logistisches Wachstum mit Sättigungsgrenze $S = 900$ und Proportionalitätsfaktor $k = \frac{1{,}1}{900}$. Gehen wir von einem einzigen Pantoffeltierchen zu Beginn aus, erhalten wir die Anfangswertbedingung $y(0) = 1$ und damit folgende Lösung der Differentialgleichung:

$$y(x) = \frac{900}{1 + \left(\dfrac{900}{1} - 1\right) \exp\left(-\frac{1{,}1}{900} \cdot 900 \cdot x\right)}$$

$$= \frac{900}{1 + 899 \exp(-1{,}1x)}.$$

7.2 Differentialgleichungen höherer Ordnung

In diesem Kapitel wollen wir beispielhaft eine Differentialgleichung höherer Ordnung lösen. Eine Differentialgleichung 2. Ordnung haben wir schon im dritten Beispiel in Abschn. 7.1.1 kennengelernt:

$$y'' - 3y' + 2y = 0.$$

Da in der Gleichung neben den ersten und zweiten Ableitungen auch die Funktion y selbst vorkommt und wir von der Exponentialfunktion wissen, dass $(\exp(mx))' = m \exp(mx)$ gilt, probieren wir als Ansatz die Funktion $y(x) = \exp(mx)$ mit einer noch zu bestimmenden unbekannten reellen Zahl m aus. Dann gilt für die Ableitungen

$$y'(x) = m \exp(mx)$$
$$y''(x) = m^2 \exp(mx)$$

und die unbekannte Zahl m muss aufgrund der Differentialgleichung die Gleichung

$$m^2 \exp(mx) - 3m \exp(mx) + 2\exp(mx) = 0$$

erfüllen. Dividieren wir die Gleichung durch $\exp(mx)$ (diese Funktion hat keine Nullstellen, deswegen ist eine Division erlaubt), so erhalten wir die Gleichung

$$m^2 - 3m + 2 = 0$$

für die Unbekannte m. Dies ist die sogenannte *charakteristische Gleichung der Differentialgleichung*. Wir können sie mit der p-q-Formel (vgl. den ersten Satz in Abschn. 2.4) lösen und erhalten

$$m_1 = \frac{3}{2} + \frac{1}{2} = 2$$
$$m_2 = \frac{3}{2} - \frac{1}{2} = 1$$

Eine allgemeine Lösung der Differentialgleichung $y'' - 3y' + 2y = 0$ ist daher von der Form

$$y(x) = a \exp(2x) + b \exp(x)$$

mit reellen Zahlen a und b. Zur Bestimmung dieser beiden Parameter sind in diesem Fall *zwei* Anfangswertbedingungen nötig, z. B. eine an die Funktion und eine an ihre Ableitung.

7.3 Systeme von Differentialgleichungen

Bisher war immer nur eine Funktion $y(x)$ gesucht, deren Verlauf durch eine Differentialgleichung beschrieben wurde. In der Realität wird ein Sachverhalt selten nur durch eine einzige Funktion beschrieben. Häufiger hat man verschiedene von der Zeit oder von anderen äußeren Faktoren wie Temperatur, Luftdruck etc. abhängige Größen, die sich gegenseitig beeinflussen. Diese Abhängigkeiten werden dann durch ein *System von Differentialgleichungen* beschrieben, also mehrere Differentialgleichungen mit verschiedenen Funktionen $y, y_1, \ldots, y_n$.

Beispiel

$$y_1 = y'$$
$$y_2 = y_1'$$
$$y_2 - 3y_1 + 2y = 0.$$

Dieses System von Differentialgleichungen 1. Ordnung ist äquivalent zu unserer Differentialgleichung 2. Ordnung $y'' - 3y' + 2y = 0$. Dies erkennt man, wenn man die beiden ersten Gleichungen $y_1 = y'$ und $y_2 = y_1'$ in die dritte Gleichung einsetzt.

Ein System von zwei Differentialgleichungen

Im Folgenden beschäftigen wir uns mit der Modellierung ausgewählter Beispiele durch Systeme von Differentialgleichungen. Ein klassisches System von Differentialgleichungen modelliert die gegenseitige Abhängigkeit von zwei Prozessen, die miteinander in irgendeiner Form interagieren. Möglich sind ganz verschiedene Wechselwirkungen.

Anwendungsbeispiele

Beschreiben die beiden Differentialgleichungen zwei Populationen, die miteinander agieren, so sind ganz verschiedene Wechselwirkungen möglich.[3]

1. die beiden Populationen konkurrieren (z. B. um Nahrung, Licht, Nährstoffe, Platz usw.)
2. Räuber-Beute-Beziehungen
3. Symbiose

Solche verschiedenen Interaktionsformen können vereinfacht durch folgendes allgemeines System von Differentialgleichungen beschrieben werden:

$$r' = p_1 r + p_2 rb$$
$$b' = q_1 b + q_2 rb$$

Dabei sind die Funktionsgleichungen $r(x)$ und $b(x)$ gesucht. Die Vorzeichen der konstanten Zahlen $p_1, p_2, q_1, q_2 \in \mathbb{R}$ legen die Art der Wechselbeziehung fest.

Anwendungsbeispiele

Angewendet auf Populationen bedeuten die Differentialgleichungen Folgendes: Die Wachstumsrate der Population r ist zum einen proportional zur Populationsgröße r, zum anderen wird sie auch durch die Größe der Population b beeinflusst. Analoges gilt für die Wachstumsrate der Population b. Für unsere drei Arten von Wechselwirkungen gilt nun:

1. Bei *Konkurrenzbeziehungen* sind die Konstanten p_2 und q_2 negativ: Je größer beispielsweise die Population b ist, desto weniger Nahrung steht für Population r zur Verfügung, so dass sich dadurch die Wachstumsrate von r verringert. Somit muss p_2 negativ sein. Umgekehrt gilt dies genauso für die Wachstumsrate von b, d. h. auch q_2 muss in einer Konkurrenzbeziehung negativ sein.

---

[3] vgl. z. B. Czihak, G., Lange, H., Ziegler, H. (Hrsg.): Biologie – ein Lehrbuch, Springer, Weltbild, Augsburg, 1990, S. 801 ff.

2. Bei *Räuber-Beute-Beziehungen*, in denen r die Räuberpopulation und b die Beutepopulation beschreibt, muss p_2 positiv und q_2 negativ sein: Je mehr Beute b zur Verfügung steht, desto besser kann sich die Räuberpopulation vermehren. Umgekehrt verringert sich die Beutepopulation, je mehr Räuber vorhanden sind.

Ein typisches System von Differentialgleichungen ist das *Lotka-Volterra-Modell*:

$$r' = -p_1 r + p_2 r b$$
$$b' = q_1 b - q_2 r b$$

mit positiven Zahlen $p_1, p_2, q_1, q_2 \in \mathbb{R}$. Falls keine Räuber da sind wächst die Beute b exponentiell, $b' = q_1 b$. q_1 kann man als Fertilitätsrate der Beute interpretieren. Ist umgekehrt keine Beute da, verschwinden die Räuber r exponentiell, $r' = -p_1 r$. p_1 kann man als Nahrungsbedarf der Räuber interpretieren. Interpretationen für q_2 bzw. p_2 wären dann Jagdgeschick beziehungsweise Beuteverwertung.

3. Bei einer *Symbiose* zweier Populationen wirkt sich eine Vergrößerung einer Population positiv auf die Wachstumsrate der anderen Population aus: hier sind die Konstanten p_2 und q_2 beide positiv.

Bemerkung. Die obigen Systeme von Differentialgleichungen können noch beliebig erweitert werden. Beispielsweise kann man wie beim logistischen Wachstum berücksichtigen, dass die Populationsgröße selbst auch die Wachstumsrate beeinflusst:

$$r' = p_1 r + p_2 r b - p_3 x r^2$$
$$b' = q_1 b + q_2 x r b - q_3 b^2.$$

Anwendung: Konkurrenz von Wespenarten in Kalifornien

Kommen wir nun zu unserem einleitenden Beispiel 7.4. Zwischen den Wespenarten herrscht eine Konkurrenzbeziehung. Da jeweils immer nur zwei Wespenarten gleichzeitig um den Wirt konkurrierten, können wir uns auf eine Konkurrenzbeziehung zwischen zwei Populationen r und b beschränken. Diese kann durch das folgende System von Differentialgleichungen beschrieben werden:

$$r' = a_1 r - p_2 r b - p_3 r^2$$
$$b' = q_1 b - q_2 r b - q_3 b^2.$$

Auf eine mathematische Analyse dieses Systems von Differentialgleichungen wird hier nicht weiter eingegangen. Man kann zeigen, dass langfristig immer die eine Art ausstirbt, also zum Beispiel $r(t) \to 0$, und sich die andere Art wie beim logistischen Wachstum einer Grenze annähert, z. B. $b(t) \to S$. Dies wird in der Biologie als *Exklusionsprinzip*[4] bezeichnet.

---

[4] vgl. z. B. Czihak, G., Lange, H., Ziegler, H. (Hrsg.): Biologie – ein Lehrbuch, Springer, Weltbild, Augsburg, 1990, S. 801

7.4 Zusammenfassung

- Eine *Differentialgleichung* ist eine Gleichung, in der eine (noch unbekannte) Funktion y und (unter Umständen auch höhere) Ableitungen von y vorkommen. Eine *Differentialgleichung 1. Ordnung* ist eine Gleichung, in der eine (noch unbekannte) Funktion y und ihre erste Ableitung vorkommen.
- Es gibt einen Unterschied zwischen Gleichungen für Zahlen und Differentialgleichungen. Lösungen algebraischer Gleichungen sind Zahlen. Bei Differentialgleichungen sind Funktionen gesucht, die diese Gleichungen lösen.
- Differentialgleichungen der Gestalt

$$y' = ky$$

mit einer Wachstumskonstante k beschreiben exponentielles Wachstum. Sie definieren eine proportionale Abhängigkeit der momentanen Wachstumsgeschwindigkeit vom aktuellen Bestand. Alle Lösungen haben die Form

$$y(x) = a \cdot \exp(k \cdot x)$$

wobei a eine beliebige reelle Zahl ungleich Null sein kann. Erst durch eine Anfangsbedingung wird a eindeutig festgelegt.
- Eine Methode zur Lösung einer Differentialgleichung 1. Ordnung ist die sogenannte *Trennung der Variablen*. Ist eine Differentialgleichung

$$y' = h(x)g(y)$$

mit stetigen Funktionen h und g gegeben, so berechnet man zunächst die unbestimmten Integrale $\int \frac{1}{g(y)} dy = \int h(x)dx$. Anschließend löst man die Gleichung nach der Unbestimmten y auf und erhält die gesuchte Funktion.
- Differentialgleichungen der Art

$$y' = k(S - y)$$

mit einer Wachstumskonstanten $k > 0$ und einer Sättigungsgrenze S beschreiben *begrenztes Wachstum mit einer Sättigungsgrenze S*. Alle Lösungen sind von der Form

$$y(x) = S + a \cdot \exp(-k \cdot x).$$

Ist zusätzlich eine Anfangsbedingung für $y(0)$ gegeben, so ist die Differentialgleichung eindeutig lösbar durch

$$y(x) = S + (y(0) - S) \cdot \exp(-k \cdot t).$$

- Differentialgleichungen der Art

$$y' = k \cdot y \cdot (S - y).$$

beschreiben *logistisches Wachstum*. Lösungen dieser Differentialgleichung sind von der Form

$$y(x) = \frac{S}{1 + a \exp(-Skx)}.$$

Ist zusätzlich eine Anfangsbedingung $y(0)$ gegeben, so ist die Lösung eindeutig:

$$y(x) = \frac{S}{1 + \left(\dfrac{S}{y(0)} - 1 \right) \exp(-kSx)}$$

- Differentialgleichungen höherer Ordnung kann man unter Umständen durch Lösen der sogenannten *charakteristischen Gleichung der Differentialgleichung* lösen.
- Ein *System von Differentialgleichungen* besteht aus mehreren Differentialgleichungen mit verschiedenen Funktionen $y, y_1, \ldots, y_n$.
- Die verschiedenen Wechselbeziehungen zwischen zwei Populationen können durch folgendes allgemeines System von Differentialgleichungen beschrieben werden, wobei die Vorzeichen der konstanten Zahlen $p_1, p_2, q_1, q_2 \in \mathbb{R}$ die Art der Wechselbeziehung festlegen:

$$r' = p_1 r + p_2 r b$$
$$b' = q_1 b + q_2 r b.$$

Berücksichtigt man wie beim logistischen Wachstum, dass die Populationsgröße selbst auch die Wachstumsrate beeinflusst, erhält man das allgemeinere System

$$r' = p_1 r + p_2 r b - p_3 x r^2$$
$$b' = q_1 b + q_2 x r b - q_3 b^2.$$

- Bei *Konkurrenzbeziehungen* sind die Konstanten p_2 und q_2 negativ: Je größer beispielsweise die Population b ist, desto weniger Nahrung steht für Population r zur Verfügung, so dass sich dadurch die Wachstumsrate von r verringert.
- Bei *Räuber-Beute-Beziehungen*, in denen r die Räuberpopulation und b die Beutepopulation beschreibt, muss p_2 positiv und q_2 negativ sein: Je mehr Beute b zur Verfügung steht, desto besser kann sich die Räuberpopulation vermehren. Umgekehrt verringert sich die Beutepopulation, je mehr Räuber vorhanden sind.
- Bei einer *Symbiose* zweier Populationen wirkt sich eine Vergrößerung einer Population positiv auf die Wachstumsrate der anderen Population aus: hier sind die Konstanten p_2 und q_2 beide positiv.

7.5 Aufgaben

7.5.1 Kurztest

1. Gegeben ist die Differentialgleichung $y' = 0,15(100 - y)$.

   (a) ☐ Die DGL beschreibt lineares Wachstum.

   (b) ☐ Die DGL beschreibt exponentielles Wachstum.

   (c) ☐ Die DGL beschreibt begrenztes Wachstum.

   (d) ☐ Die DGL beschreibt logistisches Wachstum.

   (e) ☐ Die DGL beschreibt keine der genannten Wachstumsarten.

2. Gegeben ist die Differentialgleichung $y' = 0,1y$.

   (a) ☐ Die DGL beschreibt lineares Wachstum.

   (b) ☐ Die DGL beschreibt exponentielles Wachstum.

   (c) ☐ Die DGL beschreibt begrenztes Wachstum.

   (d) ☐ Die DGL beschreibt logistisches Wachstum.

   (e) ☐ Die DGL beschreibt keine der genannten Wachstumsarten.

3. Gegeben ist die Differentialgleichung $y' = 4$.

   (a) ☐ Die DGL beschreibt lineares Wachstum.

   (b) ☐ Die DGL beschreibt exponentielles Wachstum.

   (c) ☐ Die DGL beschreibt beschränktes Wachstum.

   (d) ☐ Die DGL beschreibt logistisches Wachstum.

   (e) ☐ Die DGL beschreibt keine der genannten Wachstumsarten.

4. Gegeben ist die Differentialgleichung $y' = 20 - 0,5y$.

   (a) ☐ Die DGL beschreibt lineares Wachstum.

   (b) ☐ Die DGL beschreibt exponentielles Wachstum.

   (c) ☐ Die DGL beschreibt begrenztes Wachstum.

   (d) ☐ Die DGL beschreibt logistisches Wachstum.

   (e) ☐ Die DGL beschreibt keine der genannten Wachstumsarten.

5. Gegeben ist die Differentialgleichung $y' = 1,3y(400 - y)$.

   (a) ☐ Die DGL beschreibt lineares Wachstum.

   (b) ☐ Die DGL beschreibt exponentielles Wachstum.

   (c) ☐ Die DGL beschreibt begrenztes Wachstum.

   (d) ☐ Die DGL beschreibt logistisches Wachstum.

   (e) ☐ Die DGL beschreibt keine der genannten Wachstumsarten.

6. Die Wechselbeziehungen zwischen zwei bestimmten Populationen wird durch das Differentialgleichungssystem

$$r' = -0{,}9r + 0{,}15rb$$
$$b' = -0{,}5b + 0{,}1rb$$

beschrieben.

(a) □ Es handelt sich um eine Konkurrenzbeziehung.

(b) □ Es handelt sich um eine Räuber-Beute-Beziehung.

(c) □ Es handelt sich um eine Symbiose.

(d) □ Ist Population b ausgestorben, so wächst r exponentiell.

(e) □ Ist Population b ausgestorben, so stirbt auch Population r aus.

(f) □ Ist Population r ausgestorben, so wächst b exponentiell.

(g) □ Ist Population r ausgestorben, so stirbt auch Population b aus.

7.5.2 Rechenaufgaben

1. Lösen Sie die folgenden Differentialgleichungen.

(a) $y' = 4x^3 + x^2 - 1$

(b) $y' = \dfrac{2y}{x}$

(c) $y' = \dfrac{x}{y^3}$

(d) $x \cdot y' - y = 7$

(e) $y' - y \cdot x^4 = 0$

(f) $y' = \dfrac{\exp(x)}{y}$

2. Lösen Sie die allgemeine Differentialgleichung

$$y' = k(S - y)$$

für begrenztes Wachstum.

3. Rechnen Sie nach, dass

$$y(x) = \frac{S}{1 + a\exp(-Skx)}$$

tatsächlich eine Lösung der Differentialgleichung

$$y' = k \cdot y \cdot (S - y).$$

für logistisches Wachstum ist.

7.5.3 Anwendungsaufgaben

1. Die Erdbeschleunigung beträgt $g = 9{,}81 \frac{m}{s^2}$. Ein Ball wird von einem 50 m hohen Turm geworfen. Gesucht ist eine Funktion, die die Höhe des Balls in Abhängigkeit von der Zeit beschreibt. Bestimmen Sie mithilfe einer geeigneten Differentialgleichung eine solche Funktion.

2. In einer Stadt breitet sich eine neue Viruserkrankung rasend schnell aus. Experten gehen davon aus, dass sich im Laufe der Zeit alle 40.000 Einwohner mit der Krankheit infizieren. Bei Beobachtungsbeginn werden bereits 5000 Infizierte gemeldet. Man geht davon aus, dass die wöchentliche Erkrankungsrate proportional zur Anzahl der bisher noch nicht erkrankten Einwohner ist mit einem Proportionalitätsfaktor von 10 Prozent.

    (a) Geben Sie eine zugehörige Differentialgleichung an.

    (b) Bestimmen Sie eine Funktion y, welche die Anzahl der erkrankten Einwohner in Abhängigkeit von den Wochen beschreibt.

    (c) Berechnen Sie, wie viele Personen aufgrund dieser Modellierung nach 4 Wochen erkrankt sind.

    (d) Erläutern Sie, welche Parameter in der Ausgangsdifferentialgleichung verändert werden müssen, wenn nach 4 Wochen deutlich mehr Personen erkrankt sind als Sie in (c) berechnet haben.

3. Im Urwald in Brasilien leben noch viele Indianerstämme vollständig isoliert. Modellhaft soll hier die Auswirkung der unbeabsichtigten Infektion eines einzelnen Bewohners eines 5000 Menschen umfassenden Indianerstamms mit einer hoch ansteckenden Grippe untersucht werden. Es soll also angenommen werden, dass sich zunächst ein einzelner Bewohner infiziert. Nach drei Wochen werden bereits 200 Erkrankungen beobachtet.

    (a) Erläutern Sie, welche Art von Wachstum die Anzahl K der Erkrankten am besten beschreibt und geben Sie die zugehörige Differentialgleichung an.

    (b) Bestimmen Sie basierend auf obigen Informationen einen Funktionsterm $K(x)$.

    (c) Berechnen Sie, zu welchem Zeitpunkt bereits die Hälfte der Indianer erkrankt ist.

4. Bei der Populationsdynamik nach Verhulst wird angenommen, dass die Geburtenrate proportional zur vorhandenen Population p und die Sterberate proportional zum Quadrat von p ist, also die Differentialgleichung

$$p' = ap - bp^2$$

mit reellen konstanten Zahlen $a, b > 0$ gilt. Berechnen Sie die Bevölkerung $p(t)$ für $a = 1$ und $b = 0{,}001$, ausgehend von dem Anfangswert $p(0) = 10$. Berechnen Sie insbesondere auch die langfristige Entwicklung der Bevölkerung.

5. In den USA wollte man die schädliche Schildlaus *Icerya purchasi*, die von Citrusfrüchten lebt, durch hoch dosierte DDT-Behandlungen ausrotten[5]. DDT reduzierte dabei auch die Population des Marienkäfers *Novius cardinalis*, ein natürlicher Feind der Schildlaus, der deren Population bis dahin auf einem niedrigen Niveau gehalten hat. Durch die DDT-Behandlung nahm daher die Population der Schildlaus sogar noch zu.

   (a) Das System von Differentialgleichungen

$$x' = -a_1 x + a_2 xy$$
$$y' = b_1 y - b_2 xy$$

   beschreibt die Wechselbeziehungen der Schildlaus- und Marienkäferpopulationen. Entscheiden Sie, welche Population durch welche Funktion dargestellt wird. Erweitern Sie die Differentialgleichungen so, dass die Dezimierung der Schildlaus bzw. Marienkäfer durch das DDT mit berücksichtigt werden. Gehen Sie dabei davon aus, dass umso mehr Exemplare durch das DDT vernichtet werden, je mehr von dieser Art gerade vorhanden sind.

   (b) Führen Sie eine Stabilitätsanalyse sowohl des ursprünglichen Modells als auch des erweiterten Modells durch. Stabilität bedeutet in diesem Fall, dass sich die Populationsdichten nicht mehr ändern, für die Ableitungen x' und y' also jeweils gilt $x' = 0$ und $y' = 0$.

   (c) Vergleichen Sie die Ergebnisse der Stabilitätsanalysen und erklären Sie hiermit das beschriebene Phänomen, dass sich die Population der Schildläuse sogar vergrößert hat.

---

[5] vgl. Czihak, G., Lange, H., Ziegler, H. (Hrsg.): Biologie – ein Lehrbuch, Springer, Weltbild, Augsburg, 1990, S. 812

Graphen und Netzwerke

8

In der Natur bilden die durch Produktion und Konsum von Biomasse miteinander verknüpften Individuen eine *Nahrungskette*. Eine Nahrungskette mit fünf Gliedern ist beispielsweise durch die Abfolge Pflanze → Blattlaus → Marienkäfer → Singvogel → Greifvogel gegeben. Allerdings ernähren sich die meisten Arten nicht nur von einer, sondern von mehreren anderen Arten. Man erhält nicht eine Nahrungskette sondern ein *Nahrungsnetz*. Ein Nahrungsnetz, wie man es in Waldrandgebüschen vorfinden kann, ist in Abb. 8.1 dargestellt.[1] Was bedeutet diese Darstellung? Was kann man aus dem Bild ablesen?

Die Glykolyse ist der schrittweise Abbau von Einfachzuckern (z. B. Traubenzucker) in Lebewesen. Sie ist der zentrale Vorgang im Energiestoffwechsel und einer der wenigen Stoffwechselwege, den fast alle Organismen gemeinsam haben. Die ersten fünf Reaktionen der Glykolyse können wie folgt beschrieben werden: In dem ersten Reaktionsschritt wird zunächst aus Glucose (Glc) unter Hinzunahme von Energie in Form von ATP Glucose-6-phosphat (G6P) gebildet, wobei ADP entsteht. In der nächsten Reaktion wird das entstandene G6P in Fructose-6-phosphat (F6P) umgebaut. Aus diesem wird, wieder unter der Hinzunahme von ATP, Fructose-1,6-bisphosphat (FBP) gebildet; auch dabei entsteht ADP. In der vierten Reaktion wird das FBP in Dihydroxyacetonphosphat (DHAP) und Glycerinaldehyd-3-phosphat (GAP) gespalten. Das DHAP wird in der fünften Reaktion ebenfalls in GAP umgewandelt.

Wie kann man eine derartige Beschreibung übersichtlich darstellen? Welche Stoffe können noch gebildet werden, wenn einer der beteiligten Metabolite ausfällt?

---

[1] siehe Linder, Biologie, 19. Aufl.

A. Eickhoff-Schachtebeck, A. Schöbel, *Mathematik in der Biologie*,
DOI 10.1007/978-3-642-41844-0_8, © Springer-Verlag Berlin Heidelberg 2014

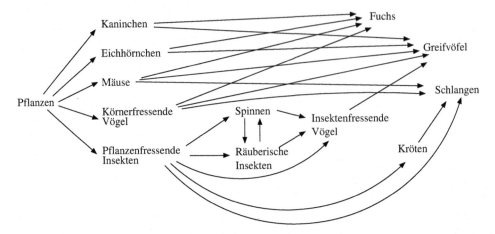

Abb. 8.1 Eine Verkettung von Nahrungsketten (wie sie in Waldrandgebüschen vorkommt) ergibt ein Nahrungsnetz

Einleitendes Beispiel 8.3

Die Wurzeln einer Pflanze sind durch ein Leitungssystem mit ihrer Sprossachse und ihren Blättern verbunden. Dieses Leitungssystem besteht aus Leitbündeln, die die gesamte Pflanze durchziehen. Die Leitbündel beinhalten einerseits *Tracheiden*, die zum Wassertransport durch die Pflanze dienen. Sie bestehen aus toten, hintereinander gereihten oder zu Röhren verschmolzenen Zellen, die durch besondere Öffnungen (*Tüpfel*) leitend miteinander verbunden sind. In den Blättern sind die Leitbahnen als Blattadern gut sichtbar.

Das Wasser wird durch Transpiration von den Blättern verdunstet und über die entstehende Sogwirkung über die Wurzel aus der Erde nachgezogen. Dabei verdunstet eine größere, freistehende Birke an einem heißen Sommertag 300 bis 400 Liter Wasser. Die Geschwindigkeit des aufsteigenden Wasserstroms schwankt zwischen 1 m pro Stunde (bei der Buche) und 43 m pro Stunde (bei der Eiche).[2] Wie kann man den Wassertransport darstellen? Wie lange braucht das Wasser mindestens, um von der Wurzel in ein bestimmtes Blatt zu gelangen?

Einleitendes Beispiel 8.4

Vor seiner nächsten Reise möchte sich ein Urlauber gegen Hepatitis A, Hepatitis B, Polio, Pertussis, Diphterie, Tetanus, Typhus und gegen Mumps, Masern und Röteln impfen lassen. Um nicht zu viele Injektionen geben zu müssen, können Kombinationspräparate verwendet werden. Abbildung 8.3 zeigt, welche der gewünschten Impfungen *nicht* als Kombinationspräparat geimpft werden können. Der Arzt schlägt vor, mit der

---

[2] siehe z. B. Linder, Biologie, 19. Auflage

Abb. 8.2 Wurzeln einer jungen Kürbis- und einer jungen
Haselnusspflanze

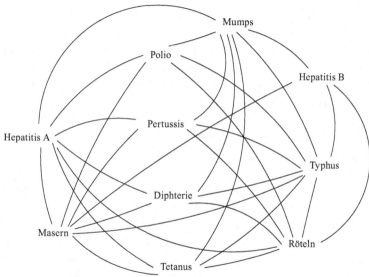

Abb. 8.3 Zwei Krankheiten sind durch eine Kante verbunden, wenn man nicht mit einem gemeinsamen Präparat gegen beide impfen kann

Kombi-Impfung Hepatitis A und B anzufangen. Wie viele Injektionen sind dann insgesamt nötig? Geht es auch mit weniger Injektionen?

▶   **Ziele:** Einführung von Graphen. Modellieren von Sachverhalten mit Graphen.
      Wege und Kreise in Graphen. Bäume. Flussprobleme, kürzeste Wege Probleme,
      Transportprobleme. Färbungsprobleme.

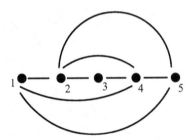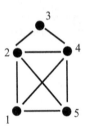

Abb. 8.4 Zwei verschiedene Darstellungen des „Haus des Nikolaus"

8.1 Der Begriff des Graphen

Ein Netzwerk (oder ein Graph) ist – informell ausgedrückt – ein Gebilde aus Punkten und
Verbindungslinien zwischen den Punkten. Die Punkte nennt man *Knoten* des Graphen,
die Verbindungslinien werden als *Kanten* bezeichnet. Dabei ist es egal, ob die Kanten
gerade oder krumm gezeichnet werden, und es ist auch egal, wie man die Knoten anordnet.
Wichtig ist nur, dass die richtigen Knoten miteinander verbunden sind. Ein Graph kann
also viele verschiedene Darstellungen haben.

Warnung. Der Begriff des Graphen in diesem Abschnitt hat nichts mit dem Graphen einer
Funktion (auch Funktionsgraph genannt) aus Abschn. 4.1 zu tun!

Abbildung 8.4 zeigt zwei verschiedene Darstellungen des als „Haus des Nikolaus" bekannten Graphen, der aus fünf Knoten und acht Kanten besteht. Bekannt wurde er, weil
man ihn zeichnen kann, ohne des Stift abzusetzen. Dazu kann man z. B. in Knoten 1 beginnen, dann zu Knoten 2 weiter zeichnen, anschließend über Knoten 3 und 4 nochmals
Knoten 2 besuchen und den Zeichenvorgang mit Knoten 5, 4, 1 und 5 abschließen.

Graphen sind in der Theorie interessant, treten aber vor allem in vielen Anwendungen
auf und führen zu unterschiedlichen Fragestellungen. Auch in der Biologie können viele
Sachverhalte mithilfe von Graphen modelliert und übersichtlich beschrieben werden.

Anwendungsbeispiele

1. Ein klassisches Beispiel für Graphen sind Straßennetzwerke. Die Kreuzungen,
Autobahnzu- und abfahrten und wichtige Ziele sind die Knoten, die Straßen dazwi-
schen sind die Kanten. Hier sind zusätzlich Attribute angefügt, die die Länge bzw.
den Zeitbedarf zum Befahren einer Kante angeben. Einen möglichst kurzen Weg
von einem Punkt X zu einem anderen Punkt Y zu berechnen, ist als *kürzestes Wege
Problem* bekannt. Hierfür gibt es schnelle Verfahren, die erlauben, dass ein Navi-
gationsgerät in wenigen Momenten einen Weg ausgibt und den auch automatisch
verbessert, wenn man z. B. falsch abbiegt. Ein einfaches Verfahren zur Bestimmung
der kürzesten Wege werden wir in Abschn. 8.3 kennenlernen.

Abb. 8.5 Strukturformel von
n-Butan

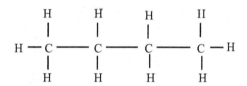

2. In der Psychologie werden Gruppenstrukturen mittels Graphen analysiert. Die einzelnen Gruppenmitglieder sind die Knoten; man zeichnet eine Kante zwischen zwei Gruppenmitgliedern A und B, wenn sich die beiden gut verstehen. Die Anzahl der Kanten, die bei einem Gruppenmitglied ankommen (mathematisch der *Knotengrad*) ist dann ein Maß für seine Beliebtheit innerhalb der Gruppe. Gibt es Untergruppen, in denen jeder mit jedem verbunden ist, so spricht man von einer *Clique*. Ebenso kann man soziale Netzwerke anhand der zugehörigen Freundschaftsgraphen analysieren: Zwei Personen sind mit einander verbunden, wenn sie miteinander befreundet sind.

3. Strukturformeln von Molekülen können als Graph aufgefasst werden. Die Atome, aus denen das Molekül besteht, sind die Knoten und die Bindungen entsprechen den Kanten. So besteht beispielsweise jedes Butan mit der Strukturformel C_4H_{10} (in Abb. 8.5 ist die Strukturformel von n-Butan dargestellt) aus 14 Knoten, nämlich aus vier Kohlenstoffatomen und zehn Wasserstoffatomen.

4. Das Lymphsystem des menschlichen Körpers kann als Graph dargestellt werden. Dieser besteht aus den Lymphknoten, die durch die Lymphgefäße miteinander verbunden sind, siehe Abb. 8.6. In diesem Netzwerk werden pro Tag ca. zwei Liter Lymphflüssigkeit transportiert.

5. Das in Abb. 8.1 im einleitenden Beispiel 8.1 dargestellte Nahrungsnetz ist ein weiteres Beispiel für einen Graphen. Die Knoten des Graphen sind die Arten (Pflanzen und Tiere). Die Kanten sind in diesem Beispiel Pfeile. Ein Pfeil von einer Art i zu einer anderen Art j zeigt an, dass Art i zur Nahrung von Art j gehört. Was man an dem Netzwerk alles ablesen und diskutieren kann, wird in der Anwendungsaufgabe 1 in Abschn. 8.8.3 untersucht.

An den Beispielen wird deutlich, dass es verschiedene Typen von Graphen geben kann. So haben manche Graphen *gerichtete Kanten* (Pfeile), bei anderen treten *ungerichtete Kanten* auf. Eine gerichtete Kante deutet an, dass die beiden durch sie verbundenen Knoten nicht die gleiche Beziehung zueinander haben. In der Psychologie kann man damit modellieren, dass zwar Person A Person B mag, aber nicht umgekehrt. In dem Nahrungsnetz im einleitenden Beispiel zeigt die Richtung der Kante an, wer von wem gefressen wird. Auch in Straßennetzwerken werden gerichtete Kanten gebraucht, wenn Einbahnstraßen vorhanden sind. Strukturformeln sind ungerichtete Graphen.

In vielen Anwendungen ist es sinnvoll, die Kanten eines Graphen mit Zahlen zu gewichten. Diese Gewichte können in Straßennetzen die physische Länge oder die benötigte

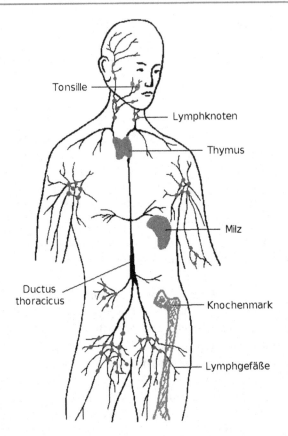

Abb. 8.6   Das Lymphsystem des Menschen kann als Netzwerk aufgefasst werden

Zeit zum Befahren des entsprechenden Straßensegments beschreiben. In sozialen Netzwerken kann man die Kanten beispielsweise mit der Anzahl der Kontakte der beiden
Individuen pro Jahr gewichten, bei Molekülen kann die Stärke der Bindung eine interessante Gewichtung darstellen.

Wir geben nun die formale Definition eines Graphen.

Definition

Ein *gerichteter Graph* $G = (V, E)$ ist ein Tupel, bestehend aus einer Menge V von
Knoten und einer Menge $E \subseteq \{(i, j) : i, j \in V\}$ von gerichteten Kanten.

Ein *ungerichteter Graph* $G = (V, E)$ ist ein Tupel, bestehend aus einer Menge
V von *Knoten* und einer Menge $E \subseteq \{\{i, j\} : i, j \in V\}$ von ungerichteten Kanten.

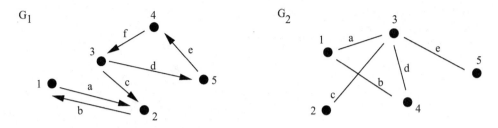

Abb. 8.7 Ein gerichteter und ein ungerichteter Graph

In beiden Definitionen ist sichergestellt, dass die Kanten zwischen jeweils zwei Knoten verlaufen. Dabei unterscheidet man zwischen einem *geordneten Tupel* (i, j) und einer *Menge* $\{i, j\}$. Die geordneten Tupel führen zu gerichteten Kanten, die als Pfeile gezeichnet werden, während die Mengen ungerichtete Kanten repräsentieren. Es ist zu beachten, dass die *Mengen* $\{i, j\}$ und $\{j, i\}$ gleich sind, die *Tupel* (i, j) und (j, i) aber unterschiedlich (falls $i \neq j$).

Abbildung 8.7 zeigt zwei Graphen, beide mit den Knoten $V = \{1, 2, 3, 4, 5\}$.

- Der gerichtete Graph G_1 (links) enthält die Kanten

$$a = (1, 2), b = (2, 1), c = (3, 2), d = (3, 5), e = (5, 4), f = (4, 3).$$

- Die Kantenmenge des ungerichteten Graphen G_2 (rechts) besteht aus

$$a = \{1, 3\}, b = \{1, 4\}, c = \{2, 3\}, d = \{3, 4\}, e = \{3, 5\}.$$

Ist $e = (i, j)$ oder $e = \{i, j\}$ eine Kante, die zwischen den Knoten i und j verläuft, so sagt man, dass e mit i und j *inzident* und nennt die Knoten i und j *adjazent*. In manchen Anwendungen sind mehrere Kanten zwischen dem gleichen Knotenpaar erlaubt; das verkompliziert die Definition, da man eine Kante dann nicht mehr eindeutig durch die Angabe ihres Start- und ihres Endknotens beschreiben kann. In unserer Darstellung beschränken wir uns daher auf Graphen ohne solche *Mehrfachkanten*.

Ein wichtiger Begriff in Graphen ist ein *Weg*. Anschaulich ist ein Weg in einem Graphen ein durchgehender Kantenzug zwischen zwei Knoten i und j, wie z. B. der schon genannte Weg von Knoten 1 zu Knoten 5 im „Haus des Nikolaus". Formal definiert man einen Weg zwischen den Knoten i und j folgendermaßen:

Definition

Sei $G = (V, E)$ ein Graph. Ein *Weg* in G ist gegeben durch eine Folge $P = (v_1, e_1, v_2, e_2 \ldots, e_{K-1}, v_K)$ von immer abwechselnd Knoten und Kanten, so dass jede Kante e_k in P die Knoten v_k und v_{k+1}, die in der Folge links und rechts neben ihr

Abb. 8.8 Ein ungerichteter
Graph mit drei Zusammen-
hangskomponenten

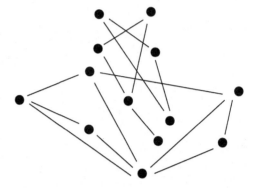

stehen, miteinander verbindet. Es ist also in ungerichteten Graphen $e_k = \{v_k, v_{k+1}\}$
und in gerichteten Graphen $e_k = (v_k, v_{k+1})$.

In einem *einfachen Weg* darf keine Kante mehr als einmal durchlaufen werden.

Man kann dabei in der Beschreibung eines Weges die Knoten auch weglassen, da
sie sich automatisch durch die Kanten ergeben. In dem ungerichteten Graphen G_2 aus
Abb. 8.7 beschreibt die Kantenfolge (a, b, d, e) beispielsweise einen Weg, die Kantenfolge (e, c, d) aber nicht. Ein Weg in dem gerichteten Graphen aus Abb. 8.7 ist z. B. die
Kantenfolge (e, f, c, b).

Basierend auf der Definition von Wegen kann man die folgenden wichtigen Begriffe
einführen:

Definition
- Ein Graph heißt *zusammenhängend*, wenn es zu je zwei Knoten $i, j \in V$ einen
  Weg von i nach j gibt.
- Einen Weg, der von einem Knoten i wieder zurück nach i verläuft, nennt man
  Kreis. Durchläuft ein Kreis keine Kante mehr als einmal, so nennt man ihn *ein-
  fachen Kreis*.
- Ein Graph heißt *kreisfrei*, wenn er keine einfachen Kreise enthält.

Die Graphen G_1 und G_2 aus Abb. 8.7 sind beide zusammenhängend. Ein Beispiel für
einen einfachen Kreis in dem gerichteten Graphen G_1 ist die Kantenfolge (d, e, f), ein
einfacher Kreis in G_2 wird z. B. durch (d, b, a) beschrieben. Keiner der beiden Graphen
G_1 und G_2 ist also kreisfrei.

Ist ein Graph nicht zusammenhängend, so kann man ihn in zusammenhängende Komponenten zerlegen. In Abb. 8.8 ist ein Graph dargestellt, der in drei Zusammenhangskomponenten zerfällt.

Ein wichtiger Begriff in Graphen ist der Knotengrad.

> **Definition**
> Sei $G = (V, E)$ ein ungerichteter Graph und sei $v \in V$ ein Knoten des Graphen. Der *Knotengrad* von v gibt an, zu wie vielen Knoten v adjazent ist. Ist der Knotengrad eines Knotens v gleich eins, so nennt man v auch *Blatt*.

Der Knotengrad zählt also die Kanten, die im Knoten v ankommen. Knotengrade haben unterschiedliche Bedeutungen, je nachdem was der Graph modelliert. Bei einer Strukturformel haben beispielsweise Kohlenstoffatome immer den Knotengrad vier. Der Knotengrad gibt also die Bindungswertigkeit des Atoms an. In einem sozialen Netzwerk kann man am Knotengrad ablesen, wie beliebt ein Individuum ist.

8.2 Spezielle Graphen

In diesem Abschnitt wollen wir einige spezielle Formen von Graphen kennenlernen und untersuchen, zur Darstellung welcher Sachverhalte man sie verwenden kann.

8.2.1 Vollständige Graphen

Wir beginnen mit *vollständigen Graphen*.

> **Definition**
> Ein ungerichteter Graph $G = (V, E)$ heißt *vollständig*, wenn es zu jedem Knotenpaar $i, j \in V$ auch eine Kante $\{i, j\} \in E$ gibt, die i und j verbindet. Ein gerichteter

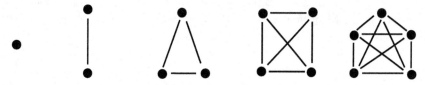

Abb. 8.9   Die vollständigen Graphen K_1, K_2, K_3, K_4 und K_5

> Graph heißt *vollständig*, wenn es zu jedem Knotenpaar $i, j \in V$ die beiden Kanten
> (i, j) und (j, i) gibt.

In einem vollständigen Graphen sind also alle möglichen Kanten vorhanden. Kennt
man die Anzahl der Knoten eines vollständigen Graphen, kann man die Anzahl seiner
Kanten leicht berechnen:

> **Satz**
> - Ein vollständiger ungerichteter Graph mit n Knoten hat $\frac{n \cdot (n-1)}{2}$ Kanten.
> - Ein vollständiger gerichteter Graph mit n Knoten hat $n \cdot (n-1)$ Kanten.

Der vollständige ungerichtete Graph mit n Knoten wird mit K_n bezeichnet. Abbildung 8.9 zeigt die vollständigen Graphen K_1, K_2, K_3, K_4 und K_5. Der vollständige Graph
K_2 hat also $\frac{2 \cdot 1}{2} = 1$ Kante, der Graph K_3 hat $\frac{3 \cdot 2}{2} = 3$ Kanten, der K_4 hat $\frac{4 \cdot 3}{2} = 6$ Kanten
und der K_5 hat $\frac{5 \cdot 4}{2} = 10$ Kanten. Man kann sich vorstellen, dass die Anzahl der Kanten
der Anzahl klirrender Sektgläser entspricht, wenn in einer Gruppe von n Personen jeder
mit jedem anstößt.

Anwendungsbeispiel

Im zweiten Beispiel in Abschn. 8.1 haben wir schon gesehen, dass in der Psychologie
vollständige Teilgraphen eines großen Graphen Cliquen repräsentieren. Ein Teilgraph
eines Graphen, der vollständig ist, wird daher auch in der Graphentheorie als *Clique*
bezeichnet.

8.2.2 Bipartite Graphen

Eine weitere wichtige Klasse von Graphen sind *bipartite* Graphen.

> **Definition**
> Sei $G = (V, E)$ ein Graph. G heißt *bipartiter Graph*, wenn seine Knotenmenge V
> in zwei disjunkte Mengen A und B zerfällt, so dass jede Kante $e \in E$ mit einem
> Knoten aus A *und* mit einem Knoten aus B inzident ist.

In einem bipartiten Graphen verbindet also jede Kanten ein Element aus A mit einem
Element aus B. Kanten, die zwei Konten aus A oder zwei Knoten aus B miteinander

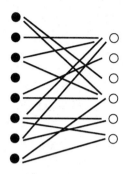 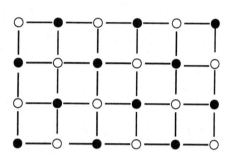

Abb. 8.10 Zwei bipartite Graphen

verbinden, gibt es nicht. Man zeichnet die beiden Mengen dann meistens so wie im linken Teil von Abb. 8.10: die Elemente der Menge A auf der linken Seite übereinander und die Elemente der Menge B rechts übereinander, so dass man gleich sieht, dass die Kanten nur zwischen den Mengen verlaufen. Ein anderer bipartiter Graph ist im rechten Teil von Abb. 8.10 dargestellt, allerdings nicht in der Standard-Form. Die Menge A enthält die weißen Knoten, die Menge B die schwarzen Knoten. Man sieht, dass keine zwei weißen und keine zwei schwarzen Knoten miteinander verbunden sind.

Bipartite Graphen sind bei sogenannten *Zuordnungsproblemen* wichtig. Man kann sich z. B. vorstellen, dass in der Menge A Mitarbeiter stehen und in der Menge B die auszuführenden Aufgaben. Die Kanten deuten an, ob ein Mitarbeiter für eine Aufgabe geeignet ist. Gesucht ist eine Zuordnung von Mitarbeitern zu Aufgaben, so dass alle Aufgaben erledigt werden. Ähnlich kann man Aufgaben Maschinen zuordnen oder in der Stundenplanerstellung Seminare und Vorlesungen auf Räume verteilen. Ein oft zitiertes Beispiel für einen bipartiten Graphen ist der „Heiratsgraph" in dem die Menge A heiratsfähige Frauen enthält und die Menge B heiratsfähige Männer. (Sind gleichgeschlechtliche Ehen erlaubt, ist dieser Graph nicht mehr bipartit.)

Anwendung: Die ersten fünf Reaktionen der Glykolyse

Um das einleitende Beispiel 8.2 als Graph zu modellieren, werden in der Systembiologie oft bipartite Graphen verwendet. Diese eignen sich prinzipiell zur graphenbasierten Modellierung metabolischer Netzwerke. Die Knoten des Graphen sind die Metabolite, in unserem Beispiel also Glc, G6P, F6P, FBP, DHAP, GAP, ATP und ADP, sowie die Reaktionen 1, 2, 3, 4 und 5. Der entstehende Graph ist in Abb. 8.11 dargestellt.[3] Zur leichteren Unterscheidung sind die Metabolite als Kästchen und die Reaktionen als Kreise gezeichnet. Dabei haben die Kanten zwei unterschiedliche Bedeutungen: Eine Kante, die bei einem Metabolit startet und zu einer Reaktion führt, zeigt, dass der Stoff für die Reaktion benötigt wird. Der Stoff wird also abgebaut. Dagegen wird durch eine Kante

---

[3] siehe auch Körner, M., Schöbel, A. (Hrsg.) *Gene, Graphen, Organismen – Modellierungs- und Analysemethoden in der Systembiologie.* Shaker Verlag

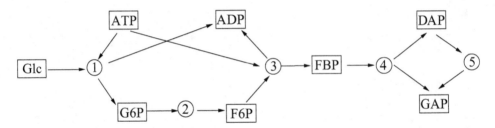

Abb. 8.11 Die ersten fünf Reaktionsschritte der Glykolyse, dargestellt als bipartiter Graph

von einer Reaktion zu einem Stoff dargestellt, dass der Stoff bei der Reaktion entsteht, also aufgebaut wird. Weiterhin ist zu beachten, dass eine Reaktion nur stattfinden kann, wenn die Stoffe aller ihrer eingehenden Kanten vorliegen: es darf also keiner ihrer Vorgängerknoten ausfallen. Dagegen kann ein Stoff gebildet werden, auch wenn nur ein einziger seiner Vorgängerknoten aktiv ist. Sollte also z. B. die fünfte Reaktion ausfallen, könnte weiterhin GAP produziert werden.

8.2.3 Bäume

Wir wenden uns nun einer Klasse von sehr einfachen Graphen zu.

Definition
- Ein *Baum* ist ein ungerichteter Graph, der zusammenhängend ist und keine Kreise enthält.
- Ein *Wald* ist ein ungerichteter Graph, der keine Kreise enthält.

Verschiedene Bäume sind in Abb. 8.12 dargestellt. Dabei sind die beiden Bäume links und in der Mitte wiederum besondere Bäume: Links ist ein sogenannter *allgemeiner Stern* dargestellt, bei dem von einem zentralen Knoten aus verschiedene Wege abgehen. In der Mitte ist ein einfacher *Weg* abgebildet. Alle drei Bäume zusammen bilden einen Wald.

Bemerkung. Die „biologischen" Begriffe *Baum* und *Wald* dienen also in der Mathematik der Veranschaulichung eines Sachverhaltes. Die Mathematik profitiert aber noch viel mehr aus der Biologie: Beispielsweise setzen *genetische Algorithmen* oder *Ameisenverfahren* in der Natur vorhandene Mechanismen erfolgreich zur Lösung von Optimierungsproblemen um.

Die Anzahl der Kanten in einem Baum hängt nur von der Anzahl seiner Knoten ab.

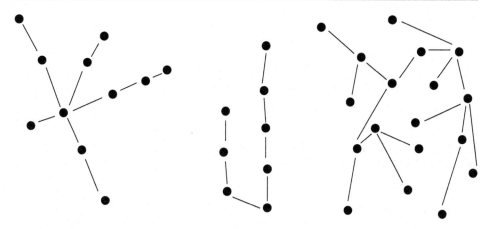

Abb. 8.12 Drei Bäume: Ein allgemeiner Stern, ein Weg und ein Baum

---

Satz

Sei $G = (V, E)$ ein Baum mit n Knoten. Dann hat G genau $n - 1$ Kanten.

Beispiel

Die Strukturformel von n-Butan (siehe Abb. 8.5) ist graphentheoretisch ein Baum. Da C_4H_{10} aus 14 Atomen besteht, muss sie also 13 Kanten aufweisen.

Das Kriterium des obigen Satzes kann man auch nutzen, um Bäume zu charakterisieren.

Satz

Sei $G = (V, E)$ ein Graph mit n Knoten.

1. G ist ein Baum genau dann wenn er kreisfrei ist und $n - 1$ Kanten hat.
2. G ist ein Baum genau dann wenn er zusammenhängend ist und $n - 1$ Kanten hat.

Dabei bedeutet „genau dann wenn" (siehe dazu auch Abschn. 1.1) z. B. in der ersten der beiden Aussagen, dass jeder Baum ein kreisfreier Graph mit $n - 1$ Kanten ist, andererseits ist aber auch jeder kreisfreie Graph mit $n - 1$ Kanten ein Baum. Für einen Graphen G mit n Knoten ist die Bedingung „G ist kreisfrei und hat $n - 1$ Kanten" also notwendig *und* hinreichend dafür, dass G ein Baum ist.

Bäume haben weitere interessante Eigenschaften.

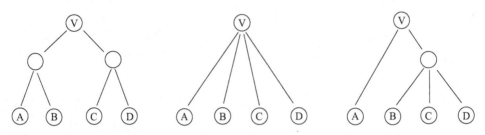

Abb. 8.13 Drei Varianten, wie sich die Arten A, B, C und D aus einem gemeinsamen Vorfahren V im Rahmen der Evolution entwickelt haben könnten

Satz
- Jeder Baum hat mindestens zwei Blätter.
- Fügt man zu einem Baum eine neue Kante hinzu, so entsteht ein Graph mit genau einem Kreis.
- Entfernt man aus einem Baum eine Kante, so ist der entstandene Graph nicht mehr zusammenhängend.
- Seien i und j zwei Knoten in einem Baum. Dann gibt es zwischen i und j einen eindeutigen Weg.

Bäume kommen zur Anwendung, wenn man die Knoten eines Graphen möglichst kostengünstig verbinden möchte. Baumstrukturen sind aber auch für viele andere Anwendungen wichtig, u. a. bei der Berechnung von Fahrplänen.

Anwendung: Phylogenetische Bäume

Bäume haben biologisch Anwendung in der *Phylogenie* (siehe dazu auch Abschn. 2.1.1). Um die Stammesgeschichte einer Art darstellen zu können, verwendet man sogenannte *phylogenetische Bäume*. Ein phylogenetischer Baum ist ein Graph, der die evolutionären Beziehungen zwischen verschiedenen Arten darstellt. In einem phylogenetischen Baum repräsentiert jeder Knoten eine Art. Kanten geben jeweils den nächsten Vorfahren der Art an. Abbildung 8.13 zeigt drei mögliche Varianten, wie sich die vier Arten A,B,C und D aus einem gemeinsamen Vorfahren V entwickelt haben könnten.

Die Kantenlänge kann beispielsweise die geschätzte Zeit angeben, in der sich die Arten separiert haben, oder die Anzahl der Mutationen während dieser Entwicklung oder die Unterschiede in ihren Aminosäuresequenzen wie in dem schon erwähnten Beispiel in Abschn. 2.1.1. Die Blätter eines phylogenetischen Baumes entsprechen meist noch existierenden Arten, während die anderen Knoten (also die Vorfahren der Blätter) oft Arten entsprechen, die nicht mehr beobachtet werden können. Das macht die Rekonstruktion phylogenetischer Bäume schwierig. Phylogenetische Bäume werden meist anhand von sequenzierten Genen der untersuchten Spezies aufgebaut. Arten, deren Gensequenzen

Abb. 8.14 Die beiden kleinsten Graphen, die sich nicht überschneidungsfrei zeichnen lassen

ähnlich sind, liegen im Baum dann wahrscheinlich näher beieinander als solche mit stark unterschiedlichen Sequenzen. Allerdings weiß man heute, dass die Gene sich nicht gleichmäßig entwickelt haben, daher können bei der phylogenetischen Analyse verschiedener Gene der gleichen Spezies unterschiedliche phylogenetische Bäume entstehen. Wissenschaftler beschäftigen sich damit, wie man geschickt definieren kann, wann sich zwei phylogenetische Bäume ähnlich sind, und wie man aus einer Menge von möglichen phylogenetischen Bäumen den wahrscheinlichsten berechnen kann.

8.2.4 Planare Graphen

Interessant sind auch planare Graphen.

> **Definition**
> Ein Graph $G = (V, E)$ heißt *planar*, wenn man ihn so zeichnen kann, dass sich keine Kanten überschneiden.

So ist z. B. das „Haus des Nikolaus" aus Abb. 8.4 ein planarer Graph: In seiner üblichen Darstellung auf der rechten Seite der Abbildung überschneiden sich zwar die Kanten $\{2, 5\}$ und $\{1, 4\}$, aber die Darstellung auf der linken Seite ist überschneidungsfrei. Das gleiche gilt für den K_4 (aus Abb. 8.9) und den Graphen zur Glykolyse (Abb. 8.11). Obwohl sich in den angegebenen Darstellungen jeweils zwei Kanten überschneiden, kann man beide Graphen auch überschneidungsfrei zeichnen: Beim K_4 kann man eine der beiden sich überschneidenden Kanten außerhalb des Graphen zeichnen, bei dem Glykolyse-Graphen verschiebt man dazu den Knoten ATP nach unten rechts. Der vollständige Graph mit fünf Kanten ist kein planarer Graph; es gibt keine Möglichkeit, ihn auf einem Blatt Papier so zu zeichnen, dass sich keine Kanten überschneiden. Das gleiche gilt für den bipartiten Graphen aus Abb. 8.14, die die beiden kleinsten nicht planaren Graphen darstellt. Bäume sind immer planare Graphen.

Auf Planarität kommen wir in dem Abschnitt über Färbungsprobleme kurz zurück. U. a. auch in der Technik spielen planare Graphen eine Rolle. So lassen sich beispielsweise Computerplatinen als Graphen auffassen. Die Lötstellen und die gewünschten Kreuzungspunkte entsprechen den Knoten und die sie verbindenden Leitungen entsprechen den Kanten. Beim Aufbau einer Platine muss vermieden werden, dass sich Leitungen innerhalb derselben Lage überkreuzen, d. h. man sucht eine planare Darstellung des entsprechenden Graphen. In der Technik spricht man von *Entflechtung*.

8.3 Das kürzeste Wege Problem

In diesem Abschnitt betrachten wir gerichtete Graphen mit Kantengewichten. Wir beschäftigen uns mit der Aufgabe, unter allen möglichen Wegen zwischen zwei festgelegten Knoten in so einem Graphen einen kürzesten Weg zu bestimmen. Wir betrachten dazu den in Abb. 8.15 dargestellten gerichteten Graphen als Beispiel.

In diesem Graphen gibt es viele verschiedene Wege von Knoten 2 zu Knoten 1. Drei von ihnen wollen wir näher untersuchen:

- Der Weg von Knoten 2 über Knoten 3 und dann zu Knoten 1 hat eine Länge von $3 + 12 = 15$,
- der Weg von Knoten 2 über die Knoten 5, 4 und 1 hat eine Länge von $7 + 2 + 2 = 11$
- und der Weg von Knoten 2 über die Knoten 5, 3, 4 und 1 hat eine Länge von $7 + 4 + 16 + 2 = 29$.

Der kürzeste aller möglichen Wege ist der zweite untersuchte Weg über die Knoten 5, 4 und 1. Da es (insbesondere in großen Netzwerken) mühsam ist, alle möglichen Wege zu finden und durchzuprobieren, wollen wir im Folgenden ein Verfahren vorstellen, wie man das auf systematische Art und Weise machen kann.

Mit dem Verfahren, das nun vorgestellt werden soll, lassen sich alle kürzesten Wege in einem gegebenen Graphen berechnen. Es geht auf Floyd und Warshall zurück. Wir demonstrieren es zunächst an unserem Beispielgraphen aus Abb. 8.15.

Als erstes speichern wir die Entfernungen der vorhandenen Kanten in Form der hier dargestellten Tabelle $D = (d_{ij}^0)$. Diese Tabelle nennt man auch *Adjazenzmatrix* oder ein-

Abb. 8.15 Der Beispielsgraph für das Verfahren von Floyd und Warshall

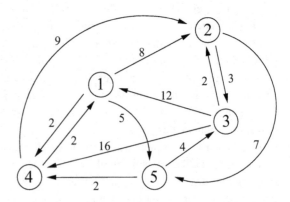

fach *Matrix des Graphen*.

von \ nach	1	2	3	4	5
1	0	8	−	2	5
2	−	0	3	−	7
3	12	2	0	16	−
4	2	9	−	0	−
5	−	−	4	2	0

Dabei bezeichnen wir wie in Kap. 2 den Eintrag in der Matrix aus der i.ten Zeile und der j.ten Spalte mit d_{ij}^0. Die hochgestellte Null deutet an, dass es sich um die gegebene Grundmatrix handelt, die die Länge der Kante von Knoten i nach Knoten j enthält. Gibt es keine Kante zwischen zwei Knoten, so deuten wir das mit einem − an.

Um die Längen der kürzesten Wege zwischen verschiedenen Knotenpaaren zu finden, gehen wir iterativ vor. Die Idee ist, jeden Knoten einmal als so genannten *Umwegknoten* zu wählen und zu testen ob ein Weg über so einen Umwegknoten zu Ersparnissen führt.

Wir beginnen mit Knoten 1 als Umwegknoten und versuchen, die in der Matrix D^0 schon vorhanden Wege über Knoten 1 zu verbessern bzw. neue Wege zu erzeugen. Wir demonstrieren dieses Vorgehen an einigen Beispielen:

- Wir vergleichen den bisherigen (aus einer Kante bestehenden) Weg $3 \to 4$ mit dem neuen Weg $3 \to 1 \to 4$. Der Weg $3 \to 1 \to 4$ existiert und hat die Länge $12 + 2 = 14$. Der beste bisher bekannte Weg hat die Länge 16, also ist der neue Weg kürzer als der bisherige Eintrag in der Matrix. Wir ersetzen daher die 16 in der Matrix durch eine 14.
- Nun vergleichen den besten bekannten „Weg" $3 \to 5$ (bisher gibt es hier noch keinen, daher ist das Zeichen − in der Matrix eingetragen) mit einem möglichen Weg $3 \to 1 \to 5$ über den Knoten 1 als Umwegknoten. Der neue Weg $3 \to 1 \to 5$ existiert und hat die Länge $12 + 5 = 17$, das ist besser als der bisherige Eintrag in der Matrix, in dem überhaupt noch keine Verbindung zwischen den Knoten angegeben ist. Wir ersetzen daher den aktuellen Eintrag − durch 17.
- Der Vergleich von $4 \to 2$ mit dem Weg $4 \to 1 \to 2$ zeigt, dass der Umweg über den Knoten 1 zu einer Länge von $2 + 8 = 10$ führt. Er ist somit länger als die ursprüngliche Länge des Weges $4 \to 2$. Die Länge der Strecke $4 \to 2$ bleibt daher 9.
- Der Vergleich von $2 \to 3$ mit dem Weg $2 \to 1 \to 3$ führt zu keinem Ergebnis, da bisher kein Weg von 2 nach 1 bekannt ist. Der Eintrag 3 in der Matrix bleibt folglich bestehen.

Geht man diese Überlegung für alle Knotenpaare durch, so erhält man die folgende Matrix $D^1 = (d_{ij}^1)$. Die Einträge, die sich im Vergleich zur Ausgangsmatrix D^0 verändert haben, sind unterstrichen dargestellt.

$$
D^1 = (d_{ij}^1) = \begin{array}{c|ccccc}
 & 1 & 2 & 3 & 4 & 5 \\
\hline
1 & 0 & 8 & - & 2 & 5 \\
2 & - & 0 & .3 & - & 7 \\
3 & 12 & 2 & 0 & \underline{14} & \underline{17} \\
4 & 2 & 9 & - & 0 & \underline{7} \\
5 & - & - & 4 & 2 & 0
\end{array}
$$

Im nächsten Schritt wird nun der Knoten 2 als Umwegknoten gewählt und wieder werden alle Einträge der Matrix untersucht. (Man kann übrigens ein bisschen Arbeit sparen, weil man die Einträge in der zweiten Zeile und die in der zweiten Spalte nicht betrachten muss.) Die Einträge, in denen der Umweg über den Knoten 2 eine Verbesserung ergibt, sind in der sich ergebenden Matrix wieder unterstrichen.

$$
D^2 = (d_{ij}^2) = \begin{array}{c|ccccc}
 & 1 & 2 & 3 & 4 & 5 \\
\hline
1 & 0 & 8 & \underline{11} & 2 & 5 \\
2 & - & 0 & 3 & - & 7 \\
3 & 12 & 2 & 0 & 14 & \underline{9} \\
4 & 2 & 9 & \underline{12} & 0 & 7 \\
5 & - & - & 4 & 2 & 0
\end{array}
$$

Analog untersucht man weiter die Knoten 3 und 4 als Umwegknoten und erhält die folgenden Matrizen, in denen wieder die Einträge unterstrichen sind, bei denen der Weg über den jeweiligen Umwegknoten zu einer Verbesserung geführt hat.

$$
D^3 = (d_{ij}^3) = \begin{array}{c|ccccc}
 & 1 & 2 & 3 & 4 & 5 \\
\hline
1 & 0 & 8 & 11 & 2 & 5 \\
2 & \underline{15} & 0 & 3 & \underline{17} & 7 \\
3 & 12 & 2 & 0 & 14 & 9 \\
4 & 2 & 9 & 12 & 0 & 7 \\
5 & \underline{16} & \underline{6} & 4 & 2 & 0
\end{array}, \quad
D^4 = (d_{ij}^4) = \begin{array}{c|ccccc}
 & 1 & 2 & 3 & 4 & 5 \\
\hline
1 & 0 & 8 & 11 & 2 & 5 \\
2 & 15 & 0 & 3 & 17 & 7 \\
3 & 12 & 2 & 0 & 14 & 9 \\
4 & 2 & 9 & 12 & 0 & 7 \\
5 & \underline{4} & 6 & 4 & 2 & 0
\end{array}
$$

Nimmt man zum Schluss noch den Knoten 5 in die Menge der erlaubten Umwegknoten, so erhält man eine Matrix, in der die Längen der kürzesten Wege der Knoten untereinander abgelesen werden können. Die Erstellung dieser letzten Matrix D^5 mit dem Knoten 5 als Umwegknoten führt zu fünf Verbesserungen. Zwei davon sollen beispielhaft beschrieben werden:

- Für den Weg von Knoten 4 zu Knoten 3 liegt die bisher beste bekannte Länge bei 12, wie der Eintrag $d_{43}^4 = 12$ in der Matrix D^4 zeigt. Wir untersuchen den neuen Weg über den Knoten 5. Die Länge des besten bekannte Weges von Knoten 4 nach Knoten 5 lässt sich in Matrix D^4 mit $d_{45}^4 = 7$ ablesen; dazu addieren wir die Länge $d_{53}^4 = 4$

des besten bekannten Weges von 5 nach 3. Wir erhalten also eine neue Länge von 11, die besser ist als der bisherige Weg mit einer Länge von 12. (Der neue Weg enthält dabei nicht nur den Knoten 5 sondern auch den Knoten 1 als Umwegknoten und lässt sich als $4 \to 1 \to 5 \to 3$ darstellen).

- Wir betrachten den Weg von 1 nach 3 und vergleichen dazu den bisher besten bekannten Weg mit Länge 11 mit dem neuen Weg $1 \to 5 \to 3$. Dessen Länge kann man in D^4 mit $5 + 4 = 9$ ablesen, er ist somit kürzer als der bisherige Weg.

Unsere endgültige Matrix sieht nun folgendermaßen aus:

$$D := D^5 = (d_{ij}^5) = \begin{array}{c|ccccc} & 1 & 2 & 3 & 4 & 5 \\ \hline 1 & 0 & 8 & \underline{9} & 2 & 5 \\ 2 & \underline{11} & 0 & 3 & \underline{9} & 7 \\ 3 & 12 & 2 & 0 & \underline{11} & 9 \\ 4 & 2 & 9 & \underline{11} & 0 & 7 \\ 5 & 4 & 6 & 4 & 2 & 0 \end{array}$$

Diese Matrix enthält die Längen der jeweils kürzesten Wege zwischen allen Knoten im Netzwerk.

Bemerkung. Möchte man nicht nur die Entfernungen bestimmen, sondern auch die kürzesten Wege selbst, so muss man sich in jeder Iteration die jeweiligen Vorgänger des Weges merken, anhand derer sich die kürzesten Wege dann später rekonstruieren lassen. Die Vorgänger werden in einer anderen Matrix V^k (Vorgänger bei der Erzeugung der Matrix zum k.ten Umwegknoten) gespeichert.

Das eben beschriebene Verfahren lässt sich als *Algorithmus* in so genanntem *Pseudo-Code* formulieren. Das ist in dem folgenden Exkurs dargestellt. Die Entwicklung, Formulierung und Analyse solcher und ähnlicher Algorithmen ist insbesondere in der Bioinformatik wichtig.

Exkurs

Algorithmus von Floyd und Warshall zum Auffinden eines kürzesten Weges in einem gerichteten Graphen:

Input: Ein gerichteter Graph $G = (V, E)$ mit Knoten $\{1, 2, \ldots, n\}$ und Kanten $e \in E$. Jede Kante hat eine Länge d_e.

Schritt 1:   Setze $d_{ij}^0 = d_e$ und $v_{ij}^0 = i$ für alle Kanten $e = (i, j) \in E$. Gibt es für $i \neq j$ keine Kante (i, j) so setzte $d_{ij}^0 := \infty$ und $v_{ij}^0 := \infty$. Setze weiterhin $d_{ii}^0 := 0$, $v_{ii}^0 := 0$.

Schritt 2:

$$
\begin{aligned}
&\text{For } k = 1, \ldots, n \\
&\quad \text{for } i = 1, \ldots, n \\
&\quad\quad \text{for } j = 1, \ldots, n \\
&\quad\quad\quad \text{Falls } d_{ik}^{k-1} + d_{kj}^{k-1} < d_{ij}^{k-1}
\end{aligned}
$$

a) Setze $d_{ij}^k := d_{ik}^{k-1} + d_{kj}^{k-1}$

b) Setze $v_{ij}^k := v_{kj}^{k-1}$

Output: Matrix $D := D^n$, die als Einträge die kürzesten Entfernungen für jedes Knotenpaar enthält und Matrix $V := V^n$, die als Einträge die Vorgänger der kürzesten Wege enthält.

(Der Algorithmus findet nicht nur die Länge eines kürzesten Weges, sondern auch den Weg selbst, indem er sich bei jeder Verbesserung auch den jeweiligen Vorgängerknoten v_{ij} merkt.)

Man kann an der Darstellung des Verfahrens ableiten, wie sich die Rechenzeit in Abhängigkeit der Knotenanzahl n verändert: Es werden drei ineinander geschachtelte Schleifen mit jeweils n Iterationen durchlaufen. In jedem Schritt wird einmal addiert und einmal das Minimum gebildet und noch zwei Variablen gesetzt. Man sagt, das Verfahren hat eine *Komplexität* von O(n^3).

Anwendung: Wassertransport in einer Pflanze

Betrachten wir nun das einleitende Beispiel 8.3. Zur Darstellung des Wassertransports modelliert man das Leitungssystem der Pflanze von den Wurzeln bis zu ihren Blättern als gerichteten Graphen (siehe Abb. 8.16). Die mathematischen Blätter des Graphen entsprechen den Wurzelspitzen sowie den physischen Blättern der Pflanze. Die Pflanze transportiert Wasser von ihren Wurzeln zu ihren Blättern. Kennt man die Transportgeschwindigkeit entlang der einzelnen Tracheiden, so kann man die Transportzeit als Kantengewicht den Kanten zufügen und sich fragen, wie lange die Pflanze braucht, um (z. B. nach einer Trockenphase) Wasser von ihren Wurzeln in ein spezielles Blatt zu transportieren.

Um dieses Problem als kürzestes Wege Problem zu modellieren, wendet man folgenden Trick an: Man fügt einen *virtuellen Knoten* an, der den Wasservorrat darstellt, und verbindet diesen mit allen Wurzelspitzen der Pflanze, die Wasser aus dem Boden aufnehmen können. Das ist in in Abb. 8.16 dargestellt. Von dem virtuellen Knoten zu dem speziellen Blatt gibt es dann viele verschiedene Wege. Der kürzeste von ihnen bestimmt die Mindestzeit, die gebraucht wird, um das Blatt mit Wasser zu versorgen. Die Mindestzeit und der zugehörige Weg lassen sich mit dem Algorithmus von Floyd-Warshall finden.

8.4 Netzwerkflüsse

In vielen Netzwerken interessiert man sich nicht nur für einen einzelnen Weg, sondern es geht darum, z. B. Güter oder Informationen von vielen Startpunkten zu vielen Zielpunkten zu transportieren. Auch diese Aufgabe kann man sich an biologischen Netzwerken verdeutlichen: Jede Wurzelspitze eines Baumes kann Wasser aufnehmen (wenn es dort, wo die Wurzel wächst, Wasser gibt) und an den Baum weiterleiten. Im Baum gibt es nicht nur ein Blatt, sondern alle Blätter müssen mit Wasser versorgt werden. Ähnliches gilt für das Lymphsystem, den Blutkreislauf und andere biologische Transportsysteme. Nach welchen Regeln die Materialien in dem Netzwerk fließen, hängt von den zugrunde liegenden physikalisch-chemischen Gesetzen ab. In Bäumen ist die treibende Kraft die Transpiration.

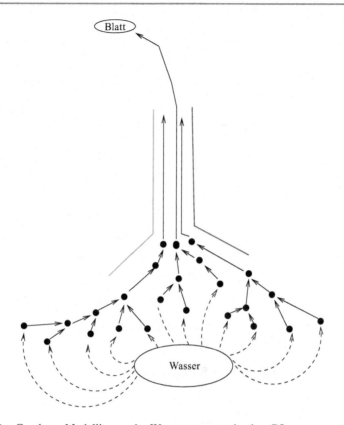

Abb. 8.16 Der Graph zur Modellierung des Wassertransports in einer Pflanze

In sogenannten *Netzwerkflussproblemen* versucht man, Materialien mit möglichst wenig Energie (oder Kosten) von ihren Quellen zu ihren Verbrauchern zu transportieren. Dabei werden Bedingungen an den sich ergebenden Fluss gestellt, die auch in biologischen Netzen gültig sind, so dass die entsprechende Modellierung auch für Anwendungen in der Biologie interessant sein kann. Man kann sagen, dass die Natur neben vielen anderen (mathematischen) Problemstellungen auch Netzwerkflussprobleme intuitiv löst. Indem wir biologische Anwendungen nun als solche modellieren, können wir diese durch die mathematische Analyse besser verstehen. Zusätzlich ermöglicht uns das mathematische Modell unter Umständen auch Aussagen über Konsequenzen von Veränderungen (Wurzeln können durch Bebauung nicht in die Breite wachsen oder ein Knotenpunkt im Lymphsystem fällt aus).

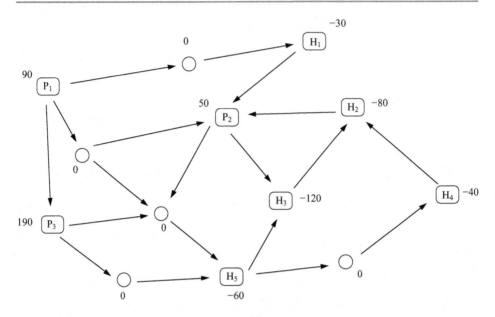

Abb. 8.17 Das Netzwerkflussproblem aus dem Beispiel

8.4.1   Das klassische Netzwerkflussproblem

Beispiele

Wir betrachten drei Quellen eines Materials, das von fünf Verbrauchern benötigt wird. (Wir können uns vorstellen, dass beispielsweise spezielle Ionen von den Wurzelspitzen eines Baumes in seine Blätter transportiert werden sollen.) An den Quellen lassen sich die folgenden Mengen (in g) nutzen:

Quelle	P_1	P_2	P_3
nutzbare Menge	90	50	190

Der Bedarf der Verbraucher ist der folgende:

Verbraucher	H_1	H_2	H_3	H_4	H_5
Bedarf	30	80	120	40	60

Bei dem Transport des Materials entstehen Kosten, z. B. durch die für den Transport benötigte Energie. Diese Kosten steigen mit der transportierten Menge und mit der zurückgelegten Entfernung. Wir nehmen an, dass wir sie berechnen können, indem wir für jede transportierte Einheit die zurückgelegte Entfernung berechnen und mit den Kosten pro Entfernung multiplizieren.

Das Netzwerk aus Abb. 8.17 zeigt die möglichen Transportwege. Dabei sind die Quellen und die Verbraucher als Knoten in dem Transportnetzwerk dargestellt. Die

Quellen haben einen Vorrat an Material, die Verbraucher haben einen Bedarf. Um Quellen und Verbraucher zu unterscheiden, wird der Bedarf der Verbraucher als negative Zahl neben die Knoten geschrieben. Der Einfachheit halber nehmen wir an, dass der Transport einer Einheit des Materials über eine Kante immer das gleiche (z. B. eine Einheit) kostet. In der Praxis haben verschiedene Kanten natürlich meistens unterschiedliche Kosten.

Die Frage lautet nun: Über welche Wege soll man die in den Quellen vorhandenen Produkte zu den Verbrauchern transportieren, so dass die Summe aller Transportkosten möglichst klein ist?

Zulässige Lösungen des Problems beschreiben also den Materialfluss und werden daher auch als *Fluss* bezeichnet. Zwei solche Flüsse sind in den Abb. 8.18 und 8.19 dargestellt. Die Zahlen an den Kanten geben dabei an, wie viele Einheiten des Materials über die Kante fließen. Man sieht, dass dabei kein Material verloren geht: Was in einen Knoten hinein fließt (und nicht von dem Knoten selbst gebraucht wird) fließt auch wieder hinaus. Dieses Prinzip der *Flusserhaltung* soll an Abb. 8.18 verdeutlicht werden: Beispielsweise werden von dem Vorrat von P_3 alle 190 Einheiten über einen Knoten zu H_5 geschickt. H_5 deckt daraus seinen Bedarf von 60 Einheiten. Von den übrigen 130 Einheiten fließen 10 zu H_3 und 120 über einen weiteren Knoten nach H_4. Dort verbleiben 40 Einheiten, während die restlichen 80 Einheiten an H_2 weitergegeben werden.

Die Summe der in Abb. 8.18 dargestellten Transportkosten ergibt sich als

$$30\cdot1+30\cdot1+60\cdot1+60\cdot1+110\cdot1+190\cdot1+190\cdot1+10\cdot1+120\cdot1+120\cdot1+80\cdot1 = 1000\,.$$

Die Lösung aus Abb. 8.19 weist nur Transportkosten von

$$30\cdot1+30\cdot1+60\cdot1+60\cdot1+110\cdot1+190\cdot1+190\cdot1+90\cdot1+80\cdot1+40\cdot1+40\cdot1 = 920$$

auf und sollte daher der ersten Lösung vorgezogen werden.

Die zweite gefundene Lösung wäre also wünschenswert. Allerdings gibt es bei den meisten Flussproblemen noch eine weitere Einschränkung: Die Kapazität, wie viel Material entlang einer Kante transportiert werden kann, ist oft beschränkt. Hier nehmen wir an, dass auf keiner Kante des Netzwerks mehr als 100 g transportiert werden können. Diese Kapazität wird in der Lösung aus Abb. 8.19 auf mehreren Kanten überschritten. Wir müssen also den Fluss verändern, um die Restriktion zu berücksichtigen. Eine neue Lösung, die diese obere Kapazitätsgrenze nicht überschreitet, ist in Abb. 8.20 zu sehen. Die Kosten dieser Lösung sind aufgrund der zusätzlichen Einschränkung gestiegen und betragen nun 930.

Wir geben nun eine formale Definition von Netzwerkflussproblemen an. Dazu spezifizieren wir zunächst die benötigten Eingangsdaten:

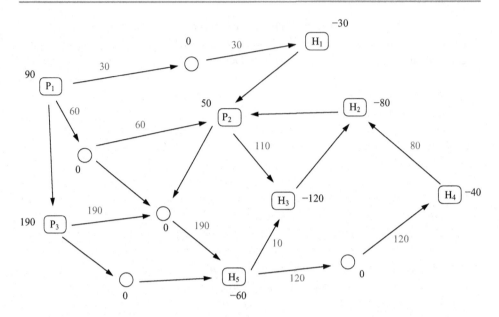

Abb. 8.18 Eine erste Lösung des Netzwerkflussproblems ohne Kapazitätsrestriktionen

- Einen zusammenhängenden gerichteten Graphen $G = (V, E)$ mit n Knoten und m Kanten.
- Werte b_i für jeden Knoten i. Diese Werte bestimmen, was der Knoten hergeben kann oder bekommen möchte. Ist $b_i < 0$, so liegt ein Bedarf vor; der Knoten heißt *Bedarfsknoten* und muss also b_i Einheiten des Produktes erhalten. Für *Vorratsknoten*, die einen Vorrat an dem Produkt ins Netzwerk abgeben können, wählt man $b_i > 0$. Ist $b_i = 0$, so kann der Knoten nichts abgeben und möchte auch nichts bekommen. Solche Knoten nennt man *Durchflussknoten*.
- Die drei verschiedenen Knotenmengen bezeichnen wir wie folgt:
  - $V_{\text{Vorrat}} = \{i \in V : b_i > 0\}$ sei die Menge der Vorratsknoten,
  - $V_{\text{Bedarf}} = \{i \in V : b_i < 0\}$ sei die Menge der Bedarfsknoten, und
  - $V_{\text{Durch}} = \{i \in V : b_i = 0\}$ sei die Menge der Durchflussknoten.
- Obere Kapazitäten u_{ij} für alle Kanten $(i, j) \in E$. Die oberen Kapazitäten geben an, wie viel maximal entlang der Kante transportiert werden darf. In dem oben diskutierten Beispiel waren die oberen Kapazitäten alle einheitlich auf 100 gesetzt.
- Kosten c_{ij} (z. B. für Energie) für alle Kanten $(i, j) \in E$. Anhand dieser Kostenwerte können die Transportkosten berechnet werden: Werden x_{ij} Einheiten über die Kante (i, j) transportiert, so fallen auf dieser Kante Transport- (oder Energie)kosten von $x_{ij} \cdot c_{ij}$ an. In dem oben diskutierten Beispiel hatten wir einheitliche Transportkosten von $c_{ij} = 1$ verwendet.

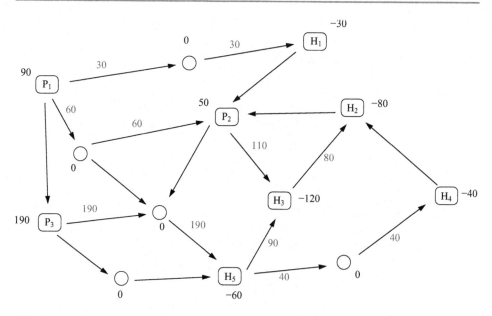

Abb. 8.19 Eine zweite Lösung des Netzwerkflussproblems ohne Kapazitätsrestriktionen

Das *Netzwerkflussproblem* besteht nun darin, den Vorrat aus den Vorratsknoten mit möglichst geringen Transportkosten und unter Einhaltung der Kapazitätsbedingungen und der Flusserhaltung an die Bedarfsknoten zu verteilen. Die Kapazitätsbedingungen besagen dabei, dass auf Kante e nicht mehr als u_e Einheiten transportiert werden dürfen. Die Flusserhaltung besagt, dass kein Material verloren gehen darf. Genauer muss das folgende gelten:

- Für jeden Durchflussknoten $v \in V_{\text{Durch}}$ muss alles, was in v hinein fließt, auch wieder aus v hinaus fließen.
- Für jeden Vorratsknoten $v \in V_{\text{Vorrat}}$ muss das Material, das v als Vorrat hat plus das, was in den Knoten hinein fließt, auch wieder aus v hinaus fließen.
- Für jeden Bedarfsknoten $v \in V_{\text{Bedarf}}$ muss das Material, das in v hinein fließt vermindert um den Bedarf des Knotens wieder aus v hinaus fließen.

Auch große Netzwerkflussprobleme können mithilfe moderner Verfahren effizient gelöst werden. Das kann beispielsweise in [KN 12, HK 01] nachgelesen werden.

8.4.2 Spezialfälle von Netzwerkflussproblemen

Es gibt viele Probleme, die man als Netzwerkflussprobleme darstellen kann. Drei besonders bekannte Probleme sollen hier kurz dargestellt werden. Sie zeigen, wie vielfältig die

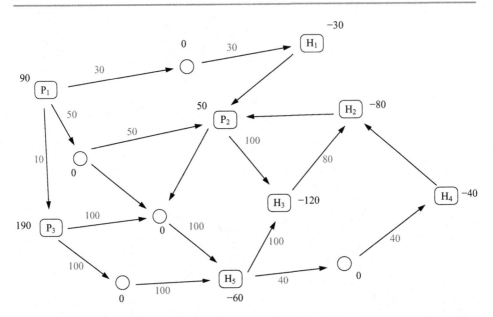

Abb. 8.20   Eine Lösung des Netzwerkflussproblems, wenn über keine Kante mehr als 100 Einheiten transportiert werden dürfen

Modellierung ist, weil man durch die Wahl des Netzwerkes, der Vorräte und Bedarfe, der Kosten und Kapazitäten viele Gestaltungsmöglichkeiten hat. Zum weiteren Verständnis des Textes ist der Abschnitt aber nicht nötig und kann daher auch übersprungen werden.

Kürzeste Wege Problem

Kürzeste Wege in Graphen haben wir schon in Abschn. 8.3 behandelt. Wir greifen das Problem hier noch einmal auf.

Gegeben sei ein gerichteter Graph $G = (V, E)$ mit Entfernungen d_{ij} für jede Kante $(i, j) \in E$ und zwei ausgezeichneten Knoten s und t. Die Aufgabe besteht darin, einen möglichst kurzen Weg von s nach t zu finden.

Kürzeste Wege Probleme können folgendermaßen als Flussprobleme modelliert werden: Man definiert das Netzwerkflussproblem $N = (V, E, b, u, c)$ durch den gegebenen Graphen (V, E) und setze für die Kosten c die gegebenen Kantenlängen d ein, also $c_{ij} := d_{ij}$ für alle Kanten $(i, j) \in E$. Weiterhin setzt man

$$b_s := 1, \ b_t := -1, \ \text{und } b_i := 0 \text{ für alle } i \notin \{s, t\}.$$

Es soll also genau eine Flusseinheit von s nach t geschickt werden. Schließlich sollen die Kapazitätsbedingungen z. B. durch $u_e = 1$ für alle $e \in E$ vernachlässigt werden. Der sich ergebende Fluss entspricht dann wegen der Flusserhaltung einem Weg, und ein kostenminimaler Fluss entspricht einem kürzesten Weg.

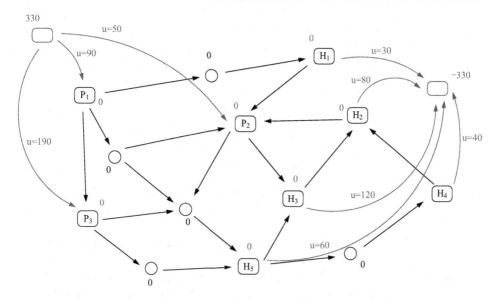

Abb. 8.21 Das Netzwerkflussproblem aus dem Beispiel

Abb. 8.22 Ein Beispiel für
ein kürzestes Wege Problem.
Als Flussproblem wählt man
$b_{v_1} = 1, b_{v_2} = 0, b_{v_3} = 0$
und $b_{v_4} = -1$

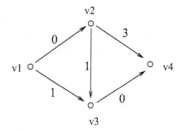

Transportproblem

Beim Transportproblem betrachtet man n Quellen und m Verbraucher. Jede Quelle i hat einen Vorrat von a_i Einheiten. Jeder Verbraucher j benötigt b_j Einheiten. Das Material kann von jeder Quelle zu jedem Verbraucher transportiert werden, allerdings fallen abhängig von den Standorten der Quelle i und des Verbrauchers j unterschiedliche Kosten c_{ij} pro Einheit an.

Die Aufgabe besteht darin, das Material möglichst kostengünstig von den Quellen an die Verbraucher zu verteilen.

Dieses Problem lässt sich folgendermaßen als Netzwerkflussproblem formulieren: Zunächst benötigt man den Transportgraphen $G = (V, E)$. Dazu definiert man einen bipartiten Graphen, in dem die „linke" Knotenmenge A den Quellen entspricht und die „rechte" Knotenmenge B den Verbrauchern. Man erhält die Kanten, indem man alle Quellen mit allen Verbrauchern verbindet. Die Kosten c_{ij} sind im Transportproblem schon gegeben.

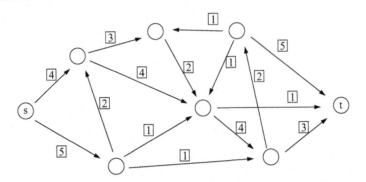

Abb. 8.23 Ein Netzwerk mit oberen Kapazitäten. Gesucht ist der maximale Fluss von s nach t

Als oberen Schranken erlaubt man $u_{ij} := \infty$; es darf also beliebig viel transportiert werden.

Überraschend ist, dass man ganz ähnlich auch *Zuordnungsprobleme* modellieren kann, in denen man jeden Knoten auf der linken Seite eines bipartiten Graphen einem Knoten auf der rechten Seite zuordnen möchte. Die Qualität der Zuordnung kann durch die Kosten auf den Kanten modelliert werden. Beispielsweise können links Mitarbeiter stehen und rechts Aufgaben, und die Kosten geben an, wie lange ein Mitarbeiter braucht, um eine Aufgabe auszuführen. Mithilfe eines Transportproblems kann man die Zuordnung mit der kleinsten Gesamtzeit finden.

8.4.3 Maximales Flussproblem

In dem *maximalen Flussproblem* geht es nicht darum, einen gegebenen Bedarf möglichst kostengünstig zu befriedigen, sondern es soll versucht werden, möglichst viel Material zwischen zwei Knoten zu transportieren. Gegeben ist wie bisher ein gerichteter Graph $G = (V, E)$. In einem maximalen Flussproblem interessiert man sich nicht für Kosten, sondern hat nur Kapazitätsbeschränkungen u_e für alle $e \in E$ gegeben.

Hat man nun zwei feste Knoten s und t, so besteht die Aufgabe darin, so viel Fluss wie möglich von s nach t zu senden, ohne die Kapazitäten der Kanten zu überschreiten.

Beispiel

Wir betrachten das Netzwerk in Abb. 8.23. Die Zahlen in den Kästchen neben den Kanten bezeichnen die Kapazität der jeweiligen Kante. Es sollen möglichst viele Waren von s nach t geschickt werden. Eine Lösung des Problems ist in Abb. 8.24 angegeben. In dieser Lösung werden sechs Einheiten von s nach t geschickt. Wie wir später sehen werden, ist diese Lösung optimal – mehr Einheiten können nicht verschickt werden.

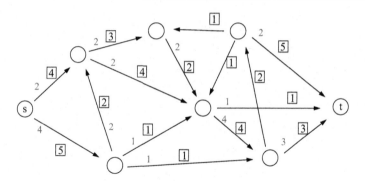

Abb. 8.24 Der maximale Fluss für das Beispiel

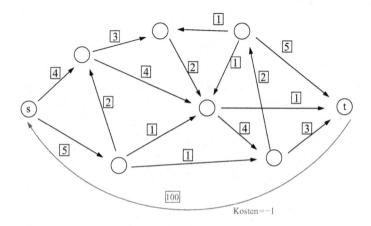

Abb. 8.25 Modellierung als Flussproblem

Auch ein maximales Flussproblem kann man als Netzwerkflussproblem modellieren. Wir definieren Kosten $c_{ij} := 0$ für alle $(i, j) \in E$, und setzen den Bedarf $b_i := 0$ für alle $i \in V$. Dann erweitert man G um eine neue Kante (t, s) deren Kapazität man auf unendlich setzt, und deren Kosten auf -1. Diese negativen Kosten der neuen Kante kann man als Gewinn interpretieren: Jede Einheit, die über diese Kante fließt, erzeugt also einen Gewinn von 1. Das Ziel besteht somit darin, einen möglichst hohen Fluss durch die neue Kante $(t, s) \in E$ zu schicken. Das geht, so lange dieser Fluss auch wieder von s nach t zurück fließen kann, ohne die Kapazitäten der anderen Kanten zu verletzten. Das resultierende Netzwerkflussproblem für das Beispiel ist in Abb. 8.25 dargestellt.

Für den maximalen Fluss gibt es eine strukturell schöne Eigenschaft, die zum Abschluss des Kapitels noch dargestellt werden soll. Wir beginnen dazu mit der graphentheoretischen Definition eines *Schnittes*.

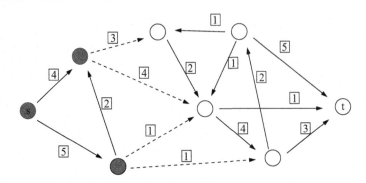

Abb. 8.26 Ein Schnitt. Die gefärbten Knoten gehören zur Menge X, die gestrichelten Kanten zu dem Schnitt Q. Die Kapazität des Schnittes beträgt 9

Definition

Sei $G = (V, E)$ ein gerichteter Graph. Eine Menge $Q \subseteq E$ nennt man einen **s-t-Schnitt** falls es eine Menge $X \subseteq V$ gibt, so dass $s \in X, t \notin X$ und

$$Q = (X, V \backslash X) := \{(i, j) \in E : i \in X, j \notin X\}.$$

Die **Kapazität** des Schnittes ist gegeben durch

$$C(Q) = \sum_{(i,j) \in Q} u_{ij}.$$

Ein s-t-Schnitt Q heißt **minimal**, wenn er (unter allen möglichen s-t-Schnitten) $C(Q)$ minimiert.

Abbildung 8.26 zeigt einen Schnitt in dem Beispielsgraphen. Die gefärbten Knoten entsprechen der Menge X. Die Kanten, die von X nach $V \setminus X$ laufen, sind gestrichelt dargestellt. Die Summe ihrer Kapazitäten ergibt die Kapazität des Schnittes, hier also

$$C(Q) = 3 + 4 + 1 + 1 = 9.$$

Es gibt den folgenden Zusammenhang zwischen Schnitten und Flüssen:

Satz (Ford und Fulkerson: MaxFlow=MinCut)

Ein Fluss von s nach t ist maximal mit Wert v genau dann, wenn es einen minimalen s-t-Schnitt $Q = (X, V \setminus X)$ mit $C(Q) = v$ gibt.

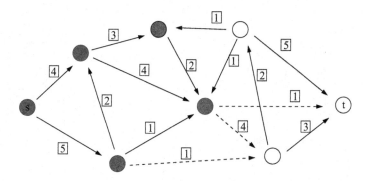

Abb. 8.27 Ein maximaler Schnitt in dem Graphen. Seine Kapazität beträgt 6

Für uns bedeutet der Satz das Folgende: Ist ein Fluss gefunden, bei dem v Einheiten transportiert werden können, und gelingt es, auch einen Schnitt mit Kapazität v zu finden, so ist der gefundene Fluss maximal. Man kann die Schnitte also verwenden, um zu beweisen, dass ein maximaler Fluss vorliegt. In unserem Beispiel haben wir einen Fluss von $v = 6$ gefunden (siehe Abb. 8.24). Abbildung 8.27 zeigt einen Schnitt mit Kapazität $v = 6$. Also ist der Fluss aus Abb. 8.24 maximal.

8.5 Färbungsprobleme

8.5.1 Konfliktgraphen und Färbungsprobleme

In diesem Abschnitt lernen wir Graphen in einer ganz anderen Bedeutung kennen. Es geht nicht mehr um Transport entlang eines Netzwerkes, sondern die Kanten im Graphen werden verwendet, um Konflikte zwischen den Knoten zu modellieren. Beim Impfen im einführenden Beispiel 8.4 liegt beispielsweise ein Konflikt zwischen zwei Impfstoffen vor, wenn man sie nicht als Kombinationspräparat geben kann. Solche Konflikte werden durch Kanten gekennzeichnet. Interessanterweise kann man das im Folgenden beschriebene *Färbungsproblem* verwenden, um herauszufinden, wie viele Injektionen für die Impfungen nötig sind!

Bei einem Färbungsproblem malt man die Knoten eines Graphen mit möglichst wenig Farben an, so dass Knoten, die mit einer Kante verbunden sind, immer unterschiedliche Farben haben.

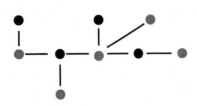 

Abb. 8.28   Zwei Graphen mit Färbung

Definition

Sei G ein einfacher ungerichteter Graph. Eine *k-Färbung* von G ist eine Zuordnung von höchstens k Farben zu den Knoten von G, so dass adjazente Knoten unterschiedliche Farben bekommen.

Gibt es eine k-Färbung für den Graph G, so heißt er *k-färbbar*. Die kleinste Zahl k, für die ein Graph G k-färbbar ist, heißt *chromatische Zahl* von G und wird mit $\chi(G)$ bezeichnet.

Das *Färbungsproblem* fragt nach der kleinsten Anzahl von Farben, die man benötigt, um einen Graphen zu färben. Man sucht also die chromatische Zahl $\chi(G)$. Das „Haus des Nikolaus" hat fünf Knoten, also ist es auf jeden Fall 5-färbbar. Es ist aber auch 4-färbbar, wie in Abb. 8.28 zu sehen ist. Drei Farben reichen nicht, um das „Haus des Nikolaus" zu färben, also ist seine chromatische Zahl gleich vier. Abbildung 8.28 zeigt noch einen weiteren Graphen, der mit zwei Farben färbbar ist, also mit einer chromatischen Zahl $\chi(G) = 2$.

Um einen vollständigen Graphen zu färben, benötigt man für jeden Knoten eine neue Farbe, da ja jedes Knotenpaar durch eine Kante verbunden ist. Die chromatische Zahl des K_n ist folglich $\chi(K_n) = n$. Bäume lassen sich dagegen immer mit zwei Farben färben. Ein wichtiges Ergebnis halten wir noch als Satz fest:

Satz

Sei G ein einfacher Graph mit mindestens zwei Knoten. G ist bipartit genau dann wenn $\chi(G) = 2$.

Auch dieser Satz ist eine „genau dann wenn" Aussage. Sie bedeutet, dass man jeden bipartiten Graphen mit zwei Farben färben kann, und dass andererseits jeder zwei-färbbare Graph bipartit ist. Das Ergebnis ist leicht zu sehen: man malt einfach die beiden Knotenmengen des bipartiten Graphen mit zwei unterschiedlichen Farben an (siehe Abb. 8.10, in der die Knoten schon schwarz und weiß dargestellt sind).

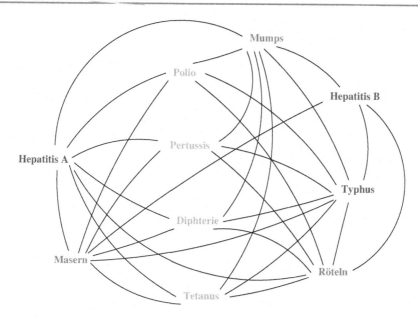

Abb. 8.29 Ein möglicher Impfplan. Jede der vier Farben entspricht einer Injektion

Anwendung: Kombinationspräparate beim Impfen

Wir kommen nun auf die im einleitenden Beispiel 8.4 beschriebene Frage bezüglich des Impfens zurück. Man kann gegen zwei Krankheiten gleichzeitig impfen, wenn sie nicht durch eine Kante verbunden sind. Hat man eine Färbung des Graphen gefunden, so sind beispielsweise keine zwei roten Knoten mit einer Kante verbunden. Man kann also gegen alle roten Krankheiten gleichzeitig impfen. Das gleiche gilt für die anderen Farben. In Abb. 8.30 ist ein Impfplan dargestellt, der sich aus dem Vorschlag des Arztes ergibt. Zunächst wird gegen Hepatitis A und B geimpft. Eine weitere Impfung kann gleichzeitig gegen Polio, Diphterie, Tetanus und Pertussis (blaue Knoten) immunisieren, da keine zwei der genannten Knoten durch eine Kante verbunden sind. Mumps, Masern und Röteln lassen sich ebenfalls gemeinsam impfen; abschließend bleibt noch als vierte Impfung die Immunisierung gegen Typhus übrig. Der Graph ist also vier-färbbar.

Allerdings kann man dem Reisenden eine Spritze ersparen, denn man kann den genannten Graphen sogar mit drei Farben färben, wie in Abb. 8.29 zu sehen ist. In diesem Fall muss man allerdings das Kombinationspräparat Hepatitis A/Typhus verwenden und die Hepatitis B Impfung zusammen mit Polio, Diphterie, Tetanus und Pertussis vornehmen.

Ist die chromatische Zahl des Graphen denn drei oder geht es vielleicht sogar noch besser? Dazu betrachten wir zum Beispiel die drei Krankheiten Hepatitis A, Polio und Mumps, die alle drei untereinander verbunden sind, also eine Clique bilden. Allein um gegen diese drei Krankheiten zu impfen sind also drei Injektionen nötig, also ist $\chi(G)$ in der Tat drei.

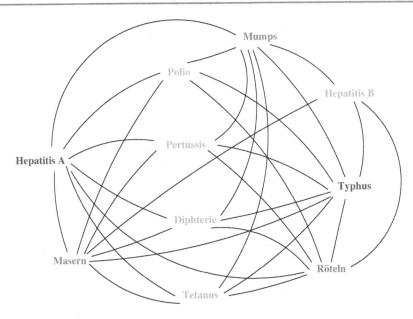

Abb. 8.30   Ein Impfplan mit nur drei Injektionen

Für Färbungsprobleme gibt es viele weitere Anwendungen.

Anwendungsbeispiele

- Ein neuer Zoo wird gebaut. Dabei soll nicht jede Tierart ein einzelnes Gehege bekommen, stattdessen sollen mehrere Arten zusammen leben. Aus Sicherheitsgründen können manche Tierarten sich kein Gehege teilen. Wie viele Gehege braucht der Zoo? Wie sollen die Tiere darauf verteilt werden?
  Auch dieses Problem kann als Färbungsproblem modelliert werden: Die Tierarten zeichnet man als Knoten. Vertragen sich zwei Tierarten nicht, fügt man für diese beiden eine Kante ein. Eine zulässige Knotenfärbung gibt nun eine „sichere" Verteilung der Tiere auf die Gehege an. Die Knotenfärbung mit der kleinsten Anzahl an Farben gibt an, wie viele Gehege der Zoo mindestens benötigt.
- Eine Chemiefirma steht vor dem Problem, dass einige ihrer Chemikalien bei räumlicher Nähe miteinander reagieren könnten und will diese Chemikalien deshalb getrennt aufbewahren. Wie viele Räume werden benötigt und wo soll welche Chemikalie gelagert werden?
  Für die Lösung als Knotenfärbungsproblem stellt man die Chemikalien als Knoten dar. Ist es gefährlich, zwei Chemikalien im gleichen Raum aufzubewahren, zeichnet man zwischen den beiden eine Kante. Durch eine Knotenfärbung erhält man eine Aufteilung der Chemikalien auf verschiedene Lagerräume.

Exkurs: Das Landkartenfärbungsproblem

Beim *Landkartenfärbungsproblem* versucht man die einzelnen Länder eine Landkarte so zu färben, dass keine zwei benachbarten Länder die gleiche Farbe haben. Dieses Problem lässt sich als Knotenfärbungsproblem umschreiben. Dazu zeichnet man für jedes Land einen Knoten, benachbarte Länder werden durch Kanten verbunden. Das Ergebnis ist dabei immer ein planarer Graph. Für planare Graphen gilt das folgende Ergebnis:

> **Satz**
> Planare Graphen sind 4-färbbar.

Da Landkarten als Graphen dargestellt immer planar sind, kann man also jede Landkarte mit nur vier (oder weniger) Farben so färben, dass keine benachbarten Länder die gleiche Farbe haben. Diese Vermutung wurde schon im Jahre 1852 aufgestellt. Aber erst mehr als 100 Jahre später, im Jahr 1976 gelang es, sie unter Zuhilfenahme von Computern zu beweisen.

8.5.2 Schranken

Für bipartite Graphen, vollständige Graphen oder Bäume ist es einfach, die chromatische Zahl zu bestimmen, aber im Allgemeinen ist das Problem schwierig. Derzeit ist kein Verfahren bekannt, mit dem man auch in großen Graphen schnell die chromatische Zahl bestimmen kann. Daher behilft man sich oft mit Abschätzungen für die Anzahl der mindestens benötigten Farben. Solche Abschätzungen werden auch *Schranken* genannt.

> **Definition**
> Als *obere Schranke* s_o für ein Problem bezeichnet man eine Zahl, von der man weiß, dass sie größer oder gleich dem gesuchten Wert ist. *Untere Schranke* nennt man eine Zahl s_u, die in jedem Fall kleiner oder gleich dem gesuchten Wert ist.

Im Fall des Färbungsproblems gilt also

$$s_u \leq \chi(G) \leq s_o.$$

Hat man eine obere und eine untere Schranke gefunden, so weiß man zumindest, dass der gesuchte Wert, in unserem Fall die chromatische Zahl, zwischen diesen Schranken liegt. Weil man den gesuchten Wert gerne so genau wie möglich bestimmen möchte, sucht man also eine möglichst kleine obere Schranke und eine möglichst große untere Schranke. Stimmen die obere und die untere Schranke sogar überein, hat man den gesuchten Wert exakt bestimmt, denn dann gilt $s_u = \chi(G) = s_o$. Im Folgenden geben wir einige einfache Schranken für das Färbungsproblem an.

Obere Schranken

- Färbt man jeden Knoten eines Graphen G in einer unterschiedlichen Farbe, erhält man immer eine zulässige Färbung. Die Anzahl der Knoten ist also eine obere Schranke für $\chi(G)$.
- Sei G ein einfacher Graph mit maximalem Knotengrad d. Es ist also jeder Knoten mit höchstens d anderen Knoten adjazent. Dann ist G $(d+1)$-färbbar.
- Jede Knotenfärbung mit k-Farben liefert eine obere Schranke für die Anzahl der zur Knotenfärbung benötigten Farben. Im einleitenden Beispiel 8.4 etwa wurde zunächst ein Impfplan mit vier Injektionen angegeben, dies bedeutet dass man auf jeden Fall mit vier Injektionen auskommt, also ist $\chi(G) \leq 4$.

Untere Schranken

- Wir haben schon gesehen, dass die chromatische Zahl eines vollständigen Graphen immer gleich der Anzahl der Knoten des Graphen ist. Enthält ein Graph G mit n Knoten eine Clique mit m Knoten, so braucht man also mindestens m Farben, um alleine diese Clique zu färben. Entsprechend gilt in dem Fall also $\chi(G) \geq m$ und wir haben eine untere Schranke m gefunden. Die chromatische Zahl ist also immer mindestens so groß wie die größte Clique des Graphen.

Diese Taktik haben wir auch schon im einleitenden Beispiel 8.4 angewendet um zu zeigen, dass die minimale Anzahl an Injektionen drei ist. Wir hatten zuerst eine Färbung mit vier Farben gefunden, also konnten wir $\chi(G) \leq 4$ folgern. Eine weitere Färbung mit drei Farben ergab sogar $\chi(G) \leq 3$. Danach hatten wir eine Clique mit drei Knoten gefunden. Es sind also mindestens drei Injektionen nötig, d. h. $\chi(G) \geq 3$. Zusammen ergibt sich $\chi(G) = 3$, und das Färbungsproblem ist damit gelöst.

8.5.3 Der Greedy-Algorithmus zum Lösen des Färbungsproblems

Wie schon in Abschn. 8.5.2 erwähnt, lässt sich die chromatische Zahl mit den bekannten Verfahren in sehr großen Graphen nicht mehr schnell bestimmen. Deshalb wird im Folgenden eine *Heuristik* für das Knotenfärbungsproblem vorgestellt. Heuristiken sind Lösungsverfahren, bei denen man nicht weiß, ob die ausgegebene Lösung die bestmögliche ist. Heuristiken sind aber normalerweise so konstruiert, dass sie in den meisten Fällen gute Ergebnisse liefern.

Algorithmus: Knotenfärbung

Input: Ein Graph $G = (V, E)$ mit Knoten V und Kanten $e \in E$, eine Menge von Farben $R = \{r_1, \ldots, r_n\}$.

Schritt 1: Nummeriere die Knoten in beliebiger Reihenfolge.

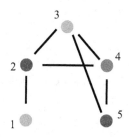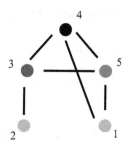

Abb. 8.31 Illustration des Greedy-Verfahrens

Schritt 2: Wähle den Knoten $i \in V$ mit kleinster Nummer, dem noch keine Farbe zugeordnet wurde. Färbe ihn mit der Farbe $r_j \in R$ mit niedrigstem Index, mit der noch kein benachbarter Knoten gefärbt worden ist. Wiederhole diesen Schritt, bis kein Knoten übrig ist.

Output: Eine Knotenfärbung für den Graph G.

Wir demonstrieren das Verfahren an dem Beispiel aus Abb. 8.31. Nummerieren wir die fünf Knoten des Graphen wie in der linken Graphik angegeben, so starten wir also mit Knoten 1 und geben dem Knoten eine beliebige Farbe, z. B. blau. In jedem weiteren Schritt versuchen wir nun, mit möglichst wenig zusätzlichen Farben auszukommen. Knoten 2 ist adjazent zu Knoten 1, bekommt also eine neue Farbe, in unserem Beispiel rot. Knoten 3 ist adjazent zu Knoten 2, aber nicht zu Knoten 1. Er kann also wieder mit blau gefärbt werden, so dass wir also bisher mit zwei Farben ausgekommen sind. Knoten 4 ist adjazent zu Knoten 2 und zu Knoten 3 und kann daher weder rot noch blau gefärbt werden. Als neue Farbe wählen wir beispielsweise grün. Als letzter Knoten wird Knoten 5 behandelt. Er ist adjazent zu den Knoten 3 und 4 und kann daher weder blau noch grün gefärbt werden. Wir können ihn aber rot färben und haben das Greedy-Verfahren mit dem bestmöglichen Ergebnis von drei Farben abgeschlossen.

Auf der rechten Seite in der Abbildung ist allerdings gezeigt, dass es auch eine Nummerierung gibt, bei der das Greedy-Verfahren vier Farben benötigt und also nicht die bestmögliche Lösung findet.

Der Name „Greedy" für das obige Verfahren kommt aus dem Englischen und bedeutet „gierig" . Er steht dafür, dass der Algorithmus in jedem Schritt das macht, was lokal am besten erscheint. Der Greedy-Algorithmus für das Knotenfärbungsproblem findet zwar nicht immer die kleinstmögliche Anzahl von Farben (wie Abb. 8.31 zeigt), aber meistens eine gute Lösung. Er lässt sich auch in sehr großen Graphen effizient anwenden.

8.6   Weitere typische Fragestellungen in Graphen

Abschließend seien noch ein paar typische Fragestellungen aufgeführt, die man mit Hilfe von Graphen bearbeiten kann. Lösungsmethoden für solche Probleme finden sich z. B. in [KN 12]. In ungerichteten Graphen interessiert man sich beispielsweise für die folgenden Fragestellungen:

Hamiltonscher Pfad: Finde einen Weg, der jeden Knoten des Graphen genau einmal besucht.

Eulerscher Pfad: Finde einen Weg, der jede Kante des Graphen genau einmal besucht. Ein Beispiel für einen Eulerschen Pfad ist der schon in Abschn. 8.1 beschriebene Weg durch das „Haus des Nikolaus", den man zeichnen kann, ohne den Stift abzusetzen.

Clique: Finde die größte Clique in einem Graphen.

Unabhängige Menge: Finde die größte Menge an Knoten in einem Graphen, die man mit der gleichen Farbe färben kann, d. h. eine Menge von Knoten, die untereinander alle nicht verbunden sind.

Planarität: Finde eine planare Repräsentation eines Graphen oder erkenne, dass es keine gibt.

Die folgenden Fragestellungen sind typisch für Graphen mit Kantengewichten:

Minimaler spannender Baum: Verbinde alle Knoten eines Graphen G mit möglichst kostengünstigen Kanten, d. h., finde einen Teilgraphen von G, der ein Baum ist und dessen Summe an Kantengewichten möglichst klein ist.

Traveling Salesman Problem: Finde in einem gewichteten Graphen eine Rundtour minimaler Länge, die jeden Knoten genau einmal besucht.

Bipartite Zuordnung: Ordne in einem bipartiten Graphen mit den Mengen A und B jedem Element aus A ein Element aus B zu, so dass die Summe der Gewichte auf den Zuordnungskanten möglichst groß ist.

Interessanterweise sind die Verfahren zum Lösen der eben genannten Probleme sehr unterschiedlich. Manche der Probleme lassen sich auch in großen Graphen schnell lösen. Dazu gehören die Probleme Eulerscher Pfad, Planarität, minimaler spannender Baum, kürzester Weg und bipartite Zuordnung, aber auch die in den Abschnitten 8.3 und 8.4 behandelten kürzesten-Wege und Flussprobleme. Die anderen der genannten Probleme sind wie auch das Färbungsproblem deutlich schwieriger; bei großen Graphen stößt man mit den bekannten Verfahren schnell an die Grenzen der Rechenleistungen. Man beurteilt dabei die Rechenzeit eines Verfahrens in Abhängigkeit der Anzahl der Knoten (oder Kanten) des gegebenen Graphen. Wächst das Verfahren polynomiell in der Anzahl der Knoten, so ist es effizient und lässt sich meist auch noch auf große Probleme anwenden. Ist die Laufzeit nicht durch ein Polynom beschränkt, so spricht man von einem Verfahren mit exponentieller Laufzeit. Für die letztgenannten Probleme sind bisher nur Verfahren bekannt, die im schlimmsten Fall exponentielle Laufzeit aufweisen. Ob es für diese Probleme überhaupt effiziente Verfahren gibt, ist bisher nicht geklärt – die meisten Wissenschaftler gehen aber davon aus, dass dem nicht so ist.

8.7 Zusammenfassung

- Ein *Graph* besteht aus einer Knotenmenge V und einer Kantenmenge E.
  - In einem *ungerichteten Graphen* ist jede Kante $e \in E$ gegeben als Menge $\{i, j\}$ von zwei Knoten $i, j \in V$. Die Kante wird als Verbindungslinie zwischen den beiden Knoten gezeichnet.
  - In einem *gerichteten Graphen* ist jede Kante $e \in E$ gegeben als Tupel (i, j) für zwei Knoten $i, j \in V$. Die Kante wird als Pfeil von i nach j gezeichnet.
  Sind zwei Knoten mit einer Kante verbunden, nennt man sie *adjazent*.
- Ein Graph heißt *vollständig*, wenn er zwischen jedem Knotenpaar eine Kante (im ungerichteten Fall) bzw. beide Kanten (im gerichteten Fall) enthält.
- Ein *Weg* in einem Graphen ist eine Folge von aufeinander folgenden Kanten. Stimmen der Startknoten und der Endknoten des Weges miteinander überein, so nennt man den Weg auch einen *Kreis*.
- Gibt es in einem Graphen zu jedem Paar von Knoten einen Weg, der die beiden Knoten verbindet, so nennt man den Graphen *zusammenhängend*.
- Ein *Baum* ist ein ungerichteter zusammenhängender Graph und ohne Kreise.
- In einem Baum gilt:
  - Hat der Baum n Knoten, dann hat er $n - 1$ Kanten.
  - Zu jedem Paar von Knoten in dem Baum gibt es einen eindeutigen Weg, der die Knoten verbindet.
  - Fügt man noch eine Kante zu dem Baum hinzu, so erhält der entstehende Graph genau einen Kreis.
- Kann man die Knotenmenge eines Graphen in zwei Mengen aufteilen, so dass alle Kanten nur zwischen diesen Mengen verlaufen, ist der Graph *bipartit*.
- Kann man einen Graphen so zeichnen, dass sich keine Kanten überschneiden, ist der Graph *planar*.
- Liegt ein gewichteter Graph vor, so definiert man die Länge eines Weges als die Summe der Kantengewichte, die zu dem Weg gehören.
- Der Floyd-Warshall Algorithmus findet in einem gerichteten Graphen mit positiven Kantengewichten einen kürzesten Weg von einem gegebenen Knoten i zu einem gegebenen Knoten j (oder stellt fest, dass es keinen kürzesten Weg gibt).

- Bei einem Flussproblem sucht man die kostengünstigsten Transportwege für Materialien von gegebenen Quellen zu gegebenen Senken und stellt dabei sicher, dass keine Kantenkapazitäten überschritten werden.
- Das kürzeste Wege Problem, das Transportproblem und das maximale-Fluss-Problem sind spezielle Flussprobleme.
- Bei Färbungsproblemen versucht man, die Knoten eines Graphen mit möglichst wenigen Farben anzumalen, so dass adjazente Knoten immer unterschiedliche Farben haben.
- Bipartite Graphen (insbesondere auch Bäume) können immer mit zwei Farben gefärbt werden, für den vollständigen Graphen mit n Knoten braucht man n Farben.
- Planare Graphen lassen sich mit vier Farben färben.

8.8 Aufgaben

8.8.1 Kurztest

Kreuzen Sie die richtigen Antworten an:

1. Sei $G = (V, E)$ ein Graph und sei $e \in E$ eine Kante des Graphen.

   (a) ☐ Ist die Kante $e = \{i, j\}$ eine Menge, dann ist die Kante gerichtet.

   (b) ☐ Ist die Kante $e = (i, j)$ ein Tupel, dann ist die Kante gerichtet.

   (c) ☐ Gerichtete Kanten zeichnet man als Pfeile.

   (d) ☐ Ungerichtete Kanten zeichnet man als Pfeile.

   (e) ☐ Sind alle Kanten eines Graphen ungerichtet, so nennt man den Graphen ungerichtet.

   (f) ☐ Sind einige Kanten eines Graphen gerichtet und andere ungerichtet, so nennt man den Graphen ungerichtet.

2. Der vollständige ungerichtete Graph K_4 mit vier Knoten ist

   (a) ☐ planar

   (b) ☐ bipartit

   (c) ☐ kreisfrei

   (d) ☐ zusammenhängend

   (e) ☐ ein Baum

3. Der Graph aus Abb. 8.5, der die Strukturformel von n-Butan darstellt, ist

   (a) ☐ planar

   (b) ☐ bipartit

   (c) ☐ kreisfrei

(d) ☐ zusammenhängend

(e) ☐ ein Baum

4. Kreuzen Sie die richtigen Antworten an!

    (a) ☐ Jeder Graph hat mindestens ein Blatt.

    (b) ☐ Ein Baum hat mindestens zwei Blätter.

    (c) ☐ Der K_4 hat mindestens ein Blatt.

    (d) ☐ Jeder Baum hat höchstens zwei Blätter.

5. Sei $G = (V, E)$ ein Baum.

    (a) ☐ Dann ist G zusammenhängend.

    (b) ☐ Zwischen jedem Paar von Knoten gibt es höchstens einen Weg.

    (c) ☐ Entfernt man eine Kante aus dem Graphen, so enthält der neue Graph genau einen Kreis.

    (d) ☐ Entfernt man eine Kante aus dem Graphen, so ist der neue Graph nicht mehr zusammenhängend.

6. Welche Graphen lassen sich mit zwei Farben färben?

    (a) ☐ Jeder Baum.

    (b) ☐ Der vollständige Graph K_2.

    (c) ☐ Der vollständige Graph K_3.

    (d) ☐ Der vollständige Graph K_4.

    (e) ☐ Jeder bipartite Graph.

    (f) ☐ Jeder planare Graph.

7. Welche Graphen sind 4-färbbar?

    (a) ☐ Jeder Baum.

    (b) ☐ Der vollständige Graph K_2.

    (c) ☐ Der vollständige Graph K_3.

    (d) ☐ Der vollständige Graph K_4.

    (e) ☐ Jeder bipartite Graph.

    (f) ☐ Jeder planare Graph.

8.8.2 Mathematische Aufgaben

1. a) Zeichnen Sie alle möglichen Graphen (auch nicht zusammenhängende) mit drei Knoten. Wie viele gibt es?

b) Zählen Sie, wie viele verschiedene Graphen mit vier Knoten es gibt (ohne zu zeich-
nen!)
Stellen Sie sich jeweils eine Gruppe mit drei oder vier Personen vor. Dann fragt die
Aufgabe nach der Anzahl der möglichen Freundschaftskonstellationen in den beiden
Gruppen.

2. a) Geben Sie in dem vollständigen Graphen K_5 alle möglichen Wege zwischen dem
Knoten $i = 1$ und dem Knoten $i = 5$ an. Wie viele sind es?

   b) Wie viele Wege zwischen einem festen Paar von Knoten gibt es in dem vollständigen Graphen K_n mit n Knoten?

3. Zeichnen Sie die beiden folgenden Graphen als planare Graphen.

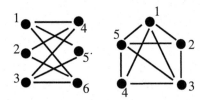

4. Bestimmen Sie die chromatische Zahl der Graphen aus der vorhergehenden Aufgabe.

5. Wie viele Farben braucht man, um einen Kreis zu färben?

6. Sei $G = (V, E)$ der folgende Graph.

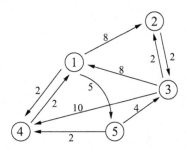

Bestimmen Sie mit Hilfe des Algorithmus von Floyd-Warshall alle kürzesten Wege in
diesem Graphen.

7. Sei $G = (V, E)$ der folgende Graph.

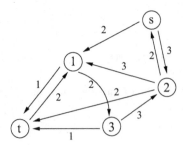

An den Kanten sind ihre jeweiligen Kapazitäten angegeben. Wie viele Einheiten kann man von s nach t fließen lassen? Geben Sie auch einen minimalen Schnitt an.

8. Wenden Sie das Greedy-Verfahren für Färbungsprobleme auf das „Haus des Nikolaus" aus Abb. 8.4 mit der dort angegebenen Nummerierung der Knoten an. Wie viele Farben braucht man? Was passiert, wenn Sie die Knoten anders nummerieren?

8.8.3 Anwendungsaufgaben

1. Betrachten Sie erneut das Nahrungsnetz, wie es in Waldrandgebüschen vorkommt (Abb. 8.1), und diskutieren Sie die folgenden Fragen:
   (a) Enthält das Nahrungsnetz Kreise?
   (b) Aufgrund von Umwelteinflüssen könnten einzelne Knoten im Netzwerk ausfallen (z. B. könnte die entsprechende Art das Waldrandgebüsch verlassen). Was bedeutet so ein Ausfall für das Nahrungsnetz? Welche Art (von den Fleischfressern) ist am „sichersten" gegen den Ausfall eines Knotens? Der Ausfall welches Knotens könnte am meisten Schaden anrichten, d. h., die Ausrottung der meisten anderen Arten nach sich ziehen, falls diese ihre Nahrungsgewohnheiten nicht umstellen?
   (c) Eine Faustregel besagt, dass entlang einer Nahrungskette das Gewicht des Fressenden nur um rund $\frac{1}{10}$ der aufgenommenen Nahrung zunimmt. Wenn das auf jede Kante im Nahrungsnetz zuträfe: Wie könnte man die Nahrungsaufnahme aller Arten am effizientesten (d. h. mit der geringsten Menge an benötigten Pflanzen) gestalten?

2. In einem Zoo sollen Wölfe, Füchse, Rehe, Hasen, Schafe, Katzen, Mäuse, Greifvögel, Singvögel und Würmer gezeigt werden. Stellen Sie einen Konfliktgraphen auf. Wie viele Gehege sind mindestens nötig?

3. Lösen Sie das Färbungsproblem für das Nahrungsnetz aus Abb. 8.1. Interpretieren Sie Ihr Ergebnis!

4. Wie viele mögliche phylogenetische Bäume gibt es, die die Arten A, B, C, D, E als Blätter haben, wenn man weiß, dass diese fünf Arten aus einem gemeinsamen Vorfahren V entstanden sind?

5. Beschreiben Sie den Zitronensäurezyklus als einen bipartiten Graphen (wie in dem einleitenden Beispiel 8.2 anhand der Glykolyse vorgestellt).

6. Bestimmen Sie alle Isomere zu Pentan C_5H_{12}.

7. Raumvergabe in einem Tagungscenter: In einem Tagungscenter stehen fünf Räume zur Verfügung, die für Veranstaltungen vermietet werden und mit 1 bis 5 durchnummeriert

sind. Für die nächste Woche haben sich sieben Gruppen angekündigt:

Gruppe	Tagungsdauer
A	Montag–Mittwoch
B	Mittwoch–Samstag
C	Dienstag und Mittwoch
D	Donnerstag–Sonntag
E	Mittwoch–Freitag
F	Montag–Mittwoch
G	Samstag und Sonntag

Die einzelnen Tagungen sollen immer im gleichen Raum stattfinden.

(a) Reichen die Räume des Tagungszentrums aus?

(b) Es gibt eine weitere Anfrage für eine die ganze Woche dauernde Tagung. Kann diese auch im Tagungscenter stattfinden?

Hinweis: Modellieren Sie das Problem als Färbungsproblem, indem Sie die die Veranstaltungen A-G als Knoten wählen. Ein Konflikt zwischen zwei Veranstaltungen liegt vor, wenn sie nicht im gleichen Raum stattfinden können.

Lösungen zu den Kurztests

Kapitel 1: (1) b, c; (2) c; (3) b; (4) c

Kapitel 2: (1) c; (2) b, c; (3) c; (4) b

Kapitel 3: (1) a, d, e, f; (2) b; (3) a; (4) b; (5) a, b, c; (6) a, c; (7) g, h, m;

Kapitel 4: (1) b, d; (2) c; (3) c; (4) b, c; (5) b, c; (6) c

Kapitel 5: (1) a, b, d, f, g, j; (2) d; (3) a, d, f; (4) a, c, f, g

Kapitel 6: (1) c, d; (2) a, b, e, f; (3) a, b, d, f; (4) a, d, e; (5) a, c; (6) a, c, d

Kapitel 7: (1) c; (2) b; (3) a; (4) c; (5) d; (6) c, e, g

Kapitel 8: (1) b, c, e; (2) a, d; (3) a, b, c, d, e; (4) b; (5) a, b, d; (6) a, b, e; (7) a, b, c, d, e, f

A. Eickhoff-Schachtebeck, A. Schöbel, *Mathematik in der Biologie*, DOI 10.1007/978-3-642-41844-0_9, © Springer-Verlag Berlin Heidelberg 2014

Symbolverzeichnis

Mathematische Symbole

$:=$ „ist definiert durch“

$\{\ \}$ geschweifte Klammern begrenzen eine Menge

$|$ „so dass gilt“

$\in$ „ist Element von“

$\subset$ „ist eine Teilmenge von“

$\mathbb{N}$ die Menge der natürlichen Zahlen

$\mathbb{Z}$ die Menge der ganzen Zahlen

$\mathbb{Q}$ die Menge der rationalen Zahlen

$\mathbb{R}$ die Menge der reellen Zahlen

$\emptyset$ die leere Menge

$\Longrightarrow$ „daraus folgt“

$\Longleftrightarrow$ „genau dann, wenn“

∞ unendlich

π der Umfang eines Kreises mit Radius $\frac{1}{2}$

e die Eulersche Zahl

$\sum$ Summenzeichen

$\int$ Integralzeichen

lim Limes (Grenzwert)

f oft die Bezeichnung für eine Funktion

f' die erste Ableitung der Funktion f

f'' die zweite Ableitung der Funktion f

$f \circ g$ Verkettung der Funktionen f und g

A. Eickhoff-Schachtebeck, A. Schöbel, *Mathematik in der Biologie*,
DOI 10.1007/978-3-642-41844-0, © Springer-Verlag Berlin Heidelberg 2014

Das griechische Alphabet

Klein	Zeichen	Groß	Variante	Klein	Zeichen	Groß	Variante
α	alpha	A		υ	ny	N	
β	beta	B		ξ	xi	Ξ	
γ	gamma	Γ		o	omikron	O	
δ	delta	Δ		π	pi	Π	ϖ
ϵ	epsilon	E	ε	ρ	rho	P	ϱ
ζ	zeta	Z		σ	sigma	Σ	
η	eta	H		τ	tau	T	
θ	theta	Θ	ϑ	υ	ypsilon	Υ	
ι	iota	I		ϕ	phi	Φ	φ
κ	kappa	K		χ	chi	X	
λ	lambda	Λ		ψ	psi	Ψ	
μ	my	M		ω	omega	Ω	

Literatur

[BHT 98]   Begon, M., Harper, J., Townsend, C.: Ökologie. Spektrum Akademischer Verlag, Berlin (1998)

[B 96]   Beutelspacher, A., Petri, B.: Der Goldene Schnitt. Spektrum Akademischer Verlag, Heidelberg (1996)

[Bo 06]   Bohl, E.: Mathematik in der Biologie. Springer Verlag, Heidelberg (2006)

[BCS 99]   Boos, K.-S., Christner, J., Schlimme, E.: Abiturwissen Biologie. Stoffwechsel. Klett Lerntraining (1999)

[CR 03]   Campbell, N. A., Reece, J. B.: Biologie. Spektrum Akademischer Verlag, Heidelberg, Berlin, 6. Auflage (2003)

[CLZ 90]   Czihak, G., Langer, H., Ziegler, H. (Hrsg.): Biologie – Ein Lehrbuch. Springer, Weltbild, Augsburg (1990)

[DLWW 07]   D. Dossing, V. Liebscher, H. Wagner, S. Walcher: Evolution, Bäume und Algorithmen. MNU **60**(2), 68–75 (2007)

[F 64]   Feynman, R., Leighton, R., Sand, M.: Feynman, Vorlesungen über Physik, Band I – Mechanik, Strahlung und Wärme. Addison-Wesley (1964)

[F 05]   Fischer, G.: Lineare Algebra, 15. Auflage. Vieweg + Teubner (2005)

[F 83]   Forster, O.: Analysis 1, 4. Auflage. Vieweg (1983)

[HK 01]   Hamacher, H.W., Klamroth, K.: Linear and Network Optimization – a Bilingual Textbook. Vieweg (2001)

[J 94]   Jacobs, Harold R.: Mathematics, A Human Endeavor. W. H. Freeman and Company (1994)

[K 04]   Kersten, I.: Mathematische Grundlagen in Biologie und Geowissenschaften. Kurs 2004/2005. Universitätsdrucke Göttingen (2004)

[KN 12]   Krumke, S.O., Noltemeier, H.: Graphentheoretische Konzepte und Algorithmen. Springer Vieweg (2012)

[KS 10]   Körner, M., Schöbel, A. (Hrsg.): Gene, Graphen, Organismen – Modellierungs- und Analysemethoden in der Systembiologie. PILZ 1, Shaker Verlag (2010)

[LS]   Brandt, D., Reinelt, G.: Lambacher Schweizer Gesamtband Oberstufe mit CAS. Ernst Klett Verlag, Stuttgart (2007)

[L 98]   Kull, U., Bäßler, U., Hopmann, H., Rüdiger, W.: Linder Biologie, 21. Auflage. Schroedel Verlag, Hannover (1998)

[M 01]   Munk, K. (Hrsg.): Grundstudium Biologie, Botanik, S. 1–21. Spektrum Akademischer Verlag, Heidelberg, Berlin (2001)

[S 05]   Staiger. D.: Am Puls des Lebens. BIOforum **28**, 53–55 (2005)

[Internet 1]   http://www.plant-for-the-planet.org/de/ (letzter Zugriff am 06.08.2013)

[Internet 2]   http://www.seilnacht.com/Lexikon/ebiogas.html (letzter Zugriff am 14.08.2013)

Sachverzeichnis